汽轮机振动故障
与现场诊断方法

李录平　陈向民　晋风华　编著

中国电力出版社
CHINA ELECTRIC POWER PRESS

内 容 提 要

本书阐述了大功率汽轮发电机组常见振动故障的描述理论，以及在这些理论指导下，通过大量的现场试验研究获得的研究成果，为工程现场开展常见振动故障试验诊断提供可行的技术方案。

本书主要内容包括汽轮发电机组振动概述、汽轮发电机组振动检测与振动评价一般方法、转子不平衡振动故障描述理论与试验诊断策略、热致振动故障描述理论与试验诊断策略、动静碰磨振动故障的理论描述与试验诊断策略、转子不对中故障描述理论与试验诊断策略、滑动轴承油膜失稳故障描述理论与试验诊断策略、蒸汽激振故障的描述理论与试验诊断策略、结构共振故障的描述理论与试验诊断策略、转子裂纹故障描述理论与试验诊断策略。

本书重点论述了汽轮发电机组常见振动故障诊断的试验方法，包括试验项目的确定、试验方案的制定、现场试验的实施步骤、试验结果表达方法、故障特征提取技术。

本书旨在为理论研究与工程试验研究搭接起连接通道，为从现场试验数据、机组运行数据中挖掘出振动故障特征提供方法和策略。

本书可作为从事大功率汽轮机设计、设备制造、故障监测系统研究开发、现场试验研究、运行维护管理等方面工作的技术人员的参考书，也可作为能源动力工程、机械工程、检测技术等专业研究生和本科生的学习参考教材。

图书在版编目（CIP）数据

汽轮机振动故障与现场诊断方法/李录平，陈向民，晋风华编著．—北京：中国电力出版社，2019.12（2023.3重印）

ISBN 978-7-5198-4158-4

Ⅰ.①汽… Ⅱ.①李… ②陈… ③晋… Ⅲ.①火电厂—蒸汽透平—故障诊断 Ⅳ.①TM621.4

中国版本图书馆 CIP 数据核字（2020）第 022320 号

出版发行：中国电力出版社
地　　址：北京市东城区北京站西街 19 号（邮政编码 100005）
网　　址：http：//www.cepp.sgcc.com.cn
责任编辑：孙建英（010－63412369）　董艳荣
责任校对：黄　蓓　常燕昆
装帧设计：王红柳
责任印制：吴　迪

印　　刷：三河市航远印刷有限公司
版　　次：2020 年 3 月第一版
印　　次：2023 年 3 月北京第三次印刷
开　　本：787 毫米×1092 毫米　16 开本
印　　张：14.75
字　　数：352 千字
印　　数：1501—2000 册
定　　价：78.00 元

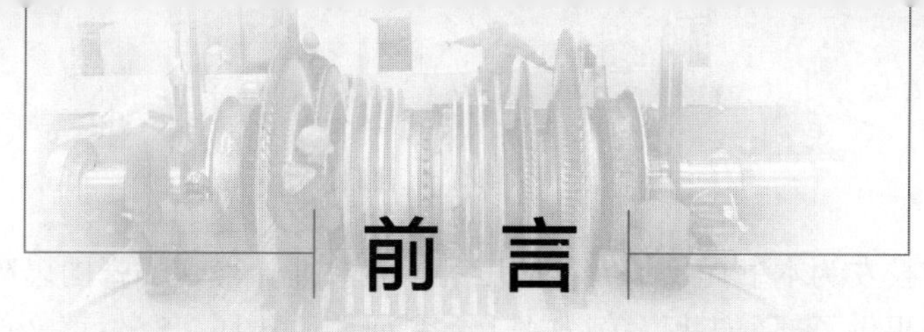

前言

异常振动是发电厂大功率汽轮机组常见故障、多发故障。机组一旦发生异常振动，轻微者影响机组的出力；严重者引起保护动作，跳机；最严重者导致大轴弯曲、零部件磨损，甚至机组毁坏。因此，长期以来，发电领域的工程技术专家非常重视汽轮机组的振动故障机理、故障监测、故障处理的理论研究和工程应用技术的开发，并取得了大量的理论成果和技术应用成果。但是，随着一大批超临界、超超临界汽轮机组投入运行，汽轮机组的振动故障仍然频发，故障所造成后果越来越严重。大功率汽轮机组的振动故障监测与诊断仍然是发电领域专家关注的热点课题。

汽轮机组的转子系统结构复杂，呈现多支承、大跨度、强柔性、非线性、大温差、高载荷等特点，其动力学特性受本身结构参数、支承条件的影响大。汽轮机组转子系统的振动响应特性除受自身的固有特性影响外，还受机组的蒸汽参数、负荷、运行操作、自身健康状况等许多因素的影响。因此，大功率汽轮机组的振动特性的描述理论非常复杂，振动故障的监测与诊断难度大，根据少量的测点信号往往难以作出准确的诊断。要想对大功率汽轮机组的振动故障作出准确诊断与定位，探明导致机组振动故障的确切原因，需要对机组开展一系列的现场试验，通过试验过程中检测到的振动信号分析，充分提取振动信号中所蕴含的故障信息，构造出用于振动故障诊断的故障特征向量，再根据多维故障特征向量对振动故障作出准确诊断与定位，为振动故障的有效处理提供依据。

本书作者所在研究团队长期从事大功率汽轮机振动故障的理论、故障检测方法和技术、故障诊断系统开发等方面的研究，针对汽轮机组的典型振动故障开展了大量的现场试验研究，现将近年来的研究结果整理成书，希望起到抛砖引玉的作用。

本书立足于现场工程技术人员的视角，陈述大型汽轮机组振动故障现场试验诊断方法，旨在促进发电领域共享汽轮机组振动故障处理的研究成果和经验，提高发电厂汽轮发电机组运行安全管理水平，其目的还包括：

（1）为发电厂工程技术人员如何确诊机组振动故障类型、故障机理、振动故障处理提供参考和借鉴。

（2）为运行人员提供经验反馈，帮助提高汽轮发电机组运行的合理性、安全性和经济性，充分延长服役期限。

（3）为维修人员提供经验反馈，优化相关维修规程，及时准备备品备件，正确处理相关故障，力图实现预知维修，以最少的代价发挥汽轮发电机组最佳的效益，做到最佳运行，使汽轮发电机组设备维修费用、设备性能劣化与停机损失费用达到最低。

（4）为汽轮机组状态监测与故障诊断系统研发人员就如何深度提取机组振动故障的特征、拓展故障特征提取的思路与途径提供参考与借鉴。

本书由长沙理工大学李录平拟定撰写提纲。具体撰写任务分工如下：第一～四章由李录平执笔；第五～七章由李录平和晋风华共同执笔；第八～十章由李录平与陈向民共同执笔；全书由李录平统稿。

在本书的研究与撰写过程中，得到长沙理工大学校友黄琪高级工程师、张世海高级工程师的支持，两位校友为本书提供了大量的工程试验数据；得到了张国忠高级工程师的大力支持，他为本书提供了部分工程案例数据。本科研团队历届研究生黄文俊、叶飞飞、朱益军、靳攀科、刘宏凯、刘胜先、刘雄彪、梁伟、陈鹏飞、颜尚君、龚晨、周曙明等参与了本书部分内容的研究工作。此外，本书在撰写过程中参考了本领域有关科技文献资料和部分研究成果。在此，对为本书撰写提供支持和帮助的各位专家、校友表示诚挚的谢意！

由于作者的理论水平和工程实际经验有限，书中不妥之处在所难免，望各位专家、同行和读者不吝赐教。

作者

2019 年 11 月

目录

第一章　汽轮发电机组振动概述

第一节　汽轮机组振动故障基本特点

振动是蒸汽动力发电厂（包括火力发电厂、核能发电厂）评价汽轮机组运行状况的重要指标之一，是汽轮机组运转中缺陷隐患的综合反映，直接关系着机组的安全运行水平。微小的振动对于转动机械来说是不可避免的，振幅只要不超过规定标准且保持振动参数基本稳定均属正常的振动。但是，机组运行中振幅比原有水平增大，特别是超过允许标准的过大的振动，或者说振动幅值、相位在大范围波动，说明潜伏着设备损坏、机毁人亡的危险，将会使汽轮机组本体各部件承受过高的动应力，使紧固件松弛、支持轴瓦振碎、基础松动，另外也会产生叶片疲劳折断，动静部件相互摩擦等重大事故。尤其是动静部件相互摩擦会使转子和静子接触表面发热而产生很大的热应力，当热应力大于转子材料的屈服极限时，将导致转子永久性弯曲，从而加剧摩擦，形成恶性循环，这种状况下的振动是发生恶性事故的危险信号。

汽轮机组振动原因多种多样，振动机理极为复杂，振动故障产生的后果往往非常严重。因此，汽轮机组的振动问题是发电领域长期研究的热点，得到发电领域工程技术人员的高度关注。

汽轮机组是蒸汽动力发电厂最主要的设备之一，也是故障比较集中的设备，因此是蒸汽动力发电厂设备安全运行中关注的焦点。当机组出现异常振动状况时，根据产生异常的原因及机理不同，可能在机组运行的不同参数中有所反映。机组振动有以下几个突出特点：

（1）振动故障存在普遍性。由于汽轮机组是大型旋转机械，机组转子轴系工作在高温、高压和高转速条件下，易于发生故障，而故障的直接表现形式就是机组振动增大，当振动超过标准值时，必须停机进行检查，及时消除故障，以避免故障的进一步扩大。

（2）振动与机组故障的灵敏性。即当机组出现异常运行状态和（或）故障时，往往会在机组振动上立即有所反映，这样便于早期监测诊断机组运行中的异常状况，及时采取相应措施。

（3）振动故障的可识别性。汽轮机轴系和缸体上发生的故障一般都会在机组振动信号中有所反映，而且不同故障引起的振动特征有区别，可以通过适当的信号分析方法提取故障特征信息，识别产生故障的主要原因和部位，为消除故障提供比较准确的依据。

（4）机组振动的复杂性。机组振动是由多种激励源共同作用的结果，其中一些不同性质的激励源可能产生特征相似甚至表面上看起来相同的振动，往往通过简单的信号分析方法不能明确分析识别故障的原因，必须依靠经验和专业知识，这就给现场进行及时的故障分析诊断带来难度。

第二节　汽轮发电机组常见振动故障及其原因

汽轮发电机组振动烈度的大小直接关系到机组能否安全运行，也直接影响着机组运行的经济性。汽轮发电机组的振动会引起无法定速、轴瓦损坏、转子弯曲、叶片断裂等严重后果。机组异常振动不仅造成巨大的经济损失，也严重影响机组使用寿命，甚至危及人身安全。引起汽轮发电机组振动的原因有转子质量不平衡、动静部分碰磨、转子不对中心、滑动轴承油膜失稳和汽轮机汽流激振、转子中心孔进油等。

一、转子质量不平衡

转子质量不平衡是汽轮发电机组最常见的振动故障，占振动故障的大多数。转子质量不平衡主要原因有原始质量不平衡、转子热弯曲、转动部件飞脱或松动。

（一）原始质量不平衡

在加工制造过程中，由于机加工精度不够以及装配质量差或是在检修时更换转动部件都可造成转子质量不平衡。因为转子出厂时在制造厂家都会进行高速动平衡试验，所以原始质量不平衡在制造环节出厂前已基本消除。检修时更换转动部件时，应严格控制质量，以避免引起质量不平衡。

（二）转子热弯曲

新装机组转子热弯曲一般来自材质热应力。这种热弯曲可用动平衡的方法处理。有时运行原因（如润滑油温、密封油温、轴封供汽温度、发电机氢气的汽励端温差、汽缸进水、汽缸进冷空气、动静碰磨等）也会导致热弯曲。但是，只要转子不发生永久塑性变形，这类热弯曲都可以恢复。根据实际运行经验制定合理的运行规程，以消除引起转子热弯曲的根源，机组运行过程中工频振动大的现象就会得到有效控制。

（三）转动部件飞脱或松动

在运行过程中转动部件（如叶片、围带、拉筋、质量平衡块等）发生飞脱或联轴器松动都会造成突发性的振动，致使轴振振幅迅速增大，随后下降并稳定在固定的振幅和相位。在检修过程中加强转动部件的检查是消除此类问题的关键。

二、动静部分碰磨

汽轮发电机组动静部分碰磨造成的转子振动较为复杂，会引起轴系失稳。严重的碰磨故障可以造成转子永久的塑形变形。产生动静部分摩擦的原因有以下几点：

1. 转子轴振过大

轴振振幅一旦超过动静间隙的最小值，就会发生碰磨，从而引起更大的振动。若转子轴振较大，不能盲目升速，应找出原因，处理后再进行升速。

2. 动静间隙偏小

在设计上或是在安装、检修过程中，动静间隙的调整偏小，会造成热态下动静部分发生碰磨。在安装、检修过程要严格控制好动静间隙，尤其是易发生碰磨的汽封及油挡等处，更要严格控制好动静间隙，确保不泄漏、不碰磨。

3. 汽缸变形

在汽缸受热不均，上下缸温差较大时，汽缸会发生弓背，变形超过一定值时，超过动静间隙就会发生碰磨。做好汽缸的保温工作、控制好上下缸温差就会避免汽缸的过大变形。

4. 机组膨胀不畅，胀差超标

在启机过程中，由于滑销系统故障，机组膨胀不畅，致使汽缸与转子的胀差超标，发生碰磨。机组启动过程中，应控制好汽缸胀差，不得盲目升速和升负荷。

三、转子不对中

转子不对中是旋转机械常见故障之一，也是机组检修中经常碰到的重要问题。当转子存在不对中时，将产生附加弯矩，给轴承增加附加载荷，致使轴承的负载重新分配，形成附加激励，引起机组强烈振动，严重时导致轴承和联轴器损坏、地脚螺栓断裂或扭弯、油膜失稳、转轴弯曲、转子与定子产生碰磨等严重后果。

汽轮发电机组轴系由多个单转子通过联轴器连接而成，通过多个支承轴承支承在机组基础上。因此，转子不对中具有两种含义：一是转子轴颈与两端轴承不对中；二是转子与转子之间的连接不对中，主要反映在联轴器的不对中上。

（一）联轴器不对中

联轴器不对中会在转子连接处产生 2 倍频作用的弯矩和剪切力，相邻轴承也将承受工频径向作用力，从而造成机组的振动。导致联轴器不对中的主要原因有：

1. 制造误差导致的不对中

在联轴器的加工过程中，因工艺或测量等原因而造成端面与轴心线不垂直或端面螺栓孔的圆心与轴颈不同心。这种情况下联轴器处会产生一个附加弯矩，这个弯矩的大小和方向不随时间及运行条件的变化而变化，只相当于在联轴器处施加了一个不平衡力，其结果是在联轴器附近产生较大的 1 倍频振动，通过加平衡块的方法容易消除。

2. 安装误差和运行原因导致的不对中

制造加工误差控制在允许范围内的转子部件，受现场安装误差、维修和运行因素影响，也可能产生不对中。这种在发电厂现场产生的不对中，可分为冷态不对中和热态不对中两种情况。

（1）冷态不对中。主要是指在室温下由于安装（包括维修）误差造成的对中不良。

（2）热态不对中。指机组在运行过程中由于温度等因素造成的不对中，其主要原因有：

1）基础受热不均；

2）机组各部件的热膨胀变形和扭曲变形；

3）机组热膨胀时由于滑动表面的摩擦力及导向键磨损引起轴承座倾斜和侧行；

4）由于转子的挠性和质量分配不均匀，转子在安装之后产生原始弯曲，进而影响对中。

（二）转子轴承不对中

轴承不对中实际上反映的是轴承座标高和左右位置的偏差。由于结构上的原因，轴承在水平方向和垂直方向上具有不同的刚度和阻尼，不对中的存在加大了这种偏差。虽然油膜既有弹性又有阻尼，能够在一定程度上弥补不对中的影响，但当不对中过大时，会使轴承的工作条件改变，使转子产生附加的力和力矩，甚至使转子失稳和产生碰磨。轴承不对中使轴颈中心的平衡位置发生变化，使轴系的载荷重新分配，负荷大的轴承油膜呈现非线性，在一定条件下出现高次谐波振动；负荷较轻的轴承易引起油膜涡动，进而导致油膜振荡。

导致轴承不对中的主要原因有：

（1）安装偏差。由于安装偏差导致相邻轴承的中心在高度方向标高差距大或在水平方向不同心。

（2）运行因素的影响。

1）凝汽器真空的影响。由于低压转子两端轴承坐落在排汽缸上，运行中必须考虑真空和排汽温度的影响，抽真空后受大气压力的作用，使两端轴承下降。如300MW机组，抽真空后可使两端轴承标高降低0.3～0.5mm。

2）氢温、氢压的影响。发电机两端轴承为端盖式轴承，坐落在端盖上，充氢后或氢温、氢压发生变化时，会使轴承标高发生变化。300MW机组现场实测结果表明，充氢后使发电机轴承标高下降0.15mm左右，但也有充氢后使轴承标高上升的情形。

3）汽缸散热的影响。汽缸散热使轴承温度升高，如东方汽轮机厂的300MW机组，高中压缸两端猫爪分别支承在前、后轴承座上，汽缸散热可直接对轴承座进行加热，经实测，运行中轴承座温度可平均升高40℃左右，该轴承座高接近1m，故标高可变化0.4～0.5mm。

4）轴承回油温度的影响。由于轴承回油温度高于环境温度，所以对轴承座有加热作用。有些轴承坐落在基座上，加热作用相对较小。

5）轴承座膨胀不畅的影响。这主要反映在汽轮机前轴承座上，由于膨胀不畅或收缩时受阻，轴承座上翘，轴系中心受到影响，同时又降低了支承刚度，使前轴承和机头引起振动。300MW机组设计有推拉装置，并在轴承座底部注油，这方面的问题较少。

6）调节阀切换的影响。能够进行喷嘴调节的大功率汽轮机组，当从单阀控制切换到顺序阀控制时，由于汽流力的影响使转子位置发生变化，影响到轴系中心，直接影响到油膜压力的变化。当下部阀门开启时，汽流力对转子有上抬作用，油膜压力降低，容易出现不稳定振动；反之，使油膜压力增高，增加稳定性。调节阀开启或关闭过程中，轴系中心的变化使工频振动也有一定的变化。

四、滑动轴承油膜失稳

影响轴承状态的因素很多，主要包括影响轴承状态的内因和外因。

（一）影响轴承状态的内因

影响轴承状态的内因是指由轴承的材料缺陷、轴瓦的型式、结构等自身因素造成的轴承运行状况的恶化。影响轴承状态的内因主要有：

(1) 轴瓦的型式。目前，在现场使用的轴瓦有圆筒瓦、椭圆瓦、可倾瓦、三（四）油楔瓦等。在汽轮机组上使用历史最长的轴瓦是圆筒瓦和椭圆瓦。但是，圆筒瓦最容易导致油膜失稳，椭圆瓦的油膜稳定性好于圆筒瓦。根据资料介绍，使用在汽轮发电机组上稳定性最好的是可倾瓦，其次是椭圆瓦，再次是三油楔瓦，最后是圆筒瓦。

(2) 轴瓦的结构参数。即使是同一种型式的轴瓦，采用不同的结构参数（长径比），油膜的稳定性也将不同。一般来说，减小长径比可以提高轴瓦的工作稳定性。原因是，减小长径比后，一方面提高了轴承的比压，另一方面使下瓦的油膜力减小，轴瓦偏心率增大。这两方面都会使油膜的稳定性提高。但是，并不是长径比越小越好，长径比太小，就会使单位面积轴瓦上载荷太大，危及轴瓦的安全。因此，每一种型式轴瓦的长径比都有一个最佳范围。

(3) 轴承的材料缺陷。轴承的材料包括轴瓦和轴承衬的材料，要求具有良好的减摩性、耐磨性、抗胶合性、顺应性、磨合性和工艺性。常见的轴承材料是巴氏合金。良好的轴承状态和优质的材料是分不开的，而由于制造工艺等原因引起的材料缺陷，如微小裂纹、气孔、夹渣、组织不均匀等，使得轴承巴氏合金的强度、硬度等指标达不到要求，严重损坏轴承的性能。

(4) 轴承合金层与钢衬背结合不良。轴承合金层与钢衬背结合不良，会产生脱壳现象，主要原因是浇铸轴承合金层之前对金属基体表面的清洁工作不彻底，在结合面上存在氧化膜灰尘和油脂而引起的。此外，若采用钢衬背材料的含碳量较高，它与轴承合金之间粘接性差，也会造成脱壳。针对上述脱壳的原因分析，完善浇铸轴承合金的工艺，使结合处的铸造应力降低到最低程度，轴承合金层中不应存在气孔和夹渣等缺陷。

(5) 轴瓦的自位能力差。目前，椭圆轴承轴瓦的自位能力差是一个带有普遍性的问题，轴瓦自位能力差，势必造成瓦体不能跟踪瓦-轴平行度的改变，轴瓦瓦体与轴颈平行度的大幅度改变破坏轴瓦油膜的正常形成，产生局部润滑不良，造成轴承故障。改善措施是调整球面紧力、改变轴瓦设计等。

(6) 轴承座松动。轴瓦的基础（轴承座）是否稳定对轴承状态的影响很大。轴承座的变形甚至倾斜会带动轴瓦一起运动，一般说来，这种运动远比轴瓦自位调节数值大，危害也大。轴承座的变形和倾斜与设计有很大关系。

(二) 影响轴承状态的外因

影响轴承状态的外因是指由机组的维护、操作、机组的运行工况等轴承以外的因素引起的轴承运行工况的恶化。影响轴承状态的外因主要有：

(1) 转子不对中。其原因主要是设备制造或检修工艺方面的问题。比如靠背轮瓢偏、节圆不同心、铰孔不正、个别靠背轮螺栓松紧配合等问题。其主要特征是低速下转子挠曲过大，带负荷后轴振动随负荷增加而增加。

(2) 机组振动超标。机组振动过大很可能使油膜破坏，从而损伤轴瓦。轴瓦的损坏反过来又会加剧振动，如此进行恶性循环。转轴的振动使轴对轴瓦乌金的撞击力增加，而短时间轴颈过大的相对振动也能引起乌金的碾压。碾压变形的乌金可能将油孔堵塞，引起供油系统故障，加剧轴承的损坏，造成恶性事故。

(3) 机组膨胀不均。由于主汽门或调节汽门卡涩等原因，使机组进汽量不能有序调节，可能因机组受热不均而引起机组膨胀不均，很可能引起机组振动；机组滑销系统卡涩也会导致汽缸膨胀不畅或汽缸向一侧偏移，从而引起机组振动。若机组振动过大势必造成轴瓦状态恶化，引发一系列事故。

(4) 油中带水或空气。油中水的来源有轴封渗入或磨损漏入的蒸汽凝结成水、潮湿的空气冷凝时产生的水、补油时带入的水、因热交换器泄漏浸入的水等。油中的水破坏油膜的连续性和强度，降低油的运动黏度，恶化润滑性能，改变轴承动、静特性，能使油液产生酸性物质腐蚀元件，并生成氧化铁颗粒，加剧磨损和金属脱落。油中空气的来源主要是系统在排油风机作用下较大负压运行时吸入的，而油中溶有空气，会加速油的氧化，增加系统中的杂质污染，破坏油的正常润滑作用。

(5) 油质劣化。轴承用的润滑油质劣化的主要原因来源于油中的水和空气，或是由于受热、氧化变质、杂质的影响、油系统的结构与设计不合理、受到辐射、油品的化学组成不合格、油系统的检修不到位等原因。如果油质劣化，就使润滑油的黏附性不好，油对摩擦面的附着力不够，油膜受到破坏，转子轴颈就可能与轴承的轴瓦发生摩擦。

(6) 供油系统故障。由于供油系统压力不足，或者由油中杂质引起油路堵塞造成油量不足，都会引起供油系统故障，危害轴承的正常运行。

(7) 油膜涡动和油膜振荡。转动轴的轴心在滑动轴承中的位置是变化的，转子的中心绕着轴承中心转动，其转动频率约为转子的 1/2 自转频率，称为半速涡动或亚同步现象，因而油膜也以轴颈表面圆周速度之半的平均速度环行，这便是油膜涡动。油膜涡动的频率是随着转子的频率增加而增加的，两者之比约为 1∶2，但当油膜涡动频率等于转子的一阶临界转速频率时，便不再随着转子回转频率升高了，此时出现共振现象，叫油膜振荡。油膜振荡对轴承的危害有：

1）油膜振荡是一种危险的振动，使转子更加偏离轴承中心，增加了转子的不稳定因素。

2）油膜振荡引起交变的应力，而交变的应力将导致滑动轴承疲劳失效；严重的油膜振荡故障甚至会损坏整根转轴。

（8）轴承受到交变应力而引起金属疲劳。由于转轴振动冲击等原因所产生的交变应力超过合金材料的疲劳极限，引起轴承金属疲劳，这时动力油膜压力的变化使瓦面产生拉压和剪切的复合应力，特别是剪切应力会使瓦面产生裂纹，在轴承工作瓦面上呈凹坑或孔状剥落，严重时使轴承合金局部成块脱落。

五、汽轮机汽流激振

汽轮机内部的蒸汽间隙应是均匀对称、无偏差的。但由于转子热态弯曲、汽缸变形、汽流作用等因素，可能导致转子与静子之间的轴向、径向间隙在对称位置出现偏差。这种偏差会使蒸汽产生一个作用于转子上的促使其涡动的作用力，使转子绕汽缸中心产生涡动运动，这就是汽流激振。使汽轮机转子产生涡动运动的汽流力主要由以下几个方面构成：

（一）叶顶间隙产生的激振力

在汽轮机中，当转子偏心时，转子叶轮和汽缸间的间隙沿周向不均匀，使间隙的漏汽量重新分布，小间隙处因泄漏蒸汽量小而产生大推力，大间隙处因泄漏蒸汽量大而产生小推力。其结果产生了一个垂直于转子中心位移的横向力，此力将诱发转子涡动。

（二）汽封产生的激振力

汽封产生的激振力包括围带汽封、隔板汽封、轴端汽封产生的激振力。在汽轮机的高压级中，蒸汽在汽封处产生的激振力的大小与汽封前蒸汽的参数（压力、温度）、汽封后蒸汽的参数（压力）、汽封间隙处的半径以及进入汽封的蒸汽的周向速度有关。一般来说，汽封前蒸汽的参数越高，进入汽封的蒸汽的周向速度越大，蒸汽产生的激振力越大。

六、结构刚度不足

结构刚度不足是指机组支承结构刚度过低。结构刚度包括转子支承缸体基础整个系统的刚度。刚度不足多发生在机组低压汽缸非落地式轴承座上。轴承支承刚度弱，使振动被放大或使转子临界转速降低，从而易产生共振。结构刚度不足的主要原因有：

（1）设计阶段缺乏足够的刚度校核。

（2）机组安装阶段因施工质量缺陷导致支承系统局部刚度过低。

（3）机组运行过程中，由于金属的膨胀、变形、标高变化等原因导致支承结构局部接触力降低。

七、转子中心孔进油

对于有中心孔的汽轮机转子来说，转子中心孔进油现象时有发生。造成进油的原因有：

（1）中心孔探伤后没有及时清理干净内部残存的油。

（2）转子端部堵头不严，造成轴承箱内的油进入中心孔内。中心孔进油在振动特征上会出现工频振动增大的现象，且振动的幅值和相位不稳定。

第三节　汽轮发电机组振动产生的危害

汽轮发电机组振动是关系到发电厂安全经济运行的技术热点之一，特别在新机组试运或机组检修后第一次启动时，振动问题也是影响机组能否成功启动的关键。近几年来，国内外因振动大而导致汽轮发电机组大轴断裂的恶性事故曾有发生，造成了巨大的经济损失和不良影响。因此，设法减少机组的异常振动是工程上非常重要的研究课题。

汽轮发电机组发生过大振动的危害，主要表现在对设备和人身两方面。其中，振动对设备的影响，包括安全方面的影响和经济性方面的影响。

一、振动对设备安全的影响

（一）导致动静部分发生摩擦

由于机组单机容量的增大和效率要求的提高，汽轮机通流部分的间隙，特别是径向间隙一般都比较小，在较大的振动下，极易造成动静部分摩擦，由此不但直接造成动静部件的损坏，而且当汽封间隙大后，增大了转子轴向推力，引起推力轴瓦温度升高，甚至会发生推力轴瓦损坏事故。如果摩擦直接发生在转轴处，将会造成转子的热弯曲，使轴和轴承振动进一步增大，形成恶性循环，由此常常引起转轴的永久弯曲。

（二）加速某些部件的磨损和产生偏磨

因振动而产生不均匀磨损的部件主要有轴颈、发电机转子滑环、励磁机的整流子等。对静止部件来说，主要是加速滑销系统的磨损。发电机滑环和励磁机的整流子椭圆度过大将使电刷冒火。滑销系统磨损后，会使机组膨胀失常。

（三）动静部分的疲劳损坏

由于振动，使某些部件产生过大的动应力，因而导致疲劳损坏，并且由此造成事故进一步扩大，这种疲劳损坏虽然要有一个时间过程，但是随着部件上应力的增大，时间过程可以大大缩短。所以，有些机组尽管只是在启停过程中发生了几次大振动，但也能使某一部件发生疲劳损坏。在工程现场，由于振动而使零件发生疲劳损坏的，以轴瓦乌金破碎较多。当破碎的乌金落入油楔间时，会把轴瓦乌金碾坏或引起整个轴瓦的烧毁。

（四）某些紧固件的断裂和松脱

过大振动使轴承座地脚螺栓断裂和某些零件发生松动而脱落，失去原有的功能，从而使机组发生事故。过大的振动使紧固件发生松动的另一种形式是基础二次灌浆松裂，使轴承座动刚度降低，使轴承振动进一步增大。这种现象在现场较为常见，有时还会引起基础和周围建筑物产生裂纹。

（五）直接或间接造成设备事故

当汽轮机发生过大振动时，危急遮断器或机组的其他保护仪表的正常工作将直接受到影响，严重时会引起这些部件的误动作，直接造成事故停机。发电机定子铁芯和端部线圈振动过大，会使铁芯过热损坏，使绕组与绕组间或绕组对地短路。对水冷发电机转子，振动过大会引起水管断裂、冷却水泄漏事故。

二、振动对设备经济性的影响

（一）机组经济性降低

（1）增大汽轮机汽封间隙，降低机组效率。汽轮机汽封间隙的大小与汽轮机热经济性有密切关系。从理论上讲，汽轮机汽封间隙越小，汽轮机的热效率越高。但是，汽轮机汽封间隙的大小受到金属热膨胀、振动的限制，机组振动大，间隙预留尺寸大；同时，运行过程中，振动大时会使实际间隙增大。汽封间隙增大，使汽轮机内部的蒸汽泄漏量增加，汽轮机的级效率和缸效率下降。

（2）造成高低压端部轴封发生不正常磨损。低压缸端轴封的磨损破坏轴封的密封作用，使空气被吸入负压状态下的低压缸，破坏凝汽器的真空，提高凝汽器的压力，减小蒸汽在汽轮机中的做功能力，直接影响汽轮机组的经济运行。高压缸端轴封的破坏会使高压缸的蒸汽大量向外泄漏，减少做功蒸汽的流量，降低机组效率。

（二）机组出力下降

许多原因导致的机组振动，振动烈度与机组负荷有关联关系。当机组振动达到报警值时，往往采取降低负荷的措施来降低振动造成的危害，从而限制机组的出力。当机组的振动烈度达到停机限值时，机组会自动停机，严重影响汽轮发电机组的可用率，造成发电厂的较大重经济损失。

三、振动对电厂工作人员的影响

机械振动对人体的危害主要表现在两个方面：一是振动产生的噪声对人体的危害；二是使人体产生振动疾病。机械振动使机械本身及其基础产生上下、前后、左右变位，如果人体处在该条件下，也将随之产生相应的变位。人们通过操作振动工具的手、站立时的脚、坐下时的臀部或躺卧时的躯干而感受到振动。人体各部位都有其共振频率，在引起共振的部位会有异样的感觉。因此，人体长期暴露在强振动环境之下，会在神经系统、心血管系统、骨骼和听觉等方面发生病症。

第四节　诊断汽轮发电机组常见振动故障的基本试验

汽轮发电机组振动故障的原因非常复杂，很多故障之间有着相似性。这时就必须通过某些现场试验，突出故障的“征兆”，以区分振动的原因，排除可疑因素，将故障范围尽可能缩小，进而为制定消振方案提供依据。

一、判断汽轮发电机组振动故障常规试验

（一）升速、降速过程振动测量试验

升速、降速过程振动测量试验是在机组升速过程或降速过程完成的，又称为振动的转速特性试验，简称转速试验。

（1）试验目的：转速试验目的在于判别机组的振动是否由转子质量不平衡所致，并且找出转子的临界转速、自激振动的起始转速以及检查与轴承座相连的支承系统（如基础、蒸汽管道等）是否存在共振现象。

（2）试验方法：转速试验是在机组升、降速过程中进行的，按一定的转速间隔（一般为50～100r/min）对各振动点进行监测（目前使用的旋转机械振动检测仪器，可以连续记录各测点的振动信号，转速间隔可以选得更小），振幅与转速应同时读数，必要时可以把转速升高到110%额定转速，以寻找部件共振点。

（3）试验分析：通过转速试验可以获得波德图（转速与振幅关系曲线，又称为BODE图），判断轴系临界转速，分析升降速过程振动差别情况，分析转子不平衡分布情况。通

过升降速试验，可以确定转子的支承系统和结构振动特性，判断是否存在共振等。对于可能存在动静碰摩的机组，升速试验往往也是必需的。在逐渐升速过程观察振幅变化情况，特别是在临界转速之前。对于可能存在热态不平衡的转子，定速暖机过程的振动变化（包括振动幅值的变化和相位的变化）程度可以作为热态不平衡故障存在与否的重要判据。有许多图形可以清楚显示振动如何随转速变化，如波特图、极坐标图、级联图；轴心静态位置图可以显示轴心在轴瓦间隙圆内的位置是如何随转速变化的。这些图形对分析转子振动状况、故障诊断和处理是非常有用的工具。

（二）额定转速时的振动测量试验

机组冲转升速到额定转速时的振动状况是机组振动的基本而重要的数据，常常以此作为转子平衡的基础数据。有一部分机组振动随温度变化显著，冷态启机刚到额定转速和数十分钟后的振动会不同。因此，需要注意额定转速测量值与定速时间的关系。额定转速定速时的测量一般测量记录较全的数据，包括各轴瓦垂直、水平、轴向 3 个方向的振动，以及全部轴振测点的数据。

（三）满负荷和升负荷过程的振动测量试验

（1）试验目的：通过负荷试验来观察振动与负荷的关系，可以判断振动是否与机组中心、热膨胀以及联轴器缺陷等有关。

（2）试验方法：负荷试验可以在机组升、降负荷过程中进行。负荷试验的范围一般为100％、75％、50％、25％和空负荷，或根据机组实际负荷条件确定。机组负荷改变后立即测振动值，然后保持这一负荷不变，一般稳定时间要大于 30min，在这个过程中相隔一定时间间隔全面检测一次振动值，并记录与振动检测时刻相对应的汽缸和转子的膨胀及差胀值。当机组负荷在很大范围内变动时，发电机的功率因数会发生变化。为了避免机械和电气因素的交互影响，试验时采取分步交替的方式，即改变有功负荷时，保持发电机转子励磁电流不变，而改变励磁电流时保持有功负荷不变。前者测得的是汽轮机热状态改变所引起的振动，而后者测得的则是由发电机转子励磁电流变化所引起的。

（3）试验分析：在此项试验中可能出现 3 种情况，即：

1）机组振动与负荷大小无关。机组振动与负荷基本无关，说明机组的振动主要是由转子不平衡所引起的，而机组带负荷后，转子的受力状态和传递的力矩发生变化，振幅可能会稍许变化，这是正常的。

2）机组振动随负荷变化而迅速变化。机组负荷改变后，振动迅速改变，没有延迟，特别是机组并网或解列时，轴承振动发生突变，有时在某一负荷下也发生振动突变。这种现象说明振动与转子传递的力矩大小有关。可能的原因有：

a. 靠背轮中心没有找好或靠背轮本身有缺陷，当机组负荷增大、联轴器传递的力矩加大时，联轴器失去自调整能力或齿套因磨损较大而偏向一侧，因此对转子产生不平衡作用力。

b. 转子上有裂纹，并网、解列时或机组负荷突变时，导致加载转子上的扭矩突然变化，振动立即发生变化。

3）机组振动随负荷变化而缓慢变化，并有滞后现象。这种故障大多与机组膨胀受阻或局部受热变形有关。机组改变负荷后，汽缸及转子的热状态改变都需要一定的时间，因而振动变化滞后于负荷的变化。

机组膨胀是否正常可由汽缸两侧膨胀指示器的数值来分析，如果两侧指示值相同，但与类似工况或同类机组相比明显偏小，说明存在汽缸膨胀不畅问题；如果两侧指示值有明显差异，表明汽缸存在胀偏。汽缸膨胀不畅或胀偏主要由汽缸及所属管道较重、汽缸受管道约束力较大、轴承座与台板之间缺少润滑或润滑干枯、汽缸刚性不足等因素所引起的。这时应力求减少汽缸膨胀阻力和管道约束力，增强汽缸刚度，延长暖机时间。

轴承座受热不均产生的局部变形或汽缸对轴承座推力点过高，均会使轴承座与台板脱离，引起机组振动。这两种情况，在进行现场故障诊断时，可以通过检查轴承座与台板之间的间隙来确定。

（四）超速试验

现场例行的考核危急保安器的超速试验最高转速是额定转速的110％～112％，有些机组的试验已经降到108％～110％。利用超速试验过程，可以对机组进行与转速相关的振动测试和有关的诊断性试验，如判断机组是否存在结构共振或转动部件松动及有无临界转速等。

（1）试验目的：汽轮机是在高温、高压下高速运转的机械，其旋转部件承受巨大的离心力，该离心力是与转速的平方成正比的，因此随着转速的升高，其离心力将快速上升。汽轮机的转子一般是根据额定转速的115％～120％来设计的，一旦转速超过其强度极限，将造成叶片断裂、动静碰摩，甚至断轴等严重事故。而对于现在处于电厂主导地位的超超临界机组，由于其蒸汽参数高、流量大，机组甩负荷后转子动态飞升转速很高。所以，汽轮机超速保护系统是超临界汽轮机保护系统中最重要的方面之一。为了防止汽轮机发生超速事故，超超临界机组都配备有超速保护系统，为了保证超速保护装置的可靠性需定期进行超速试验（尤其是机组大修汽轮机安装完毕后），以确保超速保护装置动作可靠。

（2）试验方法：机组冷态启动过程中的超速试验应在机组带25％～30％额定负荷下至少运行3～4h，以满足制造厂对转子温度要求的规定后方可进行。按照机组的运行规程和超速试验方案进行该项试验。试验前应配备足够的试验人员、试验仪表及工具（含通信工具）。DEH控制系统在“自动”方式，控制盘及就地停机按钮动作正常。在超速试验的全过程，采用旋转机械振动测量仪器自动采集机组转轴和轴承的振动信号。

（3）试验分析：绘制出各测点的振动信号幅值（包括通频幅值、工频幅值及其他典型成分的幅值）随转速的变化关系、轴心位置随转速的关系，从而判断转子-支承系统在工作转速附近是否产生了共振、转子不平衡分布情况、轴承油膜的稳定性、转子与静止部件是否存在碰磨等。

值得注意的是，机组超速试验过程中须严密监视机组振动情况，若振动增大明显，未查明原因前，不得继续作超速试验，任一轴承振动幅值突然增大30μm以上，或任一轴承振动超过100μm，或轴振动超过240μm应立即打闸停机。

（五）变真空试验

凝汽器真空影响到汽轮机低压轴承座的标高，从而影响轴系各支持轴承的载荷分布；同时，凝汽器真空也影响汽缸体的变形量、通流部分径向间隙。真空度的提高使缸体在外界大气压的作用下要下沉，进而影响到以缸体为基础的轴承座的垂直位置。改变真空的同时，测试缸体在垂直方向上的绝对位移和轴颈在轴瓦中的静态位置，可以协助进行多项故障的分析与判断。

（1）试验目的：判别机组振动与汽轮机真空及排汽温度之间的关系。

（2）试验方法：为了消除负荷改变对振动的影响，进行真空试验时应保持机组负荷不变。真空试验通常在较低负荷时进行，以使真空变化的范围大些。改变真空可以通过改变凝汽器循环水量来完成。试验应在机组允许的真空变化范围内分几个等级进行，当真空改变后，测取振动值，并在真空稳定的时间段内按一定的时间间隔记录一次各测点的振动值。一个真空稳定工况维持半小时后，再变动凝汽器的真空进入下一个试验工况。

（3）试验分析：真空试验可能遇到两种情况：

1）振动随真空降低而立即减小，振动与排汽温度无关。这种情况主要出现在排汽口与凝汽器是弹性连接的机组。在排汽部分刚度较差，转子找中时未考虑运行中轴承中心下沉时，有可能发生这种振动。当轴承座底部接触不好时，也容易出现这种振动。

2）振动变化滞后于真空变化，与排汽温度存在明显的对应关系。这种情况表明振动与热状态有关，这主要是排汽温度上升轴承中心上抬的结果。这种情况大多发生于排汽口与凝汽器为刚性连接，且排汽口部分刚度又较好的机组。如果转子找中心是在凝汽器满水时进行的，这种情况会更严重。

（六）轴承油膜特性试验

（1）试验目的：主要通过改变润滑油的压力和温度，考察润滑油对机组振动和油膜稳定性的影响。本书中描述的润滑油压力和温度参数特指机组润滑油进油母管中的压力和温度。

（2）试验方法：进行轴承油膜特性试验时，先将轴承油压升高一定值，观察振动是否因轴承供油量增大而发生变化。如果机组是因轴承供油不足而产生振动，则供油压力提高后振幅将明显变小。变化油温试验一般在正常油温附近的范围内分级进行。先由正常油温降低，然后恢复正常后再升高。每改变一次油温须待稳定一定时间（如5～10min），在维持油温稳定的时间间隔内持续检测各振动测点的振动信号。油膜失稳时振动会急剧上升，因此试验中一旦出现这种趋势应立即停止试验，以保证机组运行的安全。进行此项试验记录的参数主要是轴承油压、进出口油温、轴承金属温度和振动。

（3）试验分析：绘制试验过程中各测点振动幅值随时间的变化关系曲线，各测点振动幅值与润滑油压力、温度变化曲线，对油温参数稳定工况下的振动信号进行频谱分析获得振动信号的频率分布。通过上述振动特征曲线进行判断：

1）如果振动幅值与润滑油的参数无关，则机组振动不是因轴承润滑状态改变引起的。

2）如果测得的振动信号中有较高的频率分量，并且幅值和相位均不稳定，则振动可能是由于轴承供油不足或轴承间隙过小引起的。

3）如果振动信号中含有转速一半或一阶临界转速的分量，并且振动是在两倍于一阶临界转速后的某一临界转速时突然出现，则表明振动是因油膜失稳所引起的。

（七）轴承座外部特性（即连接刚度）试验

（1）试验目的：主要检查汽轮发电机组轴承座外部部件（如紧固螺栓、轴承座和基础台板等）是否存在松动或接触不良，是否存在由于热变形和管道力使部件翘起、脱落或基础松动等。

（2）试验方法：轴承座外部特性试验是在轴承座上进行测试的，在同一轴向位置、不同高度对称地布置测点。试验尽量维持蒸汽参数、有功功率和其他运行参数不变，记录各测点的振幅和相位。测量差别振动产生异常时，必须复测一次，只有当两次测量结果相同时，才可认为测量数据可靠。

（3）试验分析：由两个相邻部件的振动判断可以判断部件间的连接刚度是否正常。轴承座各部件连接刚度正常时，振动值沿轴承座高度降低而平滑地减少。如果发现相邻两部件间存在较大的差别振动，表明连接不良或固定螺栓松动。一般来讲，对于在同一个轴向位置，测点上下标高差在100mm以内的两个连接部件，在连接紧固的情况下，其差别振动应能小于2μm，滑动面之间正常的差别振动应能小于5μm，对于发电机后轴承座与台板之间有绝缘垫者，其差别振动应能小于7μm。左右两侧对称位置差别振动较大，说明两边紧固情况不同；台板与基础的差别振动较大时，则预示着台板下二次灌浆可能不良。

（八）变调节汽门开启次序试验

对于高压转子的失稳，在确定主要原因是来自轴瓦、汽封，还是由于进汽使转子上浮所致，进行改变调节汽门开启次序的试验是一项有效的判别方法。

（1）试验目的：主要检查汽轮机高压转子的异常振动是否由进汽方式引起的。

（2）试验方法：该试验在机组带负荷工况下实施，在汽轮机高压转子两端监测转子和轴承振动。可分为两种大的进汽方式进行试验：一种是顺序阀进汽控制方式，另一种是单阀控制方式。

1）在顺序阀控制模式下，改变进汽的阀门顺序，监测高压转子的振动变化情况。

2）将顺序阀控制模式切换成单阀控制模式，监测高压转子的振动变化情况。

（3）试验分析：若在汽轮机进汽控制方式转换过程中，发现汽轮机高压转子的振动发生明显的变化，就可判断出高压转子的异常振动是由不恰当的进汽控制方式引起的。并可在顺序阀控制模式下，经过试验找到振动最小的调节汽门次序组合。

二、判断发电机-励磁机振动故障常规试验

在汽轮发电机组振动故障发生时，为了判断所发生振动故障是否与“发电机-励磁机”有关，需做如下相关试验：

（一）变励磁电流试验

（1）试验目的：励磁电流试验的主要目的是识别发电机转子振动是由机械原因还是由电气原因引起的，并区分电磁不平衡振动与热弯曲振动。

（2）试验方法：励磁电流试验分并列前和并列后两种工况进行，试验时励磁电流由零开始分级增加（分别为0、25%、50%、75%和100%），每次在改变励磁电流后立即测量振动，并在稳定励磁电流的时间间隔内持续检测各测点的振动信号，一个励磁电流稳定工况需维持30min以上。在机组并列前试验时，应注意使发电机定子端电压维持在允许范围内；并列运行试验时，应保持机组负荷不变。

（3）试验分析：励磁电流试验同样可能出现3种情况。

1）振动与励磁电流同时变化。这说明振动主要是由电磁场不平衡引起的。形成磁场不衡的原因主要有两个方面，一是发电机转子线圈匝间短路或转子有椭圆度，产生的振动以基频为主；二是发电机转子与静子间的空气间隙不均匀，产生的振动包含有2倍频分量。因磁场不平衡所引起的振动故障，当转子振动增大时，发电机静子振动也增大。对于两极发电机，转子振动频率的高频分量一般是100Hz。

2）振动滞后于发电机励磁电流的改变。即当励磁电流改变后，振动随着运行时间增

加而逐渐增大，到一定时间后趋于稳定。这种现象表明振动与转子的热状态有关，转子或线圈受热膨胀变形，引起转子质量不平衡。发电机转子产生热变形的原因是：转子的某些部件不对称热变形（如发电机转子的端部线圈）、转子受热且产生弯曲（例如转子内应力过大，转子线圈局部短路）、转子或线圈冷却不均匀（如通风孔局部堵塞、水冷发电机线圈的冷却水量不均匀），以及转子上套装部件存在松动等。

3）振动与发电机励磁电流无关。这种情况表明，机组振动与发电机转子的磁场分布和温度分布无关。

（二）变氢压、氢温试验

我国大功率汽轮发电机多数采用水氢氢冷却方式，即定子绕组采用水内冷，转子绕组采用氢内冷，定子铁芯和其他构件为氢冷。冷却介质氢气的参数（温度、压力）影响氢气与转子绕组、氢气与定子铁芯之间的传热系数，从而影响发电机转子绕组和定子铁芯的温度场分布，也影响被冷却部件的内部应力分布。因此，改变氢气的压力和温度，可以协助进行多项故障的分析与诊断。

（1）试验目的：变氢压、氢温试验的主要目的是识别发电机转子振动是否由于转子冷却不良而导致的转子温度场不均匀引起的，或是否由于定子变形引起的。

（2）试验方法：该项试验要求在机组带稳定负荷工况下进行，为了确保机组安全同时又能达到预期的试验效果，要求汽轮发电机组的有功负荷维持在80%额定负荷左右。变氢压试验和变氢温试验是分开进行的。

1）变氢压试验：在开展变氢压试验时，维持氢气温度在设计值左右，氢气压力可在设计值附近升高若干值或降低若干值（但是，氢气的压力不得超过运行规程规定的限值）。在氢气压力变化的过程中或氢气压力稳定的工况下测量振动值。

2）变氢温试验：在开展变氢温试验时，维持氢气压力在设计值左右，氢气温度可在设计值附近升高若干摄氏度或降低若干摄氏度（但是，氢气的温度不得超过运行规程规定的限值）。在氢气温度变化的过程中或氢气温度稳定的工况下测量振动值。

（3）试验分析：变氢压试验和变氢温试验可能出现如下几种情况。

1）机组振动与发电机的氢温、氢压电流无关，这说明机组的振动与发电机转子的冷却效果、定子的变形没有必然的关系。或者说，发电机转子不存在转子温度场分布异常的问题，不存在因氢气压力引起的定子异常变形的问题。

2）机组振动与氢气压力有关而与氢气温度没有太大关系，这说明机组振动与发电机定子的变形有关。例如，对于采用端盖轴承的发电机组，氢压变化将导致定子形状变化，从而引起端盖轴承的标高变化，进一步引起轴系载荷在各轴承上的分配规律变化，引起机组振动的变化。

3）机组振动与氢气温度有关而与氢气压力没有太大关系，这说明机组振动与发电机转子的冷却效果有关，可判断发电机可能存在下列故障之一：

a. 转子热态不平衡。

b. 转子部分冷却通道堵塞。

c. 转子绕组存在短路。

三、对机组局部结构略作变动后试探性试验

在汽轮发电机组振动故障发生时，为了判断所发生振动故障是否与轴瓦结构、支承刚

度及轴瓦标高等有关，需做如下相关试验：

（一）变轴瓦结构参数试验

（1）试验目的：我国大功率汽轮发电机组基本上采用油膜动压滑动轴承。轴承的结构参数（包括轴瓦的型式、轴承宽度、轴瓦间隙、轴瓦与轴颈的接触面积等）对转子的动力学特性影响极大。因此，若汽轮发电机组的某个（或某几个）轴承的振动偏大，且种种迹象表明机组的振动是由某个轴承的结构参数不当引起的，可开展此项试验。

（2）试验方法：在工程现场开展变轴瓦结构参数试验，主要通过调整轴瓦的间隙和（或）轴瓦与轴颈接触面积来实施。该项试验需要停机调整轴瓦结构参数，为了准确判断机组振动是否是因某个轴承的轴瓦结构参数调整不当引起的，在不同轴瓦结构参数下测量机组振动信号时，应该确保机组有功负荷、蒸汽参数、排汽参数、轴封蒸汽参数等过程参数基本相同。

（3）试验分析：根据机组振动与轴瓦某项结构参数的增加（或减少）之间的变化关系，可以判断出机组异常振动是否主要因此项结构参数不合理引起的。调整轴瓦结构参数后可能出现如下几种情况。

1）机组振动与所调整轴瓦结构参数的大小之间关系不明显，说明机组当前的异常振动与此项结构参数无明显的关联性。

2）所调整轴瓦参数与机组异常振动的量值成正相关关系，说明此项结构参数原来的值偏大。

3）所调整轴瓦参数与机组异常振动的量值成负相关关系，说明此项结构参数原来的值偏小。

（二）变支承刚度试验

支承系统特性对转子系统的振动有重要影响，其中，支承系统的静刚度和动刚度对转子系统的振动特性的影响尤为显著。支承系统的刚度设计不合理、安装过程造成支承系统刚度偏差、在运行过程中引起的支承系统刚度变化均可能使转子系统产生异常振动。

支承系统刚度缺陷可引起支承系统结构共振，共振可分为支承系统共振和系统部件共振两种，支承系统共振是激振力通过支承系统传入振动系统，当支承系统自振频率与激振力频率符合时产生的一种共振，例如轴承座某一方向自振频率与激振力频率符合而产生的共振；系统部件共振是振动系统内某一部件自振频率与激振力频率相符时产生的共振。这两种共振使轴承振动增大的机理不同，支承系统共振是由于轴承支承动刚度降低，在激振力一定时振幅增大；系统部件共振是由于部件共振，使振动惯性力增大并作用于轴承或基础，这是在支承动刚度不变的情况下，由于激振力增大而使其振幅增大。

为了在工程现场验证机组振动是否是因为支承系统的刚度问题引起的，可开展变支承刚度试验。

（1）试验目的：通过人为地改变支承系统某一局部（或某一部件）的刚度，在相同的机组运行工况下检测机组的振动，根据改变支承刚度前后机组振动的变化情况来判断机组的异常振动是否是因支承刚度缺陷引起的。

（2）试验方法：在工程现场开展转子变支承刚度试验，主要通过调整支承系统某个（或某几个）局部区域的刚度来实施。该项试验需要停机来调整支承系统刚度值，调整支承系统刚度值的主要方法有调节支承部件连接螺栓的紧力，在支承部件的水平方向或垂直方向增加新的约束（如用液压机构加压、顶住）。为了准确判断机组振动是否是因某些局部支承刚度缺陷引起的，在实施变支承刚度试验时，应该确保机组有功负荷、蒸汽参数、排汽参数、轴封蒸汽参数等过程参数是基本相同的。

（3）试验分析：根据机组振动与支承系统某些局部刚度的增加（或减少）之间的变化关系，可以判断出机组异常振动是否主要因支承结构刚度不合理引起的。调整支承结构刚度参数后可能出现如下几种情况。

1）支承结构刚度调整前后，机组的振动特性（包括振动的量值和频率分布）变化不明显，则说明机组当前的异常振动与支承结构局部刚度之间无明显的关联性。

2）所调整支承结构的局部刚度值与机组异常振动的量值成明显的正相关关系，说明支承系统局部区域的原支承刚度值偏大。

3）所调整支承结构的局部刚度值与机组异常振动的量值成明显的负相关关系，说明支承系统局部区域的原支承刚度值偏小。

（三）改变轴瓦标高试验

汽轮发电机组轴系处于静止状态时，各个支承轴承处的载荷分配与轴瓦的标高有关，如果标高设置不合理，可能使有些轴瓦载荷太大，有些轴瓦载荷太小。在运行中，转子动态力可能发生变化。此外受轴承座温度变化的影响，轴瓦标高也会产生变化，造成轴瓦的动态载荷发生变化，载荷较小的轴瓦容易产生油膜失稳（包括半速涡动和油膜振荡）。进行改变轴瓦标高试验可以判断是否存在油膜失稳故障。因此，当怀疑机组异常振动是否是因轴瓦标高不合理引起的时，可开展此项试验。

（1）试验目的：通过人为地改变某个（或某几个）轴承的轴瓦静态标高，在相同的机组运行工况下检测机组的振动，根据改变轴瓦标高前后机组振动的变化情况来判断机组的异常振动是否是因轴瓦标高不合理引起的。

（2）试验方法：在工程现场开展改变轴瓦标高试验，主要通过下列方法来实现：

1）降低试验轴承的标高。对于轴承振动值偏大、轴瓦温度偏高、轴承载荷偏大的试验轴承可以通过降低试验轴承的标高来实施改变轴瓦标高试验。

2）提高试验轴承的标高。对于轴承振动值偏大，轴瓦温度正常或低于各轴瓦平均温度，且转子振动成分中存在明显的低频成分的轴承，可以通过增加试验轴承的标高来实施改变轴瓦标高试验。

为了准确判断机组振动是否是因某个（些）轴承标高不合理引起的，在实施变轴瓦标高试验时，应该确保机组有功负荷、蒸汽参数、排汽参数、轴封蒸汽参数、轴承润滑油温度和压力等过程参数是基本相同的。

（3）试验分析：根据机组振动与轴瓦标高的增加（或减小）之间的变化关系，可以判断出机组异常振动是否主要因某个（些）轴承标高不合理引起的。调整轴瓦标高后可能出现如下几种情况。

1）轴瓦标高调整前后，机组的振动特性（包括振动的量值和频率分布）变化不明显，则说明机组当前的异常振动与轴瓦标高之间无明显的关联性。

2）轴瓦标高改变值与机组异常振动的量值成明显的正相关关系（即标高增加则振动量值增加、标高降低则振动量值减小），说明该试验轴承的原标高值偏大。

3）轴瓦标高改变值与机组异常振动的量值成明显的负相关关系（即标高增加则振动

量值减小、标高降低则振动量值增加)，说明该试验轴承的原标高值偏小。

参 考 文 献

[1] 张国忠，魏继龙. 汽轮发电机组振动诊断及实例分析 [M]. 北京：中国电力出版社，2018.
[2] 施维新，石静波. 汽轮发电机组振动及事故. 2版. [M]. 北京：中国电力出版社，2017.
[3] 寇胜利. 汽轮发电机组的振动及现场平衡 [M]. 北京：中国电力出版社，2007.
[4] 张学延. 汽轮发电机组振动诊断 [M]. 北京：中国电力出版社，2008.
[5] 李录平. 汽轮机组故障诊断技术 [M]. 北京：中国电力出版社，2002.
[6] 李录平，卢绪祥. 汽轮发电机组振动与处理 [M]. 北京：中国电力出版社，2007.
[7] 李录平，晋风华. 汽轮发电机组碰磨故障的检测、诊断与处理 [M]. 北京：中国电力出版社，2006.
[8] 叶飞飞，李录平，黄琪. 转子系统振动特性优化设计研究 [J]. 噪声与振动控制，2008 (4)：53-55.
[9] 李录平，卢绪祥，胡幼平，等. 300MW 汽轮机组几种异常振动现象及其原因分析 [J]. 热力透平，2004，33 (2)：114-120.
[10] 颜尚君，李录平，周曙明，等. 大功率汽轮机末级轮盘-叶片结构接触状态有限元分析 [J]. 汽轮机技术，2018，60 (3)：185-188.
[11] 李鹏. 汽轮发电机组转子热弯曲故障风险评价与诊断方法研究 [D]. 北京：华北电力大学，2015.
[12] 黄葆华. 汽轮发电机转子热效应导致振动的分析 [J]. 华北电力技术，2004 (11)：52-54.
[13] 寇胜利. 汽轮发电机的热不平衡振动 [J]. 大电机技术，1998 (5)：12-18.

第二章 汽轮发电机组振动检测与振动评价一般方法

第一节 描述旋转机械振动特征的基本参量

一、转轴振动测量基本原理

（一）转轴相对振动与绝对振动

所谓转轴的振动，其本质意义就是指转轴的表面相对某一固定的参考点的运动规律。在工程中，这个参考点可以取为轴承上的一固定点，也可以取为大地表面上的一固定点。采用前一个固定点所检测的是转轴的相对（轴承）振动，采用后一个固定点所检测的是转轴的绝对振动。在汽轮发电机组故障诊断试验中，既要检测相对振动（大多数情况下），又要检测绝对振动（特殊情况下）。

（二）转轴相对振动测量

转轴相对振动测量示意如图 2-1 所示，在轴承上安装振动传感器，测量转轴表面振动（实际上为转轴表面距离传感器端面的间隙）大小随时间的变化规律。一般来说，测量转轴振动，需要在转轴的一个断面上安装两个互相垂直（X 方向、Y 方向）的传感器。用这两个互相垂直的传感器，不但可以测量转轴的振动，还可以确定转轴中心 O 相对于轴承中心的位置以及转轴中心的位置随时间的运动规律（轴心运动轨迹）。

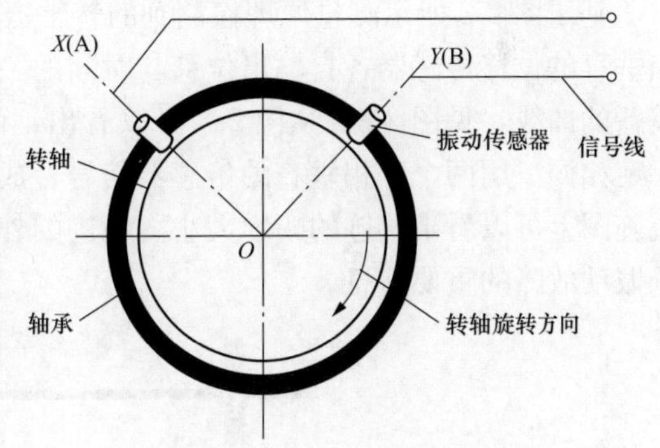

图 2-1 转轴相对振动测量示意

（三）转轴绝对振动测量

轴承的支承刚度较差，使轴瓦振动（简称瓦振）增大时，所测得的轴的相对振动就会较小，甚至可能比瓦振还小。例如，国产 300、600MW 汽轮机组低压转子两端轴承坐落在低压排汽缸上，由于支承刚度较差，瓦振一般较大而测得的轴振（相对振动）就会较小；高中压转子两端轴承支承在基础平台上，支承刚度较好，瓦振较小，所测得的轴振就会较大。表 2-1 为某国产 300MW 汽轮机组高中压转子和低压转子两端轴承处轴振和瓦振的某次测量结果，表 2-2 为某国产 600MW 汽轮机组低压Ⅰ转子、低压Ⅱ转子轴振和瓦振的某次测量结果。从表 2-1 和表 2-2 中可以看出，高中压转子测得的轴振比瓦振大很多，低压转子轴振和瓦振相差不大，甚至出现轴振比瓦振小的现象（如表 2-2 中 6X、6Y）。为弥补轴的相对振动测量中的这种缺陷，采取的办法之一是测量轴的绝对振动。

表 2-1 某国产 300MW 汽轮机组高中压转子和低压转子两端轴承处轴振和瓦振的某次测量结果

轴振（相对振动）	1X	1Y	2X	2Y	3X	3Y	4X	4Y
	49μm∠131°	47μm∠202°	43μm∠119°	44μm∠215°	30μm∠111°	21μm∠55°	17μm∠335°	46μm∠218°
瓦振（垂直方向）	4μm∠26°		1μm∠221°		20μm∠260°		33μm∠126°	

表 2-2 某国产600MW汽轮机组低压Ⅰ转子、低压Ⅱ转子轴振和瓦振的某次测量结果

轴振(相对振动)	3X	3Y	4X	4Y	5X	5Y	6X	6Y
	60μm∠201°	52μm∠315°	20μm∠187°	10μm∠280°	46μm∠164°	27μm∠250°	21μm∠294°	27μm∠9°
瓦振(垂直方向)	43μm∠253°		14μm∠100°		41μm∠198°		47μm∠10°	

图 2-2 所示为测量转轴绝对振动的测量示意图。将振动传感器固定在刚性支架上，该支架固定在大地上（或相对于大地而言固定不动的地方），这时，测量获得的转轴振动为绝对振动。

曾采用复合传感器用来测量支承刚度较差的轴承上的振动，复合传感器同时装有涡流传感器和速度传感器，涡流传感器测量轴的相对振动，速度传感器测量盖振（瓦振），可得

轴的绝对振动＝相对振动＋盖振

（四）转轴振动位移与时间的关系曲线

基于图 2-2 所示测量原理检测到的转轴振动量为振动位移量。在转轴旋转时，两个互相垂直的位移传感器各自输出位移与时间的关系曲线，同时，还可以用这两个时间曲线合成新的曲线，见图 2-3。从图 2-3 可以看出，两个传感器输出信号（时域波形）的形状不一定相同。用两个互相垂直的传感器信号合成的图形称为轴心运动轨迹，从图 2-3 所示的轨迹图上可以看出轨迹的幅度大小、轨迹的外形形状、轨迹的复杂程度，这些都是诊断转子振动故障的重要信息。

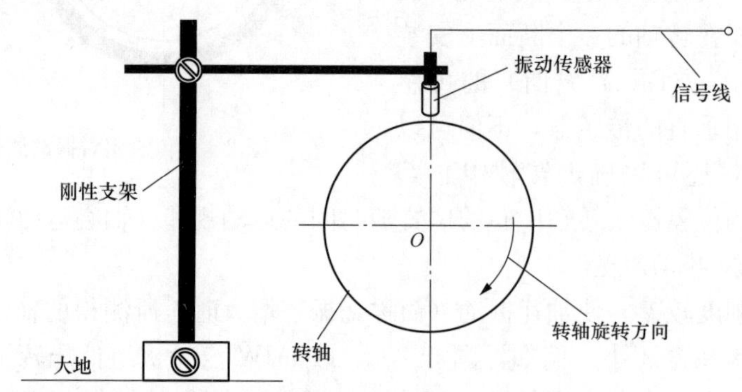

图 2-2 转轴绝对振动的测量示意图

二、轴瓦（轴承座）振动测量基本原理

轴瓦（轴承座）的振动既可以用接触式传感器测量，也可以用非接触式传感器测量。

（一）轴瓦振动非接触式测量

用非接触式传感器测量轴承座（实际为轴承盖）振动的原理见图 2-4。图 2-4 中，安装一个刚性传感器支架，将该支架固定在大地上（或基础平台上，此时忽略基础平台的振动），将非接触式传感器（位移传感器）固定在刚性支架上，测量轴承顶盖（或轴承座中分面）的振动位移。

一般来说，度量轴承（或轴承座）振动烈度大小用振动速度，因此，用非接触方法检测到的振动位移值，需要进行一次微分，获得振动速度。

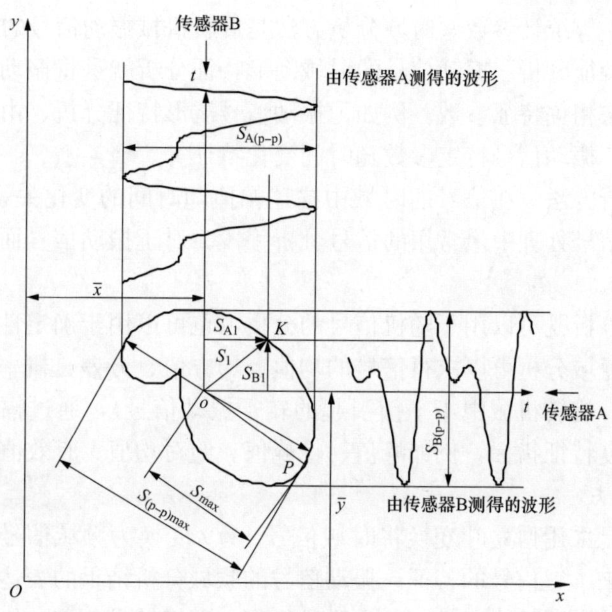

图 2-3　转轴振动位移曲线及其合成

p-p—峰峰值

（二）轴瓦振动接触式测量

用接触式传感器测量轴承座振动的原理见图 2-5。图 2-5（a）中，安装速度传感器测量轴承座的振动速度，传感器输出的振动速度信号经积分放大后同时可输出振动速度和振动位移信号，进入数据采集装置；图 2-5（b）中，安装加速度传感器测量轴承座的振动加速度，传感器输出的振动加速度信号经电荷放大后，进入数据采集装置。

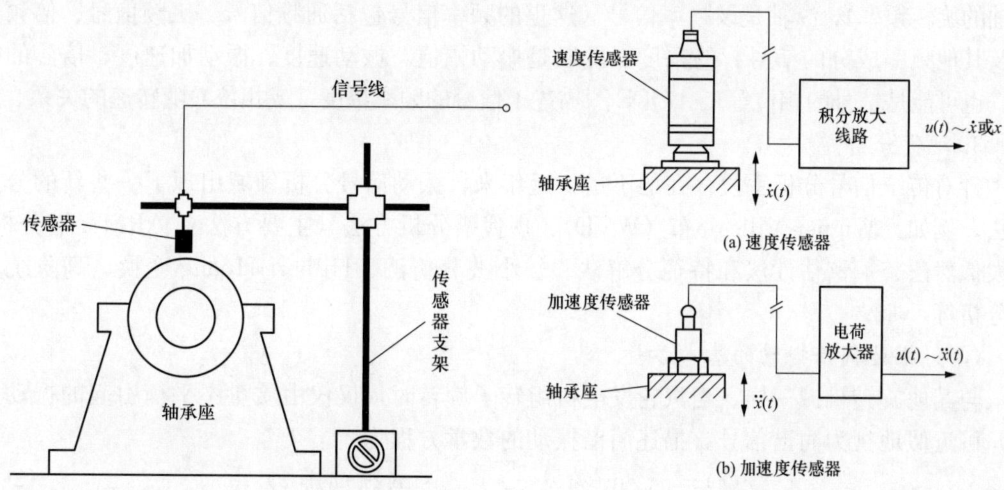

图 2-4　用非接触式传感器测量轴承座振动的原理　图 2-5　用接触式传感器测量轴承座振动的原理

三、描述旋转机械振动的基本特征参量

（一）振动信号分析方法

1. 时域分析方法

信号时域分析又称为波形分析或时域统计分析，它是通过信号的时域波形计算信号的

均值、均方值、方差等统计参数。时域分析方法是旋转机械振动信号的常用分析方法。

（1）时域图形特征分析。振动信号的时域图形特征分析就是将振动信号绘制成特定的图形，从图形中提取相关特征参数。例如，振动信号波形特征分析、由两个信号合成后得到的轨迹特征分析、振动信号特定参数随时间变化特征等。

（2）幅值域分析方法。在信号的时域中描述幅值随时间的变化关系称作幅值域分析，幅值域分析方法是信号处理中最常用的信号分析手段。对于振动信号而言，幅值是比较直观的特征信息。

信号的幅值域分析既可以用于随机信号的分析，也可以用于确定性信号的分析。对于随机信号，通过幅值域分析可以求得信号的均值、均方值、方差、概率密度函数等。对于确定性信号（例如，旋转机械中不平衡引起的转子振动信号），通过幅值域分析可以求得周期信号的各种强度特征指标，例如峰值、峰峰值、绝对均值、有效值和平均功率等。

2. 频域分析方法

信号频域分析是采用傅立叶变换将时域信号 $x(t)$ 变换为频域信号 $X(f)$，从而帮助人们从另一个角度来了解信号的特征。振动信号的频域分析结果的表达方式有：

（1）频谱图。频谱图的构成为：自变量是频率，即横轴是频率，纵轴是该频率信号的幅度（可以是振动位移幅值、振动速度幅值、振动加速度幅值、信号的能量幅值等）。频谱图描述了信号的频率结构及频率与该频率信号幅度的关系。

（2）BODE 图。旋转机械振动信号的 BODE 图构成：x 方向为频率轴，用来表示各振动信号的频率成分；y 方向为转速轴，表示在不同转速下检测振动信号；x-O-y 平面为水平面；z 方向垂直于 x-O-y 平面，z 轴是各振动信号的不同频率成分的幅度（可以是振动位移幅值、振动速度幅值、振动加速度幅值、信号的能量幅值等）。

（3）瀑布图。旋转机械振动信号的瀑布图为三维图，瀑布图的构成为自变量是转速（即转轴的旋转频率），纵轴是该频率信号（这里的频率信号包括通频信号、工频信号、倍频信号及其他频率成分的信号）的幅度（可以是振动幅值、振动速度、振动加速度、信号的能量，也可能是信号的相位等）。BODE 图描述了信号的频率幅度（或相位）随转速的关系。

3. 现代分析方法

针对传统信号分析手段存在的不足，近年来，振动信号分析领域出现了一些新的分析方法，例如：Wigner-Ville 分布（WVD）、现代谱分析方法（主要方法有 ARMA 谱分析、最大似然法、熵谱估计法和特征分解法。）、小波分析法、Hilbert-Huang 变换、高阶统计量分析等。

（二）描述简谐振动的基本参量

与其他旋转机械一样，当汽轮发电机组转子旋转时，仅仅由质量不平衡引起的振动信号，可近似地视为简谐信号。描述简谐振动的数学方程为

$$x(t)=x_{\mathrm{m}}\sin(\omega t+\varphi)=x_{\mathrm{m}}\sin(2\pi ft+\varphi) \tag{2-1}$$

式中 $x(t)$——振动位移，它是时间的函数，μm；

x_{m}——振动的幅值，μm；

ω——振动的角频率，rad/s；

t——时间，s；

φ——振动的初相位角，(°)；

f ——振动的频率，Hz。

对于振动位移信号而言，振动幅值 x_m 体现了振动的强度。根据需要及具体情况，振动的度量可用以下计算量表示。

1. 峰值

所谓的峰值，又称为单峰值，用 x_p 表示，是从振动波形的基线位置到波峰的距离。若被测物体作简谐运动，其振动的峰值 $x_p = x_m$。

2. 峰峰值

峰峰值是指正峰值到负峰值之间的距离，常用下式表示，即

$$x_{p\text{-}p} = (x_{max} - x_{min})\big|_t \tag{2-2}$$

式中 $x_{p\text{-}p}$ ——整个采样时间段内振动的最大偏移量与最小偏移量之差。这里的 $x_{p\text{-}p}$ 与图 2-3 中的 $S_{A(p\text{-}p)}$、$S_{B(p\text{-}p)}$ 具有相同含义。

当被测物体的允许振动位移量由某些间隙决定时，峰峰值就是一种较为好用的描述方式。汽轮发电机组转子的振动就常用峰峰值来表示。转子振动的峰峰值不能太大，如果太大，就会损坏轴瓦，产生动静碰磨。

3. 有效值

有效值又称为均方根值，它描述了机械振动产生的能量影响大小。在强调或估算振动的能量效应所产生的后果或强度影响时，常用均方根值来描述。

时域信号 $x(t)$ 的有效值定义为

$$x_{rms} = \sqrt{\frac{1}{T}\int_0^T x^2(t)\mathrm{d}t} \tag{2-3}$$

式中 T——信号周期，s。

对于离散信号 $x(n)$，则

$$x_{rms} = \sqrt{\frac{1}{N}\sum_{n=1}^{N} x^2(n)} \tag{2-4}$$

式中 N——采样点数。

4. 平均绝对值

时域信号 $x(t)$ 的平均绝对值定义为

$$x_c = \frac{1}{T}\int_0^T |x(t)|\mathrm{d}t \tag{2-5}$$

或

$$x_c = \frac{1}{N}\sum_{n=1}^{N} |x(n)| \tag{2-6}$$

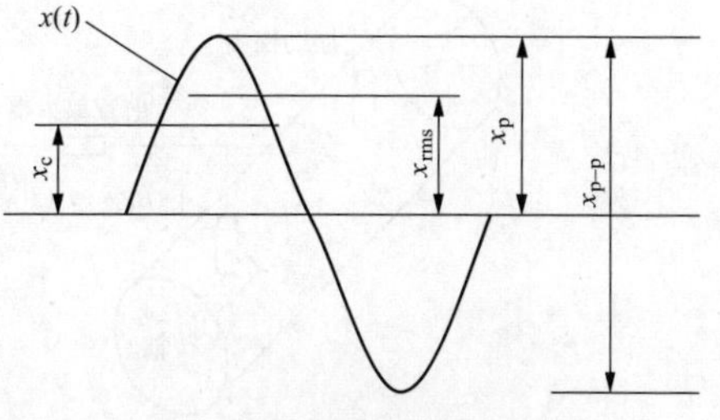

图 2-6 振幅值的不同含义

$x_{p\text{-}p}$—峰峰值；x_p—峰值；

x_{rms}—有效值，等于 0.707 峰幅；

x_c—平均绝对值，等于 0.637 峰幅

对于简谐振动而言，峰值、峰峰值、有效值和平均绝对值之间的关系见图 2-6。

一般来说，在讨论旋转机械振动问题时，振幅值是指双振幅值（或峰峰值）。

（三）描述旋转机械复杂振动信号的特征参量

1. 通频幅值

实际的振动信号都不是单纯的正弦（或余弦）信号，它是未经滤波的各振动频率分量

的叠加值，如图 2-7 所示。实际振动信号的通频振幅用 A 表示。其中，非周期振动没有恒定的通频振幅。

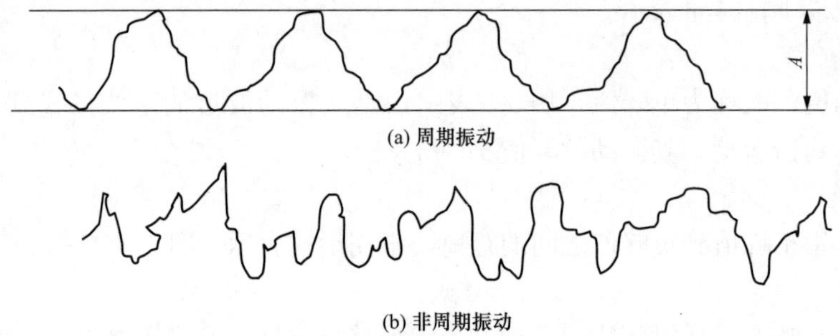

图 2-7　不带滤波器的振动仪测得的振幅含义

2. 振动相位

在旋转机械的振动监测过程中，相位的测量显得至关重要。在动平衡实验中，通过相位可以计算出轴系不平衡位置，通过了解相位可进一步确定整个轴系的工作状况。在振动分析中，相位的含义是指振动信号的基频分量相对于转轴上某一确定标记的角度差。通常，相位测量方法是采用非接触式的测量方法，在转轴本体上设置一固定的标记（键相槽或反光片），当转轴旋转时，光电传感器或电涡流传感器就产生一系列的脉冲信号，以此脉冲信号作为相位基准信号，同时由振动传感器拾取轴的振动信号并送入相应的处理电路，选出振动信号中的某一频率分量，与键相信号相比较得到相位差信息，由微处理器根据相位差计算出振动信号的相位值。脉冲信号上的某一点（一般是脉冲的前沿）与振动信号上的某一点（图 2-8 所示是振动信号的正向最高点）之间的距离以振动一周为 360 等份表示，即为振动相位。在图 2-8 中，脉冲信号前沿超前振动信号正向最高点的角度为 φ 。

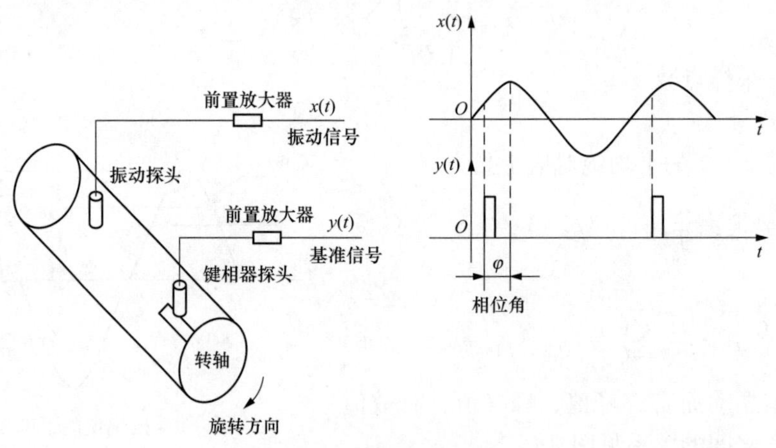

图 2-8　标准脉冲测相原理示意图

由图 2-8 可以看出，当转子上标记位置一定，即脉冲信号的脉冲位置不变时，振动相位 φ 只与振动信号起始相位有关。振动信号起始相位与转子上不平衡方向、振动传感器位置、机械滞后角 α 有关。在一台具体的机组上，转速一定时，机械滞后角 α 一定，因此当转速和振动传感器位置一定时，振动相位的变化，即表示转子上不平衡方向的变化。α 除与转速有关外，还与振动系统阻尼有关。

值得一提的是，键相信号既可用来测量振动信号的相位，也可用来测量转子的转速，还可用此信号来触发振动数据采集，实现同步整周期采样。

3. 轴心位置

借助于安装在轴颈处同一平面内互相垂直的两个涡流传感器，监测直流间隙电压，即可得到转子轴颈中心的径向位置。图 2-9 所示为某 300MW 汽轮发电机组的发电机前轴承（机组的 5 号轴承）处轴颈中心的位置随转速的变化规律图，图中的数字为转速值，单位为 r/min。

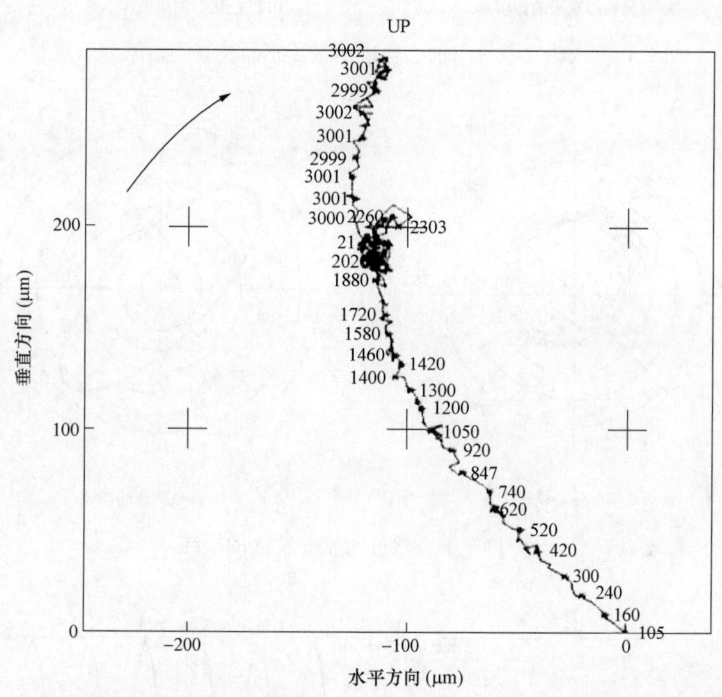

图 2-9 某 300MW 汽轮发电机组 5 号轴承处轴颈中心的位置随转速的变化规律

通过轴心位置图可以判断轴颈是否处于正常位置、对中好坏、轴承标高是否正常、轴瓦是否变形等情况。从长时间轴心位置的趋势可观察出轴承的磨损等。

4. 轴心轨迹图

转子在轴承中高速旋转时并不是仅仅围绕自身中心旋转，同时还环绕某一中心作涡动运动。这种涡动运动的轨迹称为轴心轨迹。轴心轨迹的获得是利用转轴同一截面内相互垂直的两个非接触式传感器，同时刻采集数据，以其中的一个传感器数据为横坐标、另一个传感器数据为纵坐标绘制图形。图 2-10 所示为汽轮发电机组轴心轨迹测量传感器及其测量原理示意图。

工程实际中，检测获得的轴心轨迹比较凌乱，如图 2-11（a）所示，看不出轴心轨迹的本质形状，这时需要对轴心轨迹进行提纯，获得清晰的轴心轨迹形状，如图 2-11（b）所示。

图 2-12 所示为在某国产 300MW 汽轮发电机组 3 号轴承处检测到的轴心运动轨迹和转轴振动波形。

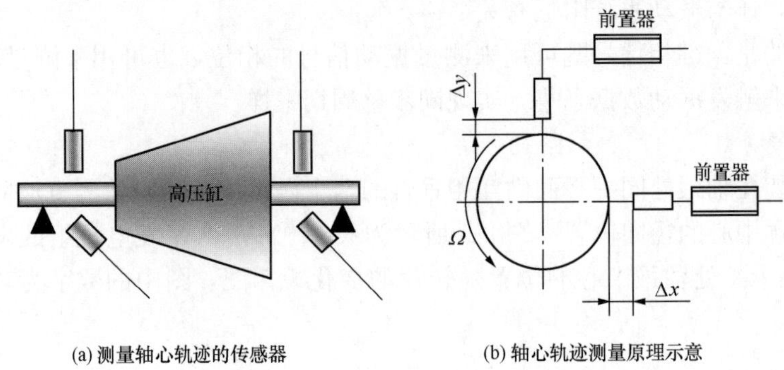

(a) 测量轴心轨迹的传感器 (b) 轴心轨迹测量原理示意

图 2-10 汽轮发电机组轴心轨迹测量传感器及其测量原理示意

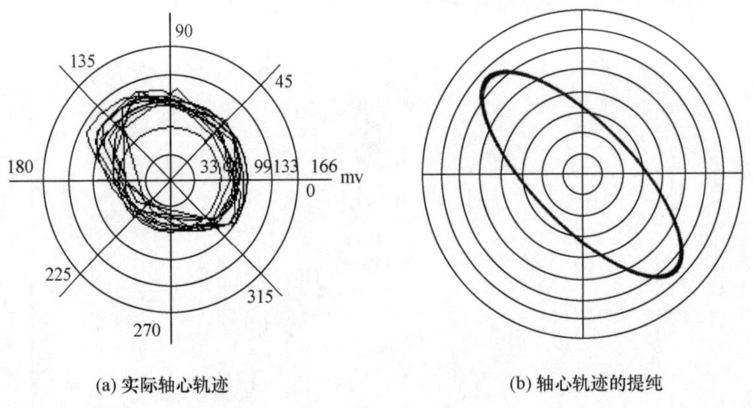

(a) 实际轴心轨迹 (b) 轴心轨迹的提纯

图 2-11 轴心轨迹与轴心轨迹的提纯

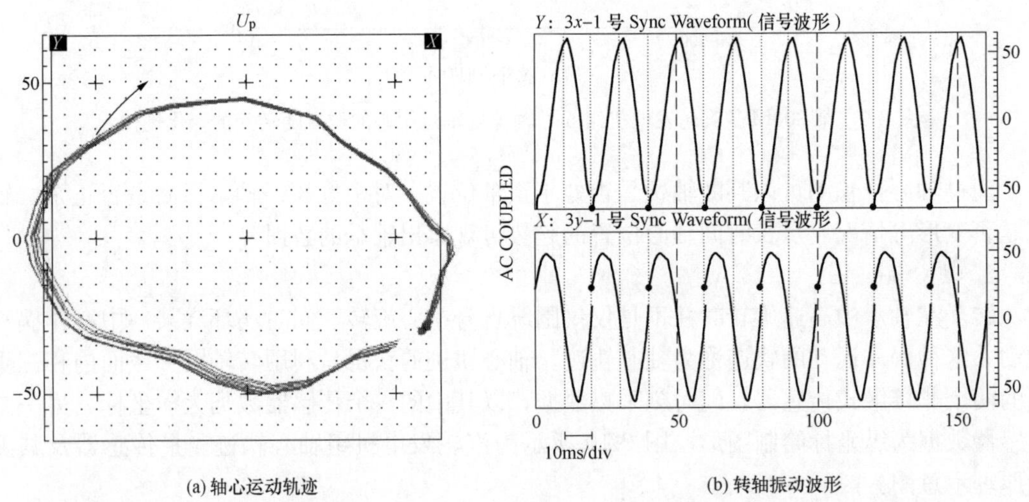

(a) 轴心运动轨迹 (b) 转轴振动波形

图 2-12 某国产 300MW 汽轮发电机组 3 号轴承处检测到的轴心运动轨迹和转轴振动波形

通过分析轴心轨迹的运动方向，可以确定转轴的进动方向（正向进动或反向进动）。轴心轨迹在故障诊断中可用来确定转子的临界转速、空间振型曲线及部分故障，如不对中、摩擦、油膜涡动与油膜振荡等。

5. 频率分布图

机械振动信号绝大多数是由多种频率成分信号合成的复杂信号。为了精准提取故障特征信号，需要将复杂的振动信号进行分解成为一系列谐波分量，每一谐波分量都包含有幅值、频率和相位特征量。将这一系列的谐波信号的频率特征（包括频率值大小，该频率信号的幅值或能量大小）用一张图表示，其中横坐标为频率大小，纵坐标为信号的幅值（或能量）大小，这张图称为复杂信号的频谱图。振动信号的频率分布特征是诊断汽轮发电机组振动故障的重要特征数据。

信号频域分析是采用傅立叶变换将时域信号 $x(t)$ 变换为频域信号 $X(f)$ ，从而帮助人们从另一个角度来了解信号的特征。

将时域信号转换为频域信号进行分析的方法称为频谱分析，其理论基础是傅立叶变换。时域信号的频谱表示就是把信号分解成一组不同频率信号，对于任一个周期为 T 的信号都有

$$x(t)=x(t\pm nT) \tag{2-7}$$

式中　n——正整数，表示周期个数。

都可以用一些等间隔的频率成分来表示，即

$$X(f)=\frac{1}{T}\int_{-\frac{T}{2}}^{\frac{T}{2}}x(t)\mathrm{e}^{-j2\pi ft}\mathrm{d}t \tag{2-8}$$

式中　j——虚数；

f——频率。

其时间信号可以从逆变换中得到

$$x(t)=\sum_{-\infty}^{+\infty}X(f)\mathrm{e}^{j2\pi ft} \tag{2-9}$$

式（2-9）表明，一个连续的、周期的时间函数，可用频域中的一组离散的级数来表示。

如果动态信号是非周期的瞬变函数或随机函数，考虑 T 趋向于无穷大时，式（2-8）和式（2-9）变为

$$X(f)=\int_{-\infty}^{+\infty}x(t)\mathrm{e}^{-j2\pi ft}\mathrm{d}t \tag{2-10}$$

$$x(t)=\int_{-\infty}^{+\infty}X(f)\mathrm{e}^{j2\pi ft}\mathrm{d}f \tag{2-11}$$

当用计算机来进行傅立叶变换运算时，必须要把连续的傅立叶变换变成离散的傅立叶变换。有限长离散时间序列的傅立叶变换为

$$X_{\mathrm{c}}(f)\approx\sum_{n=0}^{N-1}x(n\Delta t)\mathrm{e}^{-j2\pi fn\Delta t}\Delta t \tag{2-12}$$

式（2-12）中，$\{x(n\Delta t),\ n=0,\ 1,\ 2,\ \cdots,\ N-1\}$ 为连续时间信号经过采样后得到的有限长离散时间序列，其中，N 为采样点数，T 为窗函数的宽度（也称为采样长度），Δt 为采样间隔，$N=T/\Delta t$。

同样地，在频域中，也只能对有限个频率进行运算，一般取 f 的步长为 $\Delta f=1/(N\cdot\Delta t)$，这样式（2-12）表示为

$$X_{\mathrm{c}}(k\Delta f)\approx\Delta t\sum_{n=0}^{N-1}x(n\Delta t)\mathrm{e}^{-j\frac{2\pi}{N}kn} \tag{2-13}$$

习惯上为简化起见，令 $X_c(k\Delta f)=\Delta t X(k\Delta f)$，并将 $X(k\Delta f)$ 简记为 $X(k)$，并将 $x(n\Delta t)$ 简记为 $x(n)$，从而有

$$X(k)\approx\sum_{n=0}^{N-1}x(n)\mathrm{e}^{-j\frac{2\pi}{N}kn}\qquad(k=0,1,2,\cdots,N-1)\tag{2-14}$$

这里称式（2-14）为 $x(t)$ 的离散傅立叶变换。离散傅立叶变换的意义在于：将时域中周期的或非周期的连续函数 $x(t)$ 离散成时域中的序列 $\{x(n)\}$，并变换成频域中与纵轴对称、离散或连续的周期复数序列 $\{X(k)\}$，频域中谱线的分布周期为 f_s。这里 f_s 为采样频率。

窗函数的意义：对于连续的周期信号，将其外推为周期为取样窗宽度 T 的周期信号；对于非周期连续信号，将其外推为窗宽为零的一般信号。

将式（2-14）中复指数展开，即将 $X(k)$ 表示成实部和虚部的形式，即 $X(k)=U(k)+V(k)$。定义幅值谱 $G(k)$、相位谱 $\Phi(k)$ 和功率谱 $S(k)$ 为

$$\begin{cases}G(k)=|X(k)|=\sqrt{U^2(k)+V^2(k)}\\\Phi(k)=\tan^{-1}\left[\dfrac{V(k)}{U(k)}\right]\\S(k)=|X(k)|^2=U^2(k)+V^2(k)\end{cases}\tag{2-15}$$

在幅值谱中，乘上采样时间间隔，即是该频率分量所对应的振动幅值。相位谱是该频率分量对应于采样起始点的初始相位。功率谱是该频率分量对应的振动能量。

由相位谱的含义可知，在振动信号转变为离散信号时，只要起始的采样点相对于转子上某个参考点不变，那么就可以求得各阶频率分量的振动相对于该参考点的相位。在数字式振动仪表中，通常把参考脉冲（或称鉴相信号）作为振动信号数据采集的触发信号。例如，在脉冲信号前沿到来时，向数据采集器发出采集触发信号，数据采集器以与转速周期成分数倍的时间间隔 Δt 定期地采集振动数据，待转子转过若干圈（如 6～8 圈或更多）后，在脉冲信号的前沿再次到来时发出中止采样信号，将这种采样方式称为（与转速）同步整周期采样。

信号的频谱分析可用图 2-13 表示。假设一个复杂的复合信号 $x(t)$，它是由 3 个频率不同的（频率分别为 f_1、f_2、f_3）简谐信号合成的，该信号的频谱分析，就是将这个信号分解成 3 个简谐信号之和，并确定这 3 个简谐信号的频率，这 3 个简谐信号的幅值分别用直线的长度来表征。

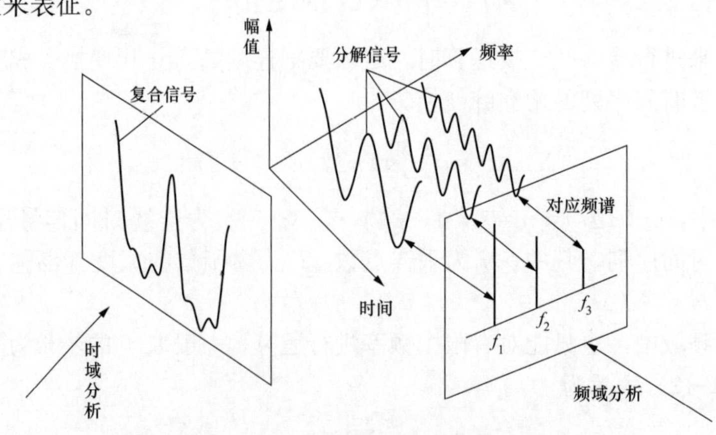

图 2-13　信号的频谱分析示意

图 2-14 所示为某国产 600MW 汽轮发电机组高中压转子（前轴承处）在带负荷时测得的振动频谱。从图 2-14 可以看出，该机组的振动频谱比较复杂，高频分量非常明显，表明该机组进入了故障状态。

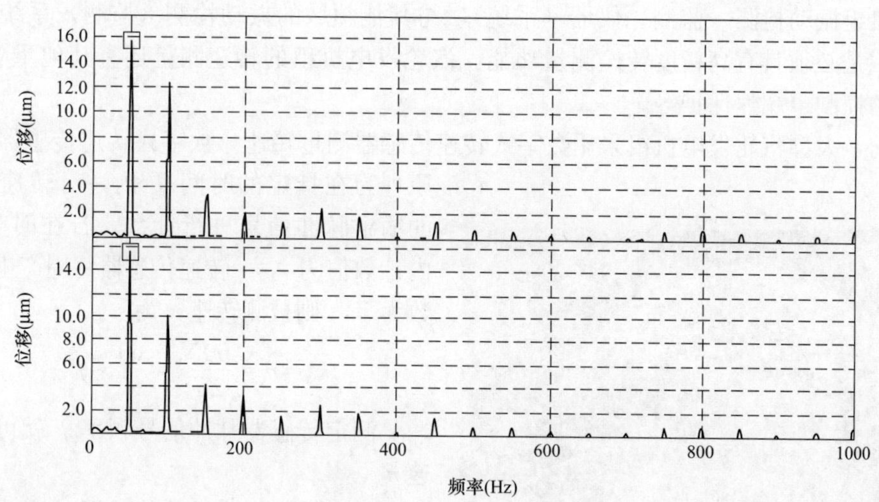

图 2-14 某国产 600MW 汽轮发电机组高中压转子（前轴承处）在带负荷时测得的振动频谱

6. 三维谱图

当把机组启动或停机过程中各个不同转速的频谱图画在一张图时，就得到三维谱图，又称为瀑布图，见图 2-15。图 2-15 中横坐标为频率（用转速表示），纵坐标为转速。利用瀑布图可以判断旋转机械的临界转速、振动原因和阻尼大小，以及滑动轴承失稳的转速、油膜振荡的产生过程。

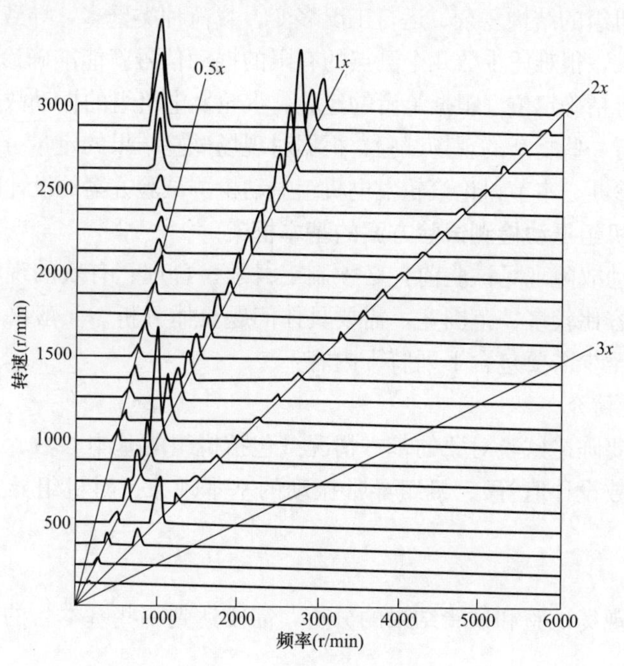

图 2-15 旋转机械瀑布图

7. 转速

汽轮发电机组是旋转机械，在不旋转的状态下不会产生振动。机组的振动烈度与转速有着明显的关联关系。因此，在测量汽轮发电机组振动时，必须同步测量转轴的转速。汽轮发电机组振动检测（监测）仪器（系统），与其他领域的振动检测（监测）系统的显著差别之一是必须具有高精度转速测量功能。汽轮发电机组的转速测量还有其他重要用途，如机组的控制、超速保护等。

目前，大型汽轮发电机组采用数字式转速传感器测量转速。数字式转速传感器的基本原理为在指定的时间 T 内，对转速传感器的输出脉冲信号进行计数。若在时间 $T(s)$ 内计数值为 N，转速传感器每周产生的脉冲数为 Z，则被测转速 n 为

$$n=\frac{60N}{ZT}=\frac{60}{Z}\cdot f \tag{2-16}$$

测定传感器脉冲信号频率 f 就可求出转速 n。

常用的数字式转速传感器的型式主要有磁电感应式、电容式、霍尔式、光电式、电涡流式。图 2-16 所示为汽轮机电涡流式转速传感器。

图 2-16　汽轮机电涡流式转速传感器（超速保护用）

第二节　汽轮发电机组振动检测试验方案设计

由于汽轮发电机组的结构复杂、运行工况多变、载荷种类繁多，导致汽轮发电机组的振动故障诊断非常困难，很难凭少数几个测点的有限的振动信号就能准确诊断故障的类别、原因，对故障位置进行精确定位。根据笔者的经验，汽轮发电机组的振动故障特别是一些异常振动故障，需要进行一些复杂的现场试验，根据对现场试验结果的定量分析，然后才能获得对振动故障的准确诊断。本节讨论汽轮发电机组振动检测试验方案的设计问题。

一、汽轮发电机组振动检测试验方案的基本框架

在开展机组振动故障现场试验前，必须制定科学、合理、有效的现场试验方案。现场试验方案涉及的内容比较多、范围宽，需要具体问题具体分析。一般来说，汽轮发电机组振动检测试验方案至少需要包含下列若干内容：

（一）试验背景简介

这部分内容主要陈述试验对象的基本情况（包括机组的基本参数、基本结构、转子与支承系统动力学参数设计值等）、机组异常振动的基本现象、对机组异常振动故障的初步认识。

（二）试验目的

主要阐述通过现场试验和试验结果的分析，需要达到哪些基本目的。一般来说，试验目的至少应包括：

（1）探明机组异常振动的基本规律与基本特征。

（2）探明机组振动与转速、机组负荷（包括有功负荷、无功负荷）、热力参数、电气参数、工艺参数等的定量关系。

（3）探明造成机组异常振动的原因，确定故障的位置。

（4）找到消除机组异常振动的技术措施。

（三）试验内容

试验内容需要视振动故障的性质、故障特征显著的轴段位置而定。一般来说，可从下列试验内容中选定若干项试验内容，有时需要根据机组的结构特点、负荷特点、振动故障的属性安排一些专项试验。

（1）机组升降速过程的振动检测试验。

（2）振动敏感工况下的振动检测试验。

（3）机组有功负荷变化过程振动测量试验。

（4）凝汽器真空变化时振动测量试验。

（5）发电机氢压变化时振动测量试验。

（6）发电机氢温变化时振动测量试验。

（7）润滑油温度变化时振动测量试验。

（8）发电机密封油温度变化时振动测量试验。

（9）发电机密封瓦两侧密封油压差变化时振动测量试验。

（10）发电机转子电流变化时振动测量试验。

（11）轴承外特性试验。

（12）汽轮机调节汽门开启顺序变化时振动测量试验。

（四）试验仪器与传感器布置

汽轮发电机组振动试验必须根据机组的工作特点，同时考虑初步掌握的振动故障特点，来选择振动检测仪器，确定传感器的安装部位和安装方式。

在选用试验仪器和传感器时，还需要考虑如下因素：

（1）大型汽轮发电机组都安装了监视装置（Turbine Supervisory Instruments，TSI），用来连续测量汽轮机的转速、振动、膨胀、位移等机械参数，并将测量结果送入控制、保护系统，一方面供运行人员监视、分析旋转机械的运转情况，同时在参数越限时执行报警和保护功能。TSI系统对机组振动信号的分析功能比较弱，在开展振动故障的诊断试验时，可将振动检测仪器与TSI系统相连，从TSI的缓冲输出端采集机组的振动数据。

（2）大型汽轮发电机组还安装了旋转机械诊断监测管理系统（Turbine Diagnosis Management，TDM），其主要作用在于对机组运行过程中的数据进行深入分析，获取包括转速、振动波形、频谱、倍频的幅值和相位等故障特征数据，从而为专业的故障诊断人员提供数据及专业的图谱工具，协助机组诊断维护专家深入分析机组运行状态。因此，在开展振动故障诊断试验时，常用的分析功能可直接使用TDM系统。但是，机组的TDM系统的数据不方便输出，不能用振动专用仪器做后续的分析、诊断用。

（3）在现场开展振动故障诊断试验时，除了在各轴承附近的轴颈处、轴承座上安装振动传感器外，有时需要在与机组轴承座附近的基础、汽轮机汽缸、发电机端盖与外壳、连接的管道上安装振动传感器。

（五）基本试验步骤

科学地制定试验步骤，可大大减少试验工作量，缩短现场试验时间，提高试验工作效率。在制定试验步骤时，既要考虑机组振动故障的特性，又要考虑机组当前的实际运行工况。

现场振动故障诊断试验的基本步骤包括：

（1）振动测点选择、安装测点、测点可靠性检验。

（2）振动测试仪器连接，调试。

（3）分项实施试验项目。

（4）试验数据的整理、分析。

（5）撰写试验报告。

（六）试验数据处理方法

值得注意的是，汽轮发电机组现场振动试验，不仅仅只是关注振动数据本身，还需要同步关注机组的负荷（包括有功负荷、无功负荷）、热力参数（过热蒸汽参数、再热蒸汽参数、排汽参数、各级抽汽参数等）、电气参数（发电机输出电流、电压，励磁电流等）、工艺参数（辅助设备的流量，机组热膨胀，轴承润滑油参数，发电机冷却介质温度、压力，发电机密封油系统参数，汽轮机轴封系统蒸汽参数，汽轮机 DEH 系统参数等）。通过将振动数据与上述过程参数进行对比分析，才能找到机组异常振动的规律、机理、影响因素，才能制定出控制机组异常振动的措施。

（七）现场试验的组织分工和注意事项

汽轮发电机组现场振动试验涉及机组的安全，需要认真组织。现场试验需要组成试验工作小组，小组成员必须由试验研究人员、工作协调人员、指挥人员、设备操作人员等组成。试验开始前，试验小组需要充分沟通，明确职责分工，明确试验过程和要求。特别值得注意的是，必须制定安全措施，确保试验过程中的人身和设备安全。

二、汽轮发电机组振动检测试验系统基本构成

目前，测量汽轮发电机组振动的方法有多种，广泛应用的是电测法。由于振动的复杂性，加上测量现场复杂，在用电测法进行振动量测量时，其测量系统是多种多样的。图 2-7 所示为旋转机械振动检测系统基本构成。从图 2-17 可以看出，旋转机械振动检测系统由下列基本部分构成。

（一）传感器

汽轮发电机组振动检测系统的传感器包括转轴信号传感器、瓦振信号（轴承振动）传感器、转速信号传感器、键相信号传感器。其中，用非接触位移传感器将转轴振动量的变化转变成电量（电压或电流）的变化，用速度或加速度传感器将轴承座（轴瓦）振动量的变化转变成电量的变化，用转速传感器将转轴转速的变化量转变成电量的变化。同时，用键相信号传感器输出键相脉冲，用于测量相位角。

（二）信号放大器

信号放大器的作用是将各类传感器输出的信号，进行适当调理（平移、放大、滤波），并将传感器输出的微弱电信号转换为标准的电信号（标准电压信号或电流信号），使输出信号能够与数据采集器的输入信号要求相适应。

（三）数据采集器

数据采集器主要由多路开关、放大器、采样/保持器及 A/D 转换器等组成，其主要作用是完成对信号的采集、放大及模/数转换。采集卡的选型主要考虑以下几个参数：

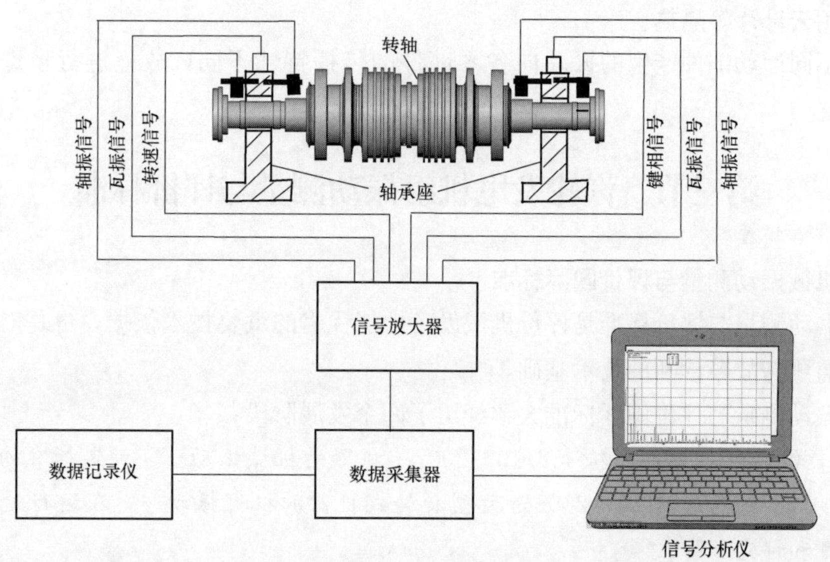

图 2-17　旋转机械振动检测系统基本构成

(1) 采样频率。即采样的速率，按照奈奎斯特采样定理，采样频率至少大于待测信号最高频率 2 倍以上，采样之后的数字信号才能完整地保留原始信号中的信息。实际工程应用中为了获得更精准的信号通常将采样频率提高到待测频率的 5 倍或 10 倍。

(2) 精度。在 A/D 转换的过程中将模拟量转化为数字量的精确程度，频率越高的信号要求的转换精度越高。对于高速旋转机械的故障诊断用振动检测装置，数据采集器需要 12 位精度才能满足要求。

(四) 数据记录仪

数据记录仪是将所采集到的振动数据进行长时间记录和存储。数据记录仪通过信号接口与数据采集器相连，连续记录机组的振动数据。同时，数据记录仪还可通过通信接口与信号分析仪（计算机＋信号分析软件）相连，信号分析处理软件可读取记录仪内保存数据，并进行显示、特征参数分析提取和结果打印输出。

(五) 信号分析仪

信号分析仪由计算机与信号分析专用软件、通信软件、数据采集器驱动软件等组成。信号分析仪可对整个振动检测系统进行管理，对振动信号进行时域、频域等多方面的分析，并将分析结果以数据、表格、图形等多种表现形式进行输出。

三、旋转机械振动信号的测取要点

(1) 根据被测件的振动频率选择传感器。加速度传感器频响最宽，可达 0.5Hz～50kHz。而速度传感器为 10～1500Hz，有较高的信噪比。

(2) 测试前应对传感器进行校准和标定，以保证测量的可靠性。

(3) 选择测点时应注意：测点应尽可能靠近被诊断的零部件；测取转子的振动信号一般将传感器安装在轴承座上，或距轴承承载区越近越好；传感器不能安装在盖板、轴承盖之类的轻薄零件上；要尽可能减少传感器与被测件间的机械分界面。

(4) 安装传感器应注意：振动频率较高（如 5kHz 以上）时，传感器应采用刚性安装方法（用螺钉连接或用弹力胶粘接），而不应用磁性安装（用磁座吸附）。如果设备表面较热，应采用云母片等隔热。

（5）不同运动部件产生的振动向各零部件的传播特性不同，故应进行多点、多方位测量。

第三节　汽轮发电机组振动测量与评价标准

一、机械振动测量与评价国际标准

机器振动测量与评价标准是评价机械设备性能优劣的重要技术依据，也是对设备进行振动状态监测与故障诊断的技术基础。

机器振动测量与评价国际标准大致经历了四个发展阶段：

（一）ISO 2372：1974《转速从10～200r/s机器的机械振动——评定标准的基础》和ISO 3945：1985《转速从10～200r/s大型旋转式机器的机械振动——在运行地点对振动烈度的测量和评定》阶段

在ISO 2372：1974中提出了振动烈度的概念，将振动烈度作为描述机器振动的特征量。1985年发布的ISO 3945：1985，适用于功率大于300kW、转速为10～200r/s（600～12000r/min）的大型旋转机械振动烈度的现场测量与评价。

（二）ISO 7919：1986《非往复式机器的机械振动 在旋转轴上的测量和评价》和ISO 10816《机械振动 在非旋转部件上的测量和评价机器振动》系列标准的制定

1. ISO 7919：1986《非往复式机器的机械振动 在旋转轴上的测量和评价》系列标准

1986年制定的ISO 7919-1：1986《非往复式机器的机械振动 在旋转轴上的测量和评价 第1部分：总则》首次系统地论述了在机器旋转轴上测量评价机器的振动，它适用于转轴相对振动和绝对振动的测量和评价。该标准规定了转轴振动的测量量为振动位移，单位为微米（μm）。

在ISO 7919-1：1986中，将转轴的径向宽带振动量值划分4个区域进行定性评价，并提供了相应的操作指南：

A区：新交付使用的机器的振动通常落在该区域。振动在此区内的机器是良好的，可不加限制地运行。

B区：振动量值在该区内的机器，通常可以不受限制地长期运行。

C区：如果机器的振动量值在该区内，一般不宜长期持续运行。机器可在这种状态下运行有限时间，直到有合适时机采取补救措施为止。

D区：振动量值在该区域的机器通常被认为振动剧烈，足以引起机器损坏，必须停机检修。

在ISO 7919-1：1986中，还提出了将转轴振动的显著变化作为评价轴振动的准则之一，无论它是增大或是减小。

1996年，ISO 7919-1：1996《非往复式机器的机械振动 在旋转轴上的测量和评价 第1部分：总则》发布，在该标准中，明确提出轴振动的两个评价准则，首次增加了关于“运行限值”的概念。

2. ISO 10816：1995《机械振动 在非旋转部件上的测量和评价机器振动》系列标准

在 ISO 10816-1：1995《机械振动 在非旋转部件上的测量和评价机器振动 第 1 部分：总则》中，规定了包括测量参数（宽频、振动量值、振动烈度）、测量位置和方向、支承结构、运行工况、测量仪器和系统等方面的内容。在该标准中，也有两个评价准则：一个准则考虑的是测量的宽带振动量值；另一个考虑的是振动量值的变化。

在 ISO 10816-1：1995《机械振动 在非旋转部件上的测量和评价机器振动 第 1 部分：总则》中也定义了 A/B/C/D 四个区域进行振动评价。ISO 10816 系列标准的第 2 部分～第 6 部分分别适用于大型汽轮发电机组、现场测量的工业机器、燃气轮机装置、水力发电厂和泵站机组、往复式机器等。

（三）ISO 7919 和 ISO 10816 系列标准的第一轮修订

2001 年，发布了 ISO 7919-2：2001《机械振动 用旋转轴的测量评定机械振动 第 2 部分：功率超过 50MW、额定转速在 1500r/min、1800r/min、3000r/min 和 3600r/min 的陆地安装的汽轮发电机组》和 ISO 10816-2：2001《在非旋转部件上的测量和评定机器的机械振动 第 2 部分：功率超过 50MW、额定转速在 1500r/min、1800r/min、3000r/min 和 3600r/min 的陆地安装的汽轮机发和发电机》，标志着机器振动测量与评价标准第三阶段的开始。

在修订版的标准中，对标准的适用范围进行了适当调整，对正文与附录的内容进行了顺序上的调整。同时，新修订的标准中还新增加了部分内容。如，对于瞬态运行的机组振动限值作出了约定。

（四）ISO 7919 和 ISO 10816 系列标准的第二轮修订

2009 年，发布了 ISO 7919-2：2009 和 ISO 10816-2：2009。经过第二轮修订后，该标准的技术内容有许多重要变化，例如：对机器振动报警值的设定做了一些调整；对振动停机值的设定做出了更加详细的规定；对非稳态（瞬态，包括升降速、升降负荷）运行期间的振动量值的允许值做了调整，允许较高的振动值；对轴振动的评价边界值做了调整等。

二、机械振动测量与评价国家标准

我国的机器振动测量与评价标准，基本上是在同类国际标准的基础上结合我国工业发展的实际而形成的。例如：参照 ISO 2372：1974 和 ISO 3945：1985，我国制定了 GB/T 6075—1985《制定机器振动标准的基础》和 GB/T 11347—1989《大型旋转机械振动烈度现场测量与评定》；2000 年前后，参照在 ISO 10816 系列标准，我国制定了新版 GB/T 6075 系列标准；我国现行的机械振动评定标准主要有 GB/T 6075（所有部分）和 GB/T 11348（所有部分），这些标准同样吸收了 ISO 7919 和 ISO 10816 系列标准的第一轮、第二轮修订版的最新成果。

（一）GB/T 6075

GB/T 6075 分为以下 7 个部分：

——第 1 部分：总则；

——第 2 部分：50MW 以上，额定转速 1500r/min、1800r/min、3000r/min、3600r/min 陆地安装的汽轮机和发电机；

——第 3 部分：额定功率大于 15kW 额定转速范围在 120r/min 至 15000r/min 之间的在现场测量的工业机器；

——第 4 部分：具有滑动轴承的燃气轮机组；

——第 5 部分：水力发电厂和泵站机组；

——第 6 部分：功率超过 100kW 的往复式机器；

——第 7 部分：工业应用的旋转动力泵（包括旋转轴测量）。

上述各部分内容对应的现行标准分别为：

（1）GB/T 6075.1—2012《机械振动 在非旋转部件上测量评价机器的振动 第 1 部分：总则》。

（2）GB/T 6075.2—2012《机械振动 在非旋转部件上测量评价机器的振动 第 2 部分：50MW 以上，额定转速 1500r/min、1800r/min、3000r/min、3600r/min 陆地安装的汽轮机和发电机》。

（3）GB/T 6075.3—2011《机械振动 在非旋转部件上测量评价机器的振动 第 3 部分：额定功率大于 15kW 额定转速在 120 rmin 至 15000rmin 之间的在现场测量的工业机器》。

（4）GB/T 6075.4—2015《机械振动 在非旋转部件上测量评价机器的振动 第 4 部分：具有滑动轴承的燃气轮机组》。

（5）GB/T 6075.5—2002《在非旋转部件上测量和评价机器的机械振动 第 5 部分 水力发电厂和泵站机组》。

（6）GB/T 6075.6—2002《在非旋转部件上测量和评价机器的机械振动 第 6 部分 功率大于 100kW 的往复式机器》。

（7）GB/T 6075.7—2015《机械振动 在非旋转部件上测量评价机器的振动 第 7 部分：工业应用的旋转动力泵（包括旋转轴测量）》。

（二）GB/T 11348

GB/T 11348 主要分为如下 5 个部分：

——第 1 部分：总则；

——第 2 部分：功率大于 50MW，额定工作转速 1500r/min、1800r/min、3000r/min、3600r/min 陆地安装的汽轮机和发电机；

——第 3 部分：耦合的工业机器；

——第 4 部分：具有滑动轴承的燃气轮机组；

——第 5 部分：水力发电厂和泵站机组。

上述各部分内容对应的现行标准分别为：

（1）GB/T 11348.1—1999《旋转机械转轴径向振动的测量和评定　第 1 部分：总则》。

（2）GB/T 11348.2—2012《机械振动　在旋转轴上测量评价机器的振动 第 2 部分：功率大于 50MW，额定工作转速 1500r/min、1800r/min、3000r/min、3600r/min 陆地安装的汽轮机和发电机》。

（3）GB/T 11348.3—2011《机械振动　在旋转轴上测量评价机器的振动　第 3 部分：耦合的工业机器》。

（4）GB/T 11348.4—2015《机械振动　在旋转轴上测量评价机器的振动　第 4 部分：具有滑动轴承的燃气轮机组》。

（5）GB/T 11348.5—2008《旋转机械转轴径向振动的测量和评定　第 5 部分：水力

发电厂和泵站机组》。

三、大功率汽轮发电机组振动测量与评价适用标准与准则

（一）评价适用标准

火力发电厂的汽轮发电机组，是大功率机组，其振动评价适用标准为：

（1）GB/T 6075.1—2012《机械振动 在非旋转部件上测量评价机器的振动 第1部分：总则》。

（2）GB/T 6075.2—2012《机械振动 在非旋转部件上测量评价机器的振动 第2部分：50MW以上，额定转速1500r/min、1800r/min、3000r/min、3600r/min陆地安装的汽轮机和发电机》。

（3）GB/T 11348.1—1999《旋转机械转轴径向振动的测量和评定　第1部分：总则》。

（4）GB/T 11348.2—2012《机械振动　在旋转轴上测量评价机器的振动　第2部分：功率大于50MW，额定工作转速1500r/min、1800r/min、3000r/min、3600r/min陆地安装的汽轮机和发电机》。

（二）评价准则

GB/T 11348.1—1999和GB/T 6075.1—2012均提供了用于评价各种机器轴振动的两个准则的一般说明。第一个准则考虑测得的宽带振动的量值，第二个准则考虑振动量值的变化，而不论它是增大或减少。上述标准特别提及，机器振动状态通常根据在非旋转部件上的测量值和旋转轴上的测量值进行综合评价。

四、大功率汽轮发电机组振动评价准则——在旋转轴上测量振动

（一）准则Ⅰ：振动量值

该准则规定了机组在稳态运行工况下额定转速时的振动量值、稳态运行的限值、非稳态运行（瞬态运行）的限值。

1. 稳态运行工况下额定转速时的振动量值

（1）评价区域划分。在每个轴承处测得的最大轴振动量值，对照A、B、C、D 4个评价区域进行评价。这个4个评价区域的含义与在ISO 7919-1中划分的4个区域的含义一致。

（2）验收准则。验收准则均应在机器安装前通过供方和卖方协商一致。新机器验收准则历来规定在A区或B区内，但通常不超过区域边界A/B值的1.25倍。

（3）评价区域边界。对于陆地安装的大型汽轮发电机组，GB/T 11348.2—2012给出的转轴相对振动位移（峰峰值）和绝对振动位移（峰峰值）的区域边界推荐值分别见表2-3和表2-4。

2. 稳态运行的限值

为了机组长期稳态运行，通常的做法是规定运行的振动限值，这些限值采取报警值和停机值的形式。稳态运行限值中所指的区域边界值由表2-3和表2-4给出。

（1）报警值：振动已经达到某个规定的限值或者振动值发生显著变化，可能有必要采取补救措施时，进行报警。每台机器的报警值可以不同，但通常不宜超过区域边界B/C值的1.25倍。

表 2-3　　转轴相对振动位移的区域边界推荐值（峰峰值）　　μm

区域边界	轴转速（r/min）			
	1500	1800	3000	3600
A/B	100	95	90	80
B/C	120～200	120～185	120～165	120～150
C/D	200～320	185～290	180～240	180～220

表 2-4　　转轴绝对振动位移的区域边界推荐值（峰峰值）　　μm

区域边界	轴转速（r/min）			
	1500	1800	3000	3600
A/B	120	110	100	90
B/C	170～240	160～220	150～200	145～180
C/D	265～385	265～350	250～300	245～270

（2）停机值：规定一个振动量值，超过此值继续运行可能引起机器损坏。如超过停机值，应该立即采取措施降低振动或停机。一般来说，停机值在区域 C 或 D 内，但推荐停机值应不超过边界值 C/D 值的 1.25 倍。

3. 瞬态运行的限值

机组在额定转速下运行工况发生变化，汽轮机或发电机逐渐达到热平衡的过程中，以及升速或降速时，可以允许有较大的振动值。这些较大值可能超过规定的报警值和停机值。这种情况下，可以引入“停机放大因子”，在稳态工况建立之前，它会自动地提升“报警值”和“停机值”。瞬态运行限值中所指的区域边界值由表 2-3 和表 2-4 给出。

（1）额定转速瞬态运行期间的振动量值。额定转速瞬态工况包括空载、带初始负荷、快速加负荷或功率因数变化，以及其他相对短期的任何运行工况。对于额定转速瞬态工况，振动量值不超过区域边界 C/D 值，一般应认为是可以接受的。这些工况的报警值和停机值宜相应调整。

（2）升速、降速和超速期间的振动量值。建议启动、停机或超速期间的报警值应设定在某个经验值之上某个量，高出的量等于额定转速下区域边界 B/C 值的 25%。在没有建立可靠的有效数据时，升速、降速和超速期间的报警值不超过下述值：当转速大于 0.9 倍额定转速时，振动量值相应为额定转速下的区域 C/D 边界值；转速小于 0.9 倍额定转速时，振动量值相应为额定转速下的区域 C/D 边界值的 1.5 倍。

（3）“停机放大因子”的使用。机组运行在瞬态工况下时，允许有较高的振动值，为了避免不必要的停机，可以引入“停机放大因子”，它会自动地提升稳态的报警值和停机值，以反映上述（1）、（2）中给的修订值。“停机放大因子”通常适用于以下情况：转子升速或降速过程中；在达到额定转速之后的带负荷过程中；以及任何突然的、大负荷变化之后，热状态稳定的短期内。

（二）准则Ⅱ：在额定转速稳定运行工况下振动量值的变化

该准则提出了对振动量值变化的评价，此变化是指偏离以前建立的对特定稳态工况下的参考值。轴振动量值可能明显地增大或减小，甚至在未达到准则Ⅰ的区域C时，就要求采取某种措施。这种变化可以是瞬态的或者随时间逐渐发展的，它可能表明已产生损坏，或是即将失效或是某种其他异常的警告。

该准则的参考值是由对以前具体运行工况下测量得到的典型的、可重复的正常振动值。如果振动量值变化很大（典型的是区域B/C边界值的25%），应采取措施查明原因。不管这种变化引起振动量值增大还是减小，都要采取这样的措施。

该准则中提到的振动量值，既要考虑转轴的宽带振动量值，又要考虑某种特殊振动频率成分的振动量值。

五、大功率汽轮发电机组振动评价准则——在非旋转部件上测量振动

（一）准则Ⅰ：振动量值

该准则规定了机组在稳态运行工况下额定转速时的振动量值、稳态运行的限值、非稳态工况（瞬态运行）期间的振动量值。

1. 稳态运行工况下额定转速时的振动量值

（1）评价区域划分。在每个轴承处测得的最大振动量值，对照A、B、C、D四个评价区域进行评价。这个4个评价区域的含义与在ISO 7919-1中划分的4个区域的含义一致。

（2）验收准则。验收准则均应在机器安装前通过供方和卖方协商一致。新机器验收准则历来规定在A区或B区内，但通常不超过区域边界A/B值的1.25倍。

（3）评价区域边界。对于陆地安装的大型汽轮发电机组，GB/T 6075.2—2012《机械振动　在非旋转部件上测量评价机器的振动　第2部分：50MW以上，额定转速1500r/min、1800r/min、3000r/min、3600r/min陆地安装的汽轮机和发电机》给出的非旋转部件绝对振动区域边界推荐值见表2-5。

表2-5　　大型汽轮机或发电机轴承箱或轴承座振动速度区域边界推荐值（振动速度均方根值）

mm/s

区域边界	轴转速（r/min）	
	1500或1800	3000或3600
A/B	2.8	3.8
B/C	5.3	7.5
C/D	8.5	11.8

2. 稳态运行的限值

为了机组长期稳态运行，通常的做法是规定运行的振动限值，这些限值采取报警值和停机值的形式。稳态运行限值中所指的区域边界值由表2-5给出。

（1）报警值：振动已经达到某个规定的限值或者振动值发生显著变化，可能有必要采取补救措施时，进行报警。每台机器的报警值可以不同，但通常不宜超过区域边界B/C值的1.25倍。

（2）停机值：规定一个振动量值，超过此值继续运行可能引起机器损坏。如超过停机值，应该立即采取措施降低振动或停机。一般来说，停机值在区域C或D内，但推荐停机值应不超过边界值C/D值的1.25倍。

3. 瞬态运行的限值

机组在额定转速下运行工况发生变化，汽轮机或发电机逐渐达到热平衡的过程中，以及升速或降速时，可以允许有较大的振动值。这些较大值可能超过规定的报警值和停机值。这种情况下，可以引入“停机放大因子”，在稳态工况建立之前，它会自动地提升“报警值”和“停机值”。瞬态运行限值中所指的区域边界值由表 2-5 给出。

（1）额定转速瞬态运行期间的振动量值。额定转速瞬态工况包括空载、带初始负荷或快速加负荷、功率因数变化，以及其他相对短期的任何运行工况。对于额定转速瞬态工况，振动量值不超过区域边界 C/D 值，一般应认为是可以接受的。这些工况的报警值和停机值宜相应调整。

（2）升速、降速和超速期间的振动量值。建议启动、停机或超速期间的报警值应设定在某个经验值之上某个量，高出的量等于额定转速下区域边界 B/C 值的 25%。在没有建立可靠的有效数据时，升速、降速和超速期间的报警值不超过下述值：当转速大于 0.9 倍额定转速时，振动量值相应为额定转速下的区域 C/D 边界值；转速小于 0.9 倍额定转速时，振动量值相应为额定转速下的区域 C/D 边界值的 1.5 倍。

（3）“停机放大因子”的使用。机组运行在瞬态工况下时，允许有较高的振动值，为了避免不必要的停机，可以引入“停机放大因子”，它会自动地提升稳态的报警值和停机值，以反映上述（1）（2）中给的修订值。

“停机放大因子”通常适用于以下情况：

1）转子升速或降速过程中。

2）在达到额定转速之后的带负荷过程中。

3）任何突然的、大负荷变化之后，热状态稳定的短期内。

（二）准则Ⅱ：在额定转速稳定运行工况下振动量值的变化

该准则提出了对振动量值变化的评价，此变化是指偏离以前建立的对特定稳态工况下的参考值。轴振动量值可能明显地增大或减小，甚至在未达到准则Ⅰ的区域 C 时，就要求采取某种措施。这种变化可以是瞬态的或者随时间逐渐发展的，它可能表明已产生损坏或即将失效，以及某种其他异常的警告。

该准则的参考值是对以前具体运行工况下测量得到的典型的、可重复的正常振动值。如果振动量值变化很大（典型的是区域 B/C 边界值的 25%），应采取措施查明原因。不管这种变化引起振动量值增大还是减小，都要采取这样的措施。

该准则中提到的振动量值，既要考虑轴承座的宽带振动量值，又要考虑某种特殊振动频率成分的振动量值。

参 考 文 献

[1] 张国忠，魏继龙．汽轮发电机组振动诊断及实例分析［M］．北京：中国电力出版社，2018.

[2] 施维新，石静波．汽轮发电机组振动及事故．2 版．［M］．北京：中国电力出版社，2017.

[3] 寇胜利．汽轮发电机组的振动及现场平衡［M］．北京：中国电力出版社，2007.

[4] 张学延．汽轮发电机组振动诊断［M］．北京：中国电力出版社，2008.

[5] 李录平．汽轮机组故障诊断技术［M］．北京：中国电力出版社，2002.

[6] 李录平，卢绪祥．汽轮发电机组振动与处理［M］．北京：中国电力出版社，2007.

[7] 李录平，晋风华．汽轮发电机组碰磨故障的检测、诊断与处理［M］．北京：中国电力出版社，2006.

[8] 李录平，邹新元，晋风华，等．基于融合信息熵的大型旋转机械振动状态的评价方法［J］．动力工程，2004，24（2）：153-158.

[9] 卢绪祥，李录平，张晓玲，等．基于相对裂化度模型的大型汽轮机状态综合评价［J］．动力工程，2006，26（4）：507-510.

[10] 李录平，徐煜兵，贺国强，等．旋转机械常见故障的实验研究［J］．汽轮机技术，1998，40（1）：33-38.

[11] 李录平，韩西京，韩守木，等．从振动频谱中提取旋转机械故障特征的方法［J］．汽轮机技术，1998，40（1）：11-14＋43.

第三章　转子不平衡振动故障描述理论与试验诊断策略

第一节　概　　述

转子质量不平衡是汽轮发电机组最为常见的故障。根据统计分析，由转子质量不平衡引起的振动在以往中小型机组中占很大的比例，在现场发生的机组振动故障中，由转子不平衡造成的约占80%，其中属于转子质量不平衡的将达到90%左右。随着机组单机容量的增加和动平衡工艺的提高，大机组不平衡故障所占比例相对于中小型机组而言要小一些。但是，在整个振动问题中，质量不平衡引起的振动仍占有一定的比例，例如，在南方某省先后投产的十余台仿西屋型300MW机组中，在安装调试期间，几乎每台机都作了现场平衡。根据现场经验的总结，汽轮发电机组转子产生不平衡有多方面的原因，主要有：

（1）平衡情况良好的单转子连成轴系后产生新的不平衡。制造厂是单转子平衡，至现场接入轴系后，转子振型和不平衡响应发生了变化。

（2）转子外伸端约束条件的变化。单转子平衡时，转子外伸端处于自由状态，不平衡响应高，接入轴系后，外伸端处于约束状态，不平衡响应大大降低。这种变化改变了转子的不平衡状态。

（3）支承刚度变化，导致不平衡响应发生变化。转子运抵现场接入轴系后，支承刚度及临界转速等发生了变化；另外，大机组除了测量轴瓦振动外，还必须测量轴振，对转子的平衡情况提出了更高的要求。

（4）运行中旋转部件质量脱离产生新的不平衡。如运行中叶片、围带磨损、飞脱、叶片水蚀、结垢等。

（5）转子材料存在各向异性，热态下转子在径向产生不均匀热膨胀，产生新的热态不平衡。

（6）运行中旋转部件温度场变化，使转子产生变形甚至弯曲，出现热态不平衡。

本书将转轴不平衡归纳为原始质量不平衡、渐变不平衡、突变不平衡三种基本形式。

从上述分析可以发现，导致汽轮发电机组转子不平衡的因素很多，仅仅用很少的振动信号难以判断转子的不平衡的严重程度及不平衡的分布状况，需要在工程现场开展一系列的试验，通过对振动试验数据的精准分析，才能准确诊断转子的不平衡故障。特别值得一提的是，在分析判断转子不平衡故障时，必须区分汽轮机转子和发电机转子。由于这两种转子在结构上的差异，引起不平衡的原因不相同，需要通过不同的试验方法来准确诊断不平衡故障是否存在，存在的大致位置。

第二节　判断转子不平衡状态的理论依据

一、柔性转子的运动方程及其解

实际的汽轮发电机组转子系统结构非常复杂，图3-1所示为某型国产亚临界600MW

汽轮发电机组轴系三维实体模型，该型机组的轴系由高中压转子、低压 A 转子、低压 B 转子、发电机转子和集电小轴通过刚性联轴器连接而成。汽轮发电机组轴系的主要结构特点是轴对称的回转体。

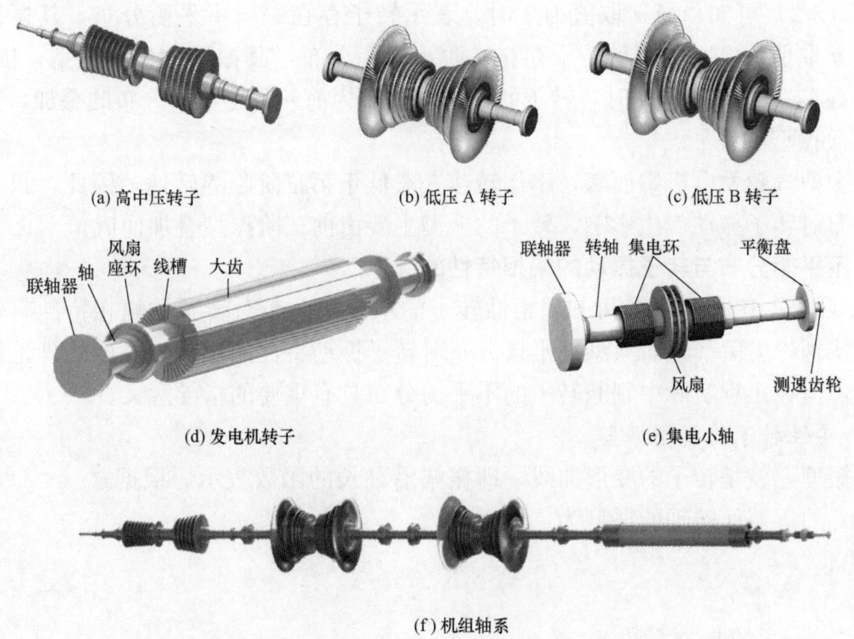

图 3-1　某型国产亚临界 600MW 汽轮发电机组轴系三维实体模型

对大功率汽轮发电机组转子系统而言，无论是单根转子还是整个轴系，其第一阶临界转速均小于工作转速，因此，大功率汽轮发电机组转子均为柔性转子。

在具有黏性阻尼的情况下，柔性不平衡转轴运动微分方程式为

$$\frac{EJ}{m}\times\frac{\partial^4\vec{y}}{\partial s^4}+\frac{\partial^2\vec{y}}{\partial t^2}+2\varepsilon\times\frac{\partial\vec{y}}{\partial t}=\omega^2 a(s)\mathrm{e}^{j[\omega t+\gamma(s)]} \tag{3-1}$$

式中　EJ——转子的抗弯刚度；

m——转子单位长度的质量；

$\vec{y}$——转子的挠度；

s——转轴的轴向坐标；

ε——阻尼系数；

ω——转子的旋转角速度；

$a(s)$——转子偏心距的轴向分布；

$\gamma(s)$——转子偏心方向的轴向分布。

式（3-1）的解为

$$\vec{y}=\mathrm{e}^{i\omega t}\times\sum_{n=1}^{\infty}\frac{A_n+iB_n}{\sqrt{\left(\frac{\omega_n^2}{\omega^2}-1\right)^2+\frac{4\varepsilon^2}{\omega^2}}}\sin\frac{n\pi s}{L}\cdot\mathrm{e}^{-i\varphi_n} \tag{3-2}$$

$$\varphi_n=\tan^{-1}\frac{2\varepsilon\omega}{\omega_n^2-\omega^2} \tag{3-3}$$

式中 A_n、B_n——待定系数，由初始条件决定；

φ_n——初始相位角，由初始条件决定；

ω_n——第 n 阶固有频率。

从式（3-2）可知，当 n 取值为 1 时，表示转子存在一阶不平衡分布，其振型为一阶振型；当 n 取值为 2 时，表示转子存在二阶不平衡分布，其振型为二阶振型；依此类推。当 n 取值为 1，2，3，…，n 时，转子的不平衡分布为前 n 阶不平衡分布的叠加，其实际振型为前 n 阶振型的叠加。

对于大型汽轮发电机组而言，工作转速一般低于第三阶临界转速，因此，只有前三阶不平衡分布对转子振动产生影响，转子的振型主要由前三阶振型叠加而成。

二、不平衡分布与转子振动的幅相特性的关系

由式（3-2）和式（3-3）可知，柔性转子的不平衡分布对转子的幅相特性有较大的影响。下面从理论上解释低阶典型不平衡分布对转子振动特性的影响。下面的理论模型虽然比较简单，但在工程实际中判断转子的不平衡分布具有重要的指导意义。

（一）柔性转子的典型振型

所谓振型，就是转子的变形曲线，即振幅沿轴长的函数表示。根据式（3-2），两端简支（铰支）的等截面转轴的振型为

$$y_i = K_i \sin \frac{i\pi}{L} s \tag{3-4}$$

式中 K_i——某阶振型系数；

i——阶次；

L——轴长，s 为转子某个截面距离左端的轴向长度坐标。

取 $i=1$、2、3，获得等截面转子前三阶振型曲线，如图 3-2 所示。

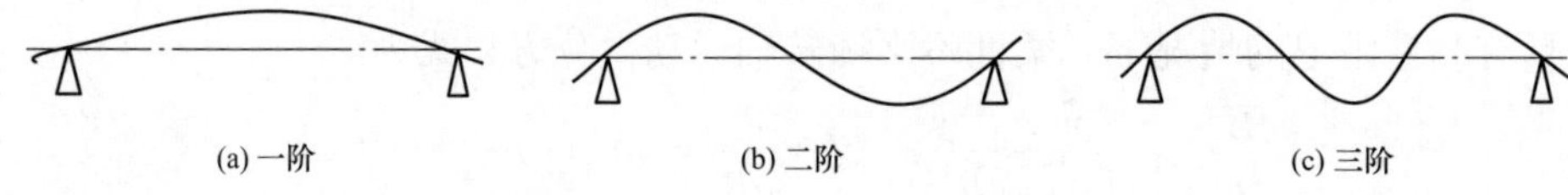

图 3-2 两端铰支均布质量转轴一、二、三阶振型曲线

式（3-4）中的振型系数，可用下式表示，即

$$K_i = \frac{A_i + iB_i}{\sqrt{\left(\frac{\omega_i^2}{\omega^2} - 1\right)^2 + \frac{4\varepsilon^2}{\omega^2}}} \tag{3-5}$$

在非共振状态，汽轮发电机组转子在不平衡载荷作用下的挠曲变形可表达为各阶振型的叠加。汽轮发电机组转子的工作转速一般低于转子的第三阶临界转速，因此，在工作转速时，转子的挠曲变形主要由第 1、2、3 阶振型叠加，即

$$y = K_1 \sin \frac{\pi}{L} s + K_2 \sin \frac{2\pi}{L} s + K_3 \sin \frac{3\pi}{L} s \tag{3-6}$$

若忽略转子阻尼的影响，考虑到转速的影响，转子在不平衡载荷作用下产生的挠曲变形可表述为

$$y = \frac{\omega^2}{\omega^2 - \omega_1^2} A_1 \sin \frac{\pi}{L} s + \frac{\omega^2}{\omega^2 - \omega_2^2} A_2 \sin \frac{2\pi}{L} s + \frac{\omega^2}{\omega^2 - \omega_3^2} A_3 \sin \frac{3\pi}{L} s \tag{3-7}$$

式中　　ω——工作转速；

ω_1、ω_2、ω_3——1、2、3 阶临界转速；

A_1、A_2、A_3——1、2、3 阶振幅比例系数。

由式（3-7）可见，转子的工作转速越接近某阶临界转速，所对应的振型影响就越大。

由振型的正交性可知，第 i 阶不平衡分布只激起第 i 阶振型。因此，1、2、3 阶振型曲线必须与 1、2、3 阶临界转速相对应，即转子只有通过 1 阶临界转速时才会出现 1 阶振型，通过 2 阶临界转速时才会出现 2 阶振型。从图 3-2 中可以看出：1 阶振型为半幅正弦曲线，作用在两端轴承上的力同相；2 阶振型曲线就类似于正弦曲线，作用在两端轴承上的力反相。可推论出，奇次振型作用在两端轴承上的力同相，偶次振型作用在两端轴承上的力反相。

（二）连续不平衡分布引起的转子振动特性

由前面的分析可知，若转子的不平衡分布为连续分布，则转子的振动位移（挠曲变形）和振动相位（滞后角）满足式（3-2）、式（3-3）。下面讨论转子不同的不平衡分布情况下，振动位移幅值、振动相位随转速的变化关系，振动位移幅值称为幅值-频率特性（简称幅频特性），振动相位随转速的变化关系称为相位-频率特性（简称相频特性）。

1. 单纯某阶不平衡分布引起的转子振动特性

（1）一阶不平衡分布。若转子的不平衡分布为纯粹的一阶不平衡分布，根据振型的正交性，转子的挠曲变形可表示为

$$y = K_1 \sin \frac{\pi}{L} s = \frac{A_1 + iB_1}{\sqrt{\left(\frac{\omega_1^2}{\omega^2} - 1\right)^2 + \frac{4\varepsilon^2}{\omega^2}}} \sin \frac{\pi}{L} s \tag{3-8}$$

转子振动的幅值和相位角随转速的关系可表示为

$$|y| = |K_1| = \left| \frac{A_1 + iB_1}{\sqrt{\left(\frac{\omega_1^2}{\omega^2} - 1\right)^2 + \frac{4\varepsilon^2}{\omega^2}}} \right| \tag{3-9}$$

$$\varphi_1 = \tan^{-1} \frac{2\varepsilon\omega}{\omega_1^2 - \omega^2} \tag{3-10}$$

则转子在跃过第一阶临界转速时，振幅出现峰值，相位角（即阻尼引起的机械滞后角，下同）从零开始增加约 180°（见图 3-3）。

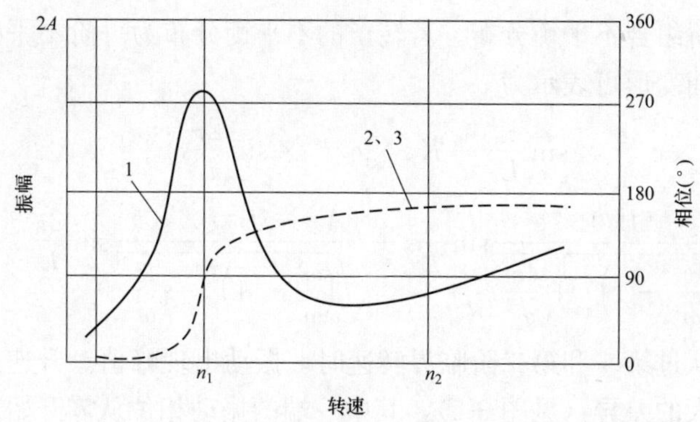

图 3-3　具有一阶不平衡分布的转子的振动幅相特性

1—振幅转速特性；2、3—转子两端振动相位转速特性；2A—单峰值的 2 倍

（2）二阶不平衡分布引起的转子振动特性。若转子的不平衡分布为纯粹的二阶不平衡分布，根据振型的正交性，转子的挠曲变形可表示为

$$y=K_2\sin\frac{\pi}{L}s=\frac{A_2+iB_2}{\sqrt{\left(\frac{\omega_2^2}{\omega^2}-1\right)^2+\frac{4\varepsilon^2}{\omega^2}}}\sin\frac{2\pi}{L}s \tag{3-11}$$

转子振动的幅值和相位角随转速的关系可表示为

$$|y|=|K_2|=\left|\frac{A_2+iB_2}{\sqrt{\left(\frac{\omega_2^2}{\omega^2}-1\right)^2+\frac{4\varepsilon^2}{\omega^2}}}\right| \tag{3-12}$$

$$\varphi_2=\tan^{-1}\frac{2\varepsilon\omega}{\omega_2^2-\omega^2} \tag{3-13}$$

则转子在跃过第二阶临界转速时，振幅出现峰值；转子两端的相位角基本上相差 180°（相位相反），在转速越过第二阶临界转速时，转子两端的振动相位角均增加约 180°（见图 3-4）。

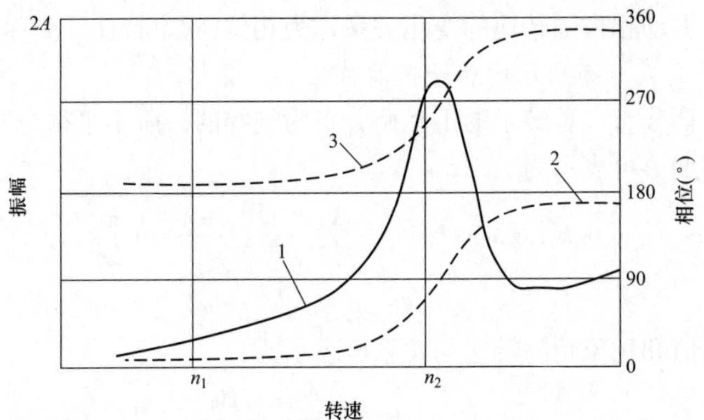

图 3-4　具有二阶不平衡分布的转子的振动幅相特性

1—振幅转速特性；2、3—转子两端振动相位转速特性

同样的道理，若转子的不平衡分布为纯粹的三阶不平衡分布，则在转速跃过第三阶临界转速时，振幅出现峰值，相位角从零开始增加约 180°。

2. 组合不平衡分布引起的转子振动特性

（1）一阶和二阶组合不平衡分布。若转子的不平衡分布为一阶不平衡与二阶不平衡的叠加，则转子的挠曲变形可表示为

$$\begin{aligned} y&=K_1\times e^{-i\varphi_1}\times\sin\frac{\pi}{L}s+K_2\times e^{-i\varphi_2}\times\sin\frac{2\pi}{L}s \\ &=\frac{(A_1+iB_1)\times e^{-i\varphi_1}}{\sqrt{\left(\frac{\omega_1^2}{\omega^2}-1\right)^2+\frac{4\varepsilon^2}{\omega^2}}}\sin\frac{\pi}{L}s+\frac{(A_2+iB_2)\times e^{-i\varphi_2}}{\sqrt{\left(\frac{\omega_2^2}{\omega^2}-1\right)^2+\frac{4\varepsilon^2}{\omega^2}}}\sin\frac{2\pi}{L}s \end{aligned} \tag{3-14}$$

则在转子转速跃过第一和第二阶临界转速时，振动出现峰值。升速过程中，转子两端振动相位变化有较大的差异（见图 3-5），其中一端的振动相位从零开始增加，增加量始终不超过 180°；而另一端的相位在转速跃过第一阶临界转速后相位角继续增加，增加量将超过 180°，当转速跃过第二阶临界转速后，这一端的振动相位的增加量将接近 360°。

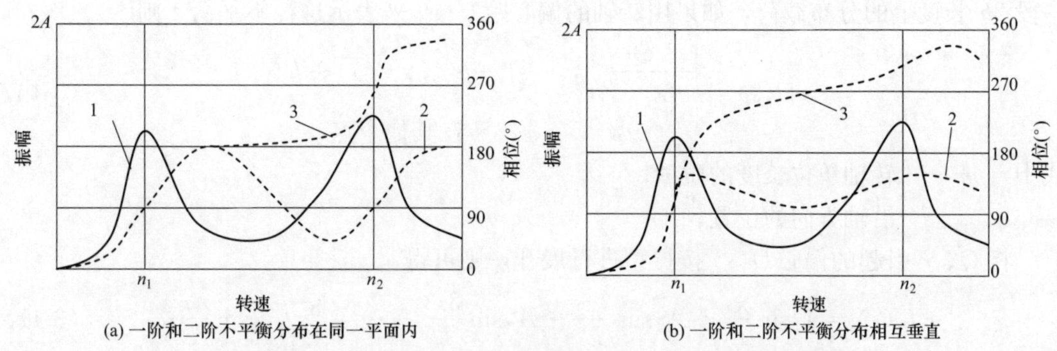

图 3-5　由一阶和二阶不平衡分布合成的不平衡转子幅相特性

1—振幅转速特性；2、3—转子两端振动相位转速特性

（2）一阶和三阶组合不平衡分布。若转子的不平衡分布为一阶不平衡与三阶不平衡的叠加，则转子的挠曲变形可表示为

$$y = K_1 \times \mathrm{e}^{-i\varphi_1} \times \sin\frac{\pi}{L}s + K_3 \times \mathrm{e}^{-i\varphi_3} \times \sin\frac{3\pi}{L}s$$

$$= \frac{(A_1 + iB_1) \times \mathrm{e}^{-i\varphi_1}}{\sqrt{\left(\frac{\omega_1^2}{\omega^2} - 1\right)^2 + \frac{4\varepsilon^2}{\omega^2}}}\sin\frac{\pi}{L}s + \frac{(A_3 + iB_3) \times \mathrm{e}^{-i\varphi_3}}{\sqrt{\left(\frac{\omega_3^2}{\omega^2} - 1\right)^2 + \frac{4\varepsilon^2}{\omega^2}}}\sin\frac{2\pi}{L}s \tag{3-15}$$

则在转子转速跃过第一和第三阶临界转速时，振动出现峰值。升速过程中，转子两端振动相位变化规律基本相同，一种典型情况（不平衡集中在转子两端）下，振动相位增加量始终不超过 180°；另一种典型情况（不平衡集中在转子中部）下，转速在达到第二阶临界转速时，相位变化达到 180°；当转速跃过第二阶临界转速后，振动相位继续增加；在转速跃过第三阶临界转速后，相位变化量将接近 360°（见图 3-6）。

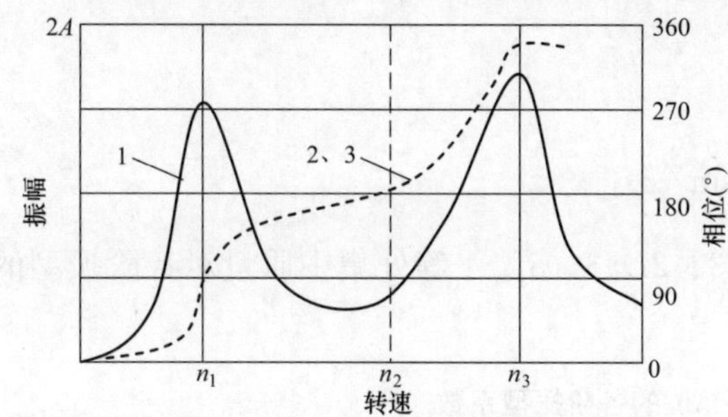

图 3-6　由一阶和三阶不平衡分布合成的（不平衡集中在转子中部）不平衡转子幅相特性

1—振幅转速特性；2、3—转子两端振动相位转速特性

由图 3-5 和图 3-6 可知，当转子的不平衡分布为多阶不平衡的合成时，转子振动的相频特性发生了很大变化，从转子两端测的相频特性都会有较大的差异。这种差异的存在，导致在转子上产生摩擦时会使摩擦振动的行为发生变化。

（三）集中不平衡分布引起的转子振动特性

1. 集中不平衡分布的数学展开式

若转子上的不平衡分布并不按照振型分布，是任意的，则可以用傅里叶级数按振型展开，用求取傅里叶系数的方法将各阶振型系数求出来。

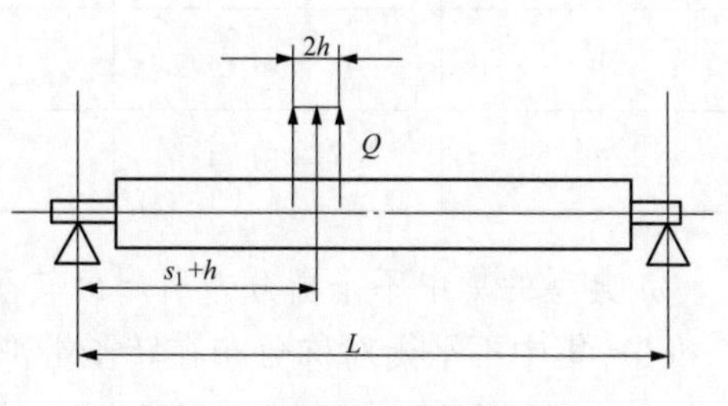

图 3-7　集中质量数学模型

如图 3-7 所示，假设转子中部有一不平衡质量 Q，所处半径为 r，可以将 Q、r 看作分布在

一段 $2h$ 长度上的分布载荷，如果用转轴的偏心距 $U(s)$ 来表示这种不平衡，则

$$U(s)=\begin{cases}\dfrac{Qr}{mg\times 2h}, & s_1-h\leqslant s\leqslant s_1+h\\ O, & s\text{ 在其他个点}\end{cases} \tag{3-16}$$

式中 m ——转轴单位长度的质量；

s ——沿轴方向的位置。

将 Q、r 引起的偏心 $U(s)$ 按振型进行展开，则可得

$$U(s)=A_1\sin\frac{\pi s}{L}+A_2\sin\frac{2\pi s}{L}+A_3\sin\frac{3\pi s}{L}+\cdots=\sum_{k=1}^{\infty}A_n\sin\frac{n\pi s}{L} \tag{3-17}$$

式中 A_1、A_2、A_3…、A_n ——各阶振型系数，可以用求取傅里叶系数的方法求得。

$$\begin{aligned}A_n&=\frac{2}{L}\int_{s_1-h}^{s_1+h}\frac{Qr}{mg\times 2h}\sin\frac{n\pi}{L}s\,ds=\frac{-2Qr}{mg\times 2hL}\frac{L}{n\pi}\cos\frac{n\pi}{L}s\Bigg|_{s_1-h}^{s_1+h}\\&=\frac{-2Qr}{mg\times 2hn\pi}\left[\cos\frac{n\pi}{L}(s_1+h)-\cos\frac{n\pi}{L}(s_1-h)\right]\\&=\frac{4Qr}{mg\times 2hn\pi}\sin\frac{n\pi}{L}s\times\sin\frac{n\pi}{L}h\end{aligned} \tag{3-18}$$

当 $h\rightarrow 0$ 时，分布质量即代表了集中质量，这时 $\sin\frac{n\pi}{L}h\approx\frac{n\pi}{L}h$，故式（3-18）可写为

$$A_n=\frac{4Qr}{mg\times 2hn\pi}\frac{n\pi}{L}h\sin\frac{n\pi}{L}s_1=\frac{2Qr}{mgL}\sin\frac{n\pi}{L}s_1 \tag{3-19}$$

令 $R=\frac{2Qr}{mgL}$，则

$$A_n=R\sin\frac{n\pi}{L}s_1 \tag{3-20}$$

利用这一方法，可计算出 s_1 在 $L/4$、$L/3$、$2L/3$、$3L/4$ 等处集中质量对各阶振型的影响，见表 3-1。

表 3-1　　集中质量分布在不同部位的各阶振型系数

序号	集中质量位置	各阶振型系数		
		A_1	A_2	A_3
1	$s_1=L/4$	$\frac{\sqrt{2}}{2}R$	R	$\frac{\sqrt{2}}{2}R$
2	$s_1=L/3$	$\frac{\sqrt{3}}{2}R$	$\frac{\sqrt{3}}{2}R$	0
3	$s_1=L/2$	R	0	$-R$
4	$s_1=2L/3$	$\frac{\sqrt{3}}{2}R$	$-\frac{\sqrt{3}}{2}R$	0
5	$s_1=3L/4$	$\frac{\sqrt{2}}{2}R$	$-R$	$\frac{\sqrt{2}}{2}R$

2. 典型的集中不平衡分布引起的转子振动特性

(1) 集中不平衡对称分布在转子端部。若在转子的两端有集中对称不平衡分布，相当于在 $s_1=L/4$ 和 $s_1=3L/4$ 处均有同向的不平衡分布（见图 3-8），这时，转子的不平衡分

布，可简单地用式（3-21）表示，即

$$U(s)=\left(\frac{\sqrt{2}}{2}R+\frac{\sqrt{2}}{2}R\right)\sin\frac{\pi s}{L}+(R-R)\sin\frac{2\pi s}{L}+\left(\frac{\sqrt{2}}{2}R+\frac{\sqrt{2}}{2}R\right)\sin\frac{3\pi s}{L}$$

$$=\sqrt{2}R\sin\frac{\pi s}{L}+\sqrt{2}R\sin\frac{3\pi s}{L} \tag{3-21}$$

从式（3-21）可以看出，这种不平衡分布可以激发起一、三阶振型（见图 3-9）。这种不平衡分布在波特图上的特点是通过一阶临界转速振动较大，而后振幅较快地下降，至三阶临界转速附近再次出现峰值，转子的幅频特性和相频特性见图 3-10。

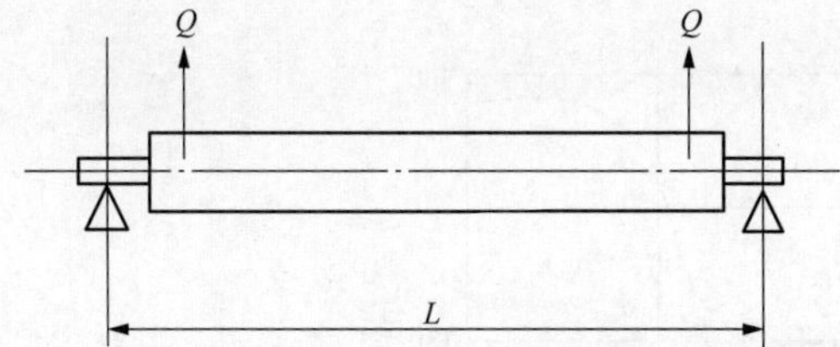

图 3-8　转子两端对称集中不平衡分布

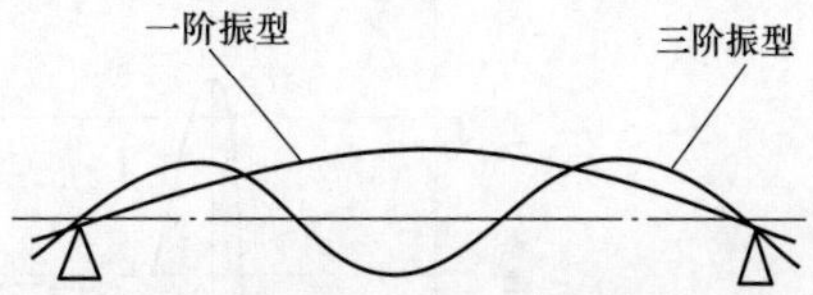

图 3-9　转子两端对称不平衡分布激起的振型

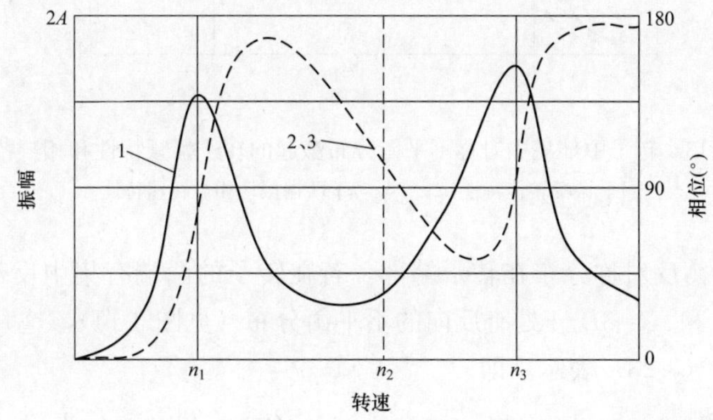

图 3-10　转子两端对称不平衡分布激起的转子幅频特性和相频特性

1—振幅转速特性；2、3—转子两端振动相位转速特性

（2）集中不平衡对称分布在转子中部。若在转子的中部有对称不平衡分布，相当于在 $s_1=L/3$ 和 $s_1=2L/3$ 处均有同向的不平衡分布（见图 3-11），这时，转子的不平衡分布，可简单地用式（3-22）表示，即

$$U(s)=\left(\frac{\sqrt{3}}{2}R+\frac{\sqrt{3}}{2}R\right)\sin\frac{\pi s}{L}+\left(\frac{\sqrt{3}}{2}R-\frac{\sqrt{3}}{2}R\right)\sin\frac{2\pi s}{L}+(0+0)\sin\frac{3\pi s}{L}$$

$$=\sqrt{3}R\sin\frac{\pi s}{L} \tag{3-22}$$

从式（3-22）可以看出，这种不平衡分布可以激发起一阶振型（见图 3-12），二阶和三阶振型不明显。这种不平衡分布在波特图上的特点是通过一阶临界转速振动较大，而后振幅较快地下降，至二阶、三阶临界转速附近不出现明显的峰值，接近工作转速时再次有所增加，转子的幅频特性和相频特性见图 3-13。显然，这种振动特点在现场进行动平衡比

较困难，原因是在利用端部平衡槽平衡一阶振型时，将会产生三阶振型，使平衡工作无法进行下去。

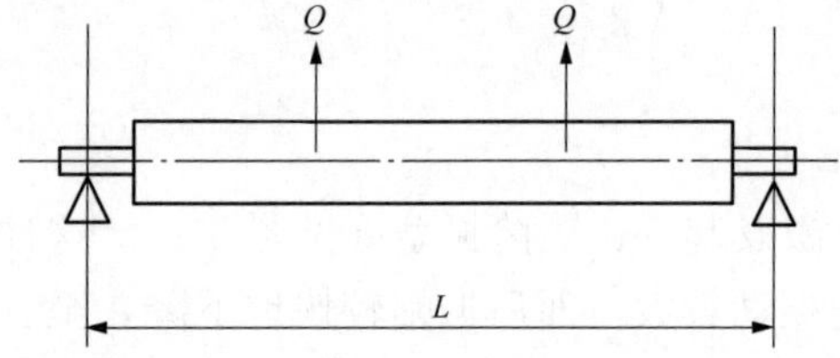

图 3-11　转子中部对称集中不平衡分布

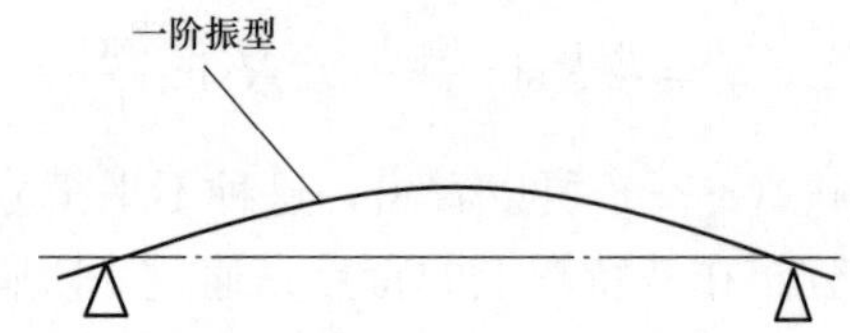

图 3-12　转子中部集中对称不平衡分布激起的振型

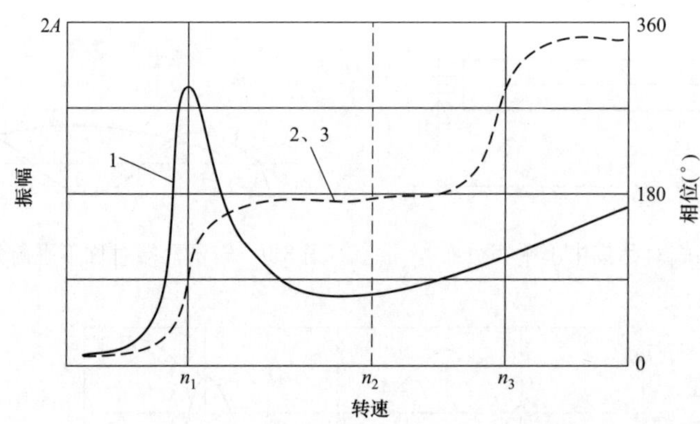

图 3-13　转子中部集中对称不平衡分布激起的转子幅频特性和相频特性

1—振幅转速特性；2、3—转子两端振动相位转速特性

(3) 集中不平衡反对称分布在转子端部。若在转子的两端有集中反对称不平衡分布，相当于在 $s_1=L/4$ 和 $s_1=3L/4$ 处有反向的不平衡分布（见图 3-14），这时，转子的不平衡分布可简单地用式（3-23）表示，即

$$U(s)=\left(\frac{\sqrt{2}}{2}R-\frac{\sqrt{2}}{2}R\right)\sin\frac{\pi s}{L}+(R+R)\sin\frac{2\pi s}{L}+\left(\frac{\sqrt{2}}{2}R-\frac{\sqrt{2}}{2}R\right)\sin\frac{3\pi s}{L}$$

$$=2R\sin\frac{2\pi s}{L} \tag{3-23}$$

从式（3-23）可以看出，这种不平衡分布可以激发起二阶振型（见图 3-15）。这种不平衡分布在波特图上的特点是通过二阶临界转速振动较大，而后振幅较快地下降，转子的幅频特性和相频特性见图 3-16。

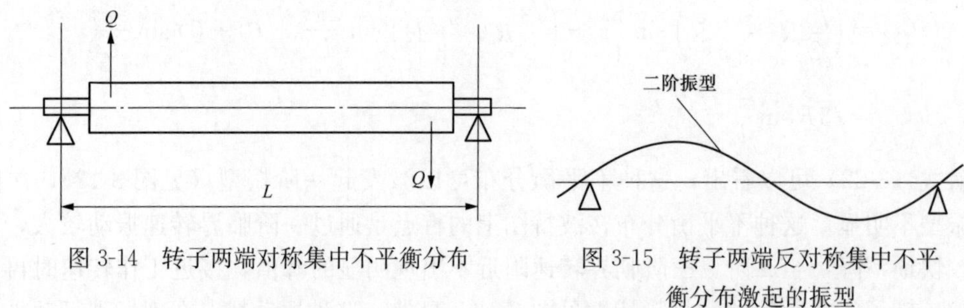

图 3-14　转子两端对称集中不平衡分布　　图 3-15　转子两端反对称集中不平衡分布激起的振型

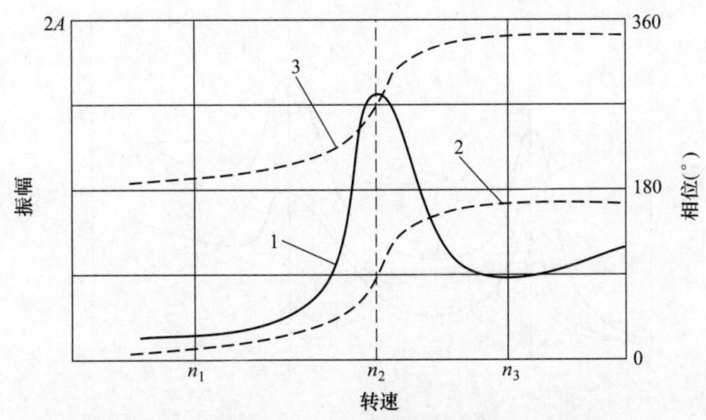

图 3-16　转子两端反对称集中不平衡分布激起的转子幅频特性和相频特性

1—振幅转速特性；2、3—转子两端振动相位转速特性

(4) 集中不平衡分布在转子一端。若在转子的一端有集中对称不平衡分布，相当于在 $s_1=L/4$（或 $s_1=3L/4$）处有集中的不平衡分布（见图 3-17），这时，转子的不平衡分布可简单地用式（3-24）表示，即

$$U(s)=\frac{\sqrt{2}}{2}R\sin\frac{\pi s}{L}+R\sin\frac{2\pi s}{L}+\frac{\sqrt{2}}{2}R\sin\frac{3\pi s}{L} \tag{3-24}$$

从式（3-24）可以看出，这种不平衡分布可以激发起一、二、三阶振型（见图 3-18）。这种不平衡分布在波特图上的特点是，转子升速通过一阶、二阶和三阶临界转速时振动较大。

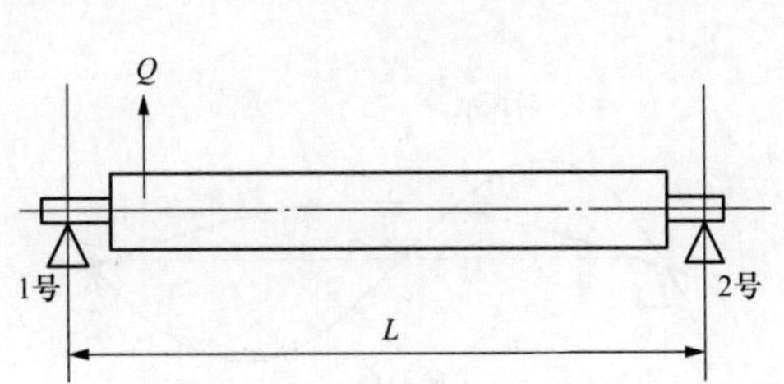

图 3-17　转子一端有集中不平衡分布

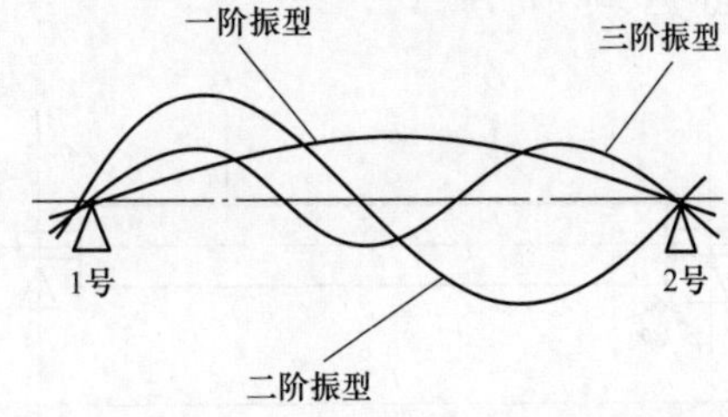

图 3-18　转子一端集中不平衡分布激起的振型

这种情况也是较常遇到的，现假定不平衡分布在 1 号侧，转子的工作转速远小于第三阶临界转速，则在 1 号轴承侧一、二阶振型同相，而在 2 号轴承侧一、二阶振型反相，在升速过程中 1 号轴承侧振动大于 2 号轴承侧，通过第一临界转速后 2 号轴承侧振幅降低较快，相位迅速分开，波特图见图 3-19。

(5) 混合不平衡。假设转子既有对称不平衡又有反对称不平衡，对称不平衡既不在端部也不在中部，对称和反对称不平衡不在同一个平面上。这种情况在工程实际中是比较多的，实际转子多数不平衡分布与此相类似。

若在转子的 $s_1=L/3$ 和 $s_1=2L/3$ 分布了 Q 大小的对称不平衡量，在 $s_1=L/4$ 和 $s_1=3L/4$ 分布了 Q' 大小的反对称不平衡量，且一对对称不平衡量所在平面与一对反对称不平衡量所在平面之间的夹角为 φ（见图 3-20），则转子的不平衡分布可简单地用式（3-25）表示，即

$$U(s)=\sqrt{3}R\sin\frac{\pi s}{L}\times e^{-i\varphi}+2R'\sin\frac{2\pi s}{L} \tag{3-25}$$

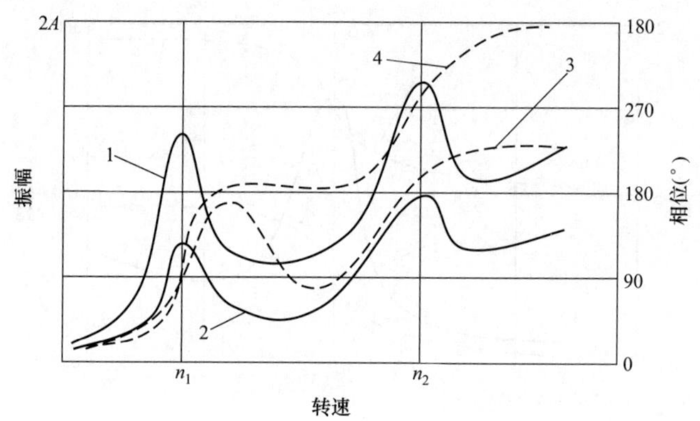

图 3-19 转子一端集中不平衡分布激起的转子幅频特性和相频特性

1—1 号端振幅转速特性；2—2 号端振幅转速特性；

3—1 号端振动相位转速特性；4—2 号端振动相位转速特性

$$R' = \frac{2\theta' r}{mgL}$$

从式（3-25）可以看出，这种不平衡分布可以激发起一、二阶振型（见图 3-21）。这种不平衡分布在波特图上的特点是通过一阶、二阶临界转速时振动较大，振型图（见图 3-21）和波特图（见图 3-22）分别与图 3-18、图 3-19 相似。不同的是，在转子有混合不平衡的情况下，转子通过一阶临界转速后，1、2 号轴承侧振动相位慢慢地分开，相位差较小，如图 3-22 所示。

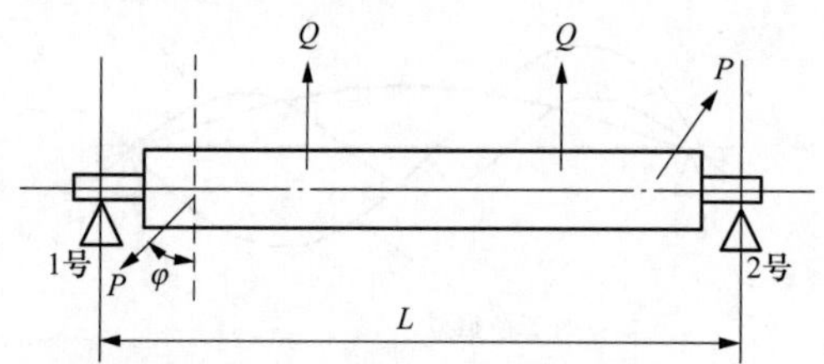

图 3-20 转子混合不平衡分布

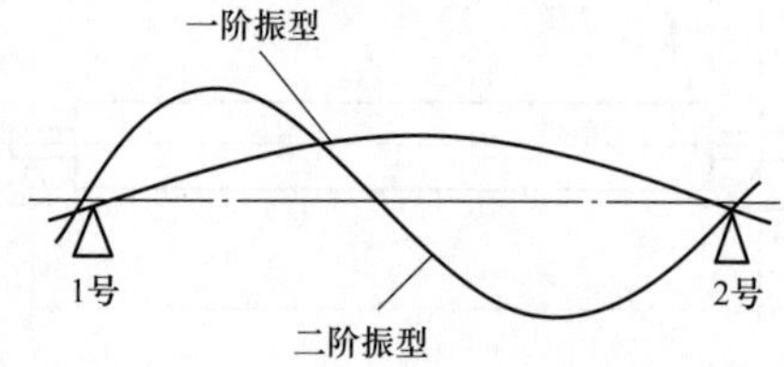

图 3-21 转子混合不平衡分布激起的振型

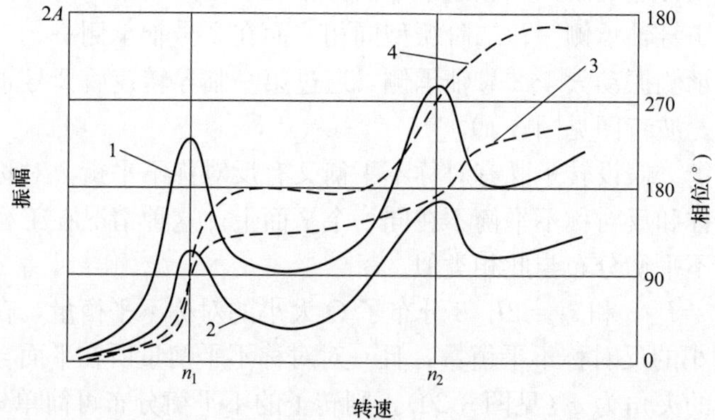

图 3-22 转子混合不平衡分布激起的转子幅频特性和相频特性

1—1 号端振幅转速特性；2—2 号端振幅转速特性；3—1 号端振动相位转速特性；4—2 号端振动相位转速特性

第三节 转子不平衡故障试验诊断基本方案

一、不平衡故障试验诊断基本流程

由于汽轮发电机组轴系长、尺寸大、结构复杂，转子沿轴向方向不同截面上的温度、压力、外载荷属性差异大，判断转子不平衡故障的试验内容、数据处理方案各不相同。本书基于工程实际需要，提出一个基本的诊断流程，见图 3-23。

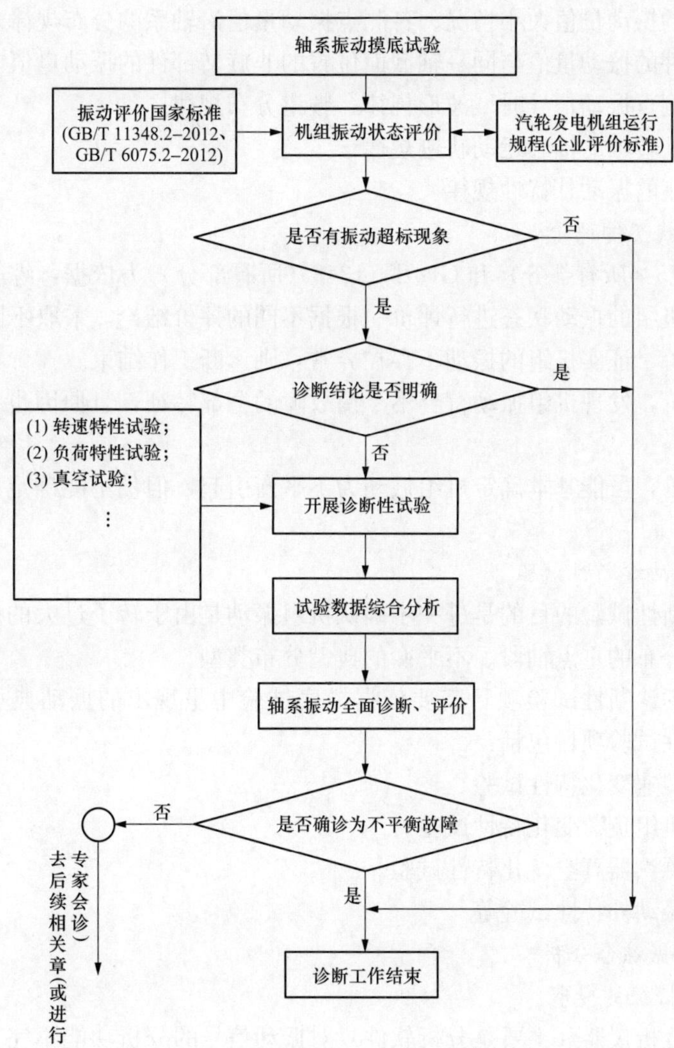

图 3-23 轴系不平衡故障试验诊断基本流程

二、不平衡故障试验诊断基本策略

（一）轴系振动摸底试验

在发现汽轮发电机组轴系振动异常时（或怀疑出现异常时），根据振动故障的统计规律，先要排除转子是否出现了不平衡。排除转子是否出现了不平衡故障，需要用整个轴系的转轴和轴承的振动数据来确认。

所谓轴系振动摸底试验，就是在运行规程允许的条件下，选定机组振动现象较为突出的某一稳定工况，采用专用的旋转机械振动检测仪器，全面测量机组转轴和非旋转部件（轴承、轴承座、机器的外壳等）的振动量值。

（二）轴系振动状态评价

1. 从振动信号中需提取的规律特征

完成机组振动摸底试验后，对测量获得的转轴和非旋转部件上测得的振动信号进行较为细致的分析，获得机组振动的典型特征规律，包括：

（1）各测点的振动量值大小情况、各测点振动量值沿轴系的分布规律。

（2）旋转部件的振动量值与同一轴截面位置的非旋转部件的振动量值差别规律。

（3）各振动测点振动信号时域波形规律、频谱分布规律。

（4）各轴承处转轴的轴心运动轨迹规律。

（5）各轴承座的振动外特性规律。

2. 轴系振动状态的评价

以GB/T 6075（所有部分）和GB/T 11348（所有部分）为依据，综合考虑企业的运行规程要求，对机组的振动状态进行评价。根据不同的评价结论，采取不同后续策略：

（1）通过评价，证实机组的振动不存在异常，则诊断工作结束。

（2）通过评价，发现机组振动符合不平衡故障的全部特征，且原因也比较明确，则诊断工作结束。

（3）通过评价，虽能基本确定机组振动为不平衡引起，但仍不能确定原因，则进行后续的诊断性试验。

（三）轴系振动诊断性试验

轴系振动诊断性试验的目的是进一步确认机组振动是由于转子过大的质量不平衡引起的，判断不平衡分布的重点轴段、不平衡的典型分布类型。

不平衡故障的诊断性试验项目需要依据摸底试验中呈现出的振动典型征兆情况来设计。主要的诊断性试验项目包括：

（1）振动随转速变化特性试验。

（2）振动随机组负荷变化特性试验。

（3）振动随凝汽器真空变化特性试验。

（4）轴承座振动外特性试验等。

（四）试验数据综合分析

1. 典型振动特征的提取

不同的振动分析仪器（主要是分析软件）对振动信号的分析功能不完全相同，所能提取的机组振动特征范围有一定的差异。振动特征的提取，还与完成的诊断性试验项目内容也有很大的关系。但是，对转轴不平衡故障的准确诊断，需要提取下列基本的振动特征：

（1）转轴（轴承座）宽带振动量值随转速的变化关系曲线。

（2）转轴（轴承座）1X振动（1倍频振动）量值、相位随转速变化关系曲线。

（3）转轴（轴承座）振动瀑布图特征。

（4）各轴承处转轴中心位置与转速的关系曲线。

（5）额定转速下，各轴承处转轴中心运动轨迹曲线。

（6）若干典型转速和额定转速下，振动信号的时域波形特征，频谱特征等。

2. 振动特征的轴向分布特性

由于大型汽轮发电机组的转轴在轴向方向的尺寸很大，不同轴向截面处的转子振动特征不完全相同，提取振动特征量沿轴向的分布，是对振动故障进行轴向定位的重要手段。振动特征的轴向分布主要包括：

（1）同一转速工况下，振动量值沿轴向的分布。通过这个分布特征，可以找出振动量值最大和较大的轴段。

（2）同一转速工况下，1X 振动量值、相位角沿轴向的分布。通过这个分布特征，可以初步确定整个转轴的不平衡分布情况。

（3）同一转速工况下，各轴承处转轴宽带振动轴心轨迹、1X 轨迹沿轴向的分布。通过这个分布特征，可以确定失稳轴段位置。

3. 振动与机组状态的关系分析

由于大型汽轮发电机组的运行工况复杂多变，工况对机组振动有很大影响。从理论上讲，在机组定速运行时，纯粹的质量不平衡引起的转轴振动（包括轴承座振动），与机组的运行工况没有太大关系。所以，振动量值、振动规律与机组运行工况的相关关系，也是诊断机组的振动是否是因转子质量不平衡引起的重要特征。振动与机组状态的关系分析，可通过下列方法来实现：选择试验时间段，将该试验时间段的振动量值变化曲线、机组的典型状态参数变化曲线用同一张图表达出来，图的横坐标为时间坐标。从曲线的变化趋势分析它们的关联性。

转轴（包括轴承座）振动特征与机组工况的关系分析，应主要包括如下分析内容：

（1）振动量值与汽轮机进汽参数（包括进汽温度、进汽压力）的相关性分析；

（2）振动量值与汽轮机进汽流量（调节门开度）的相关性分析。

（3）振动量值与汽轮机凝汽器真空度的相关性分析。

（4）振动量值与发电机励磁电流大小的相关性分析。

（5）振动量值与轴承润滑油参数（压力、温度）的相关性分析。

（6）振动量值与发电机冷却介质参数（压力、温度）的相关性分析。

（7）振动量值与汽轮机各点差胀的相关性分析等。

（五）轴系振动全面诊断、评价

轴系振动全面诊断、评价，就是根据摸底性试验和诊断性试验获得全部特征数据，对转轴振动的状态进行诊断和综合评价。这一阶段，需要重点回答如下几个问题：

（1）不平衡故障到底是否真正存在。

（2）不平衡故障存在的严重程度到底有多大。

（3）不平衡故障主要存在于转轴的哪个轴段。

（4）不平衡故障的分布型式是什么。

（5）导致转轴不平衡故障的主要原因是什么。

（6）转轴除了存在不平衡故障外，是否还存在其他原因引起的振动故障。

（7）若判断出转轴存在严重的不平衡故障，因严重不平衡是否引起转轴其他故障（碰磨、转轴弯曲等）。

（8）当前存在的不平衡故障，将来的发展趋势是什么。

第四节　转子不平衡故障诊断的基本试验依据

一、额定转速稳态运行工况试验依据

（一）振动量值特征

1. 基本判断准则

当转子出现不平衡故障时，转子的整体振动水平肯定会超标。在转子振动水平超标（超过报警限值）的情况下，利用如下方法来判断转子是否出现了不平衡故障：设诊断开始时与转速同步的振动矢量为 X_N，通频矢量为 X_M，当满足：

$$|X_N| \geqslant \alpha |X_M| (\alpha = 0.7)$$

且，相位角和振动信号的通频振动量值不随时间变化（或变化很小）时；则机组存在转子质量不平衡故障。

2. 几种典型情况

（1）原始质量不平衡振动量值随时间的变化规律。由于原始质量不平衡（可能是设计原因、加工原因、现场安装维护原因等）引起的振动量值，在机组运行过程中基本上不随时间改变，见图 3-24（a）。

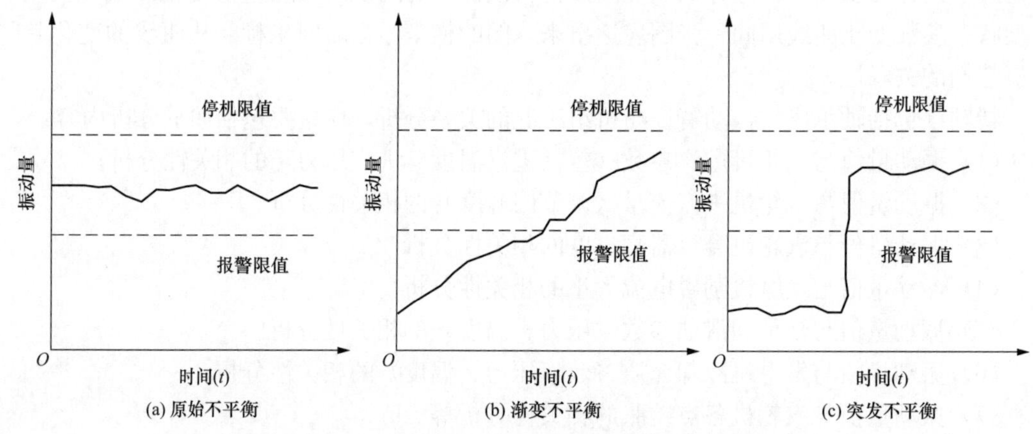

图 3-24　几种不同性质的不平衡引起的振动量值变化趋势

（2）渐变不平衡振动量值随时间变化规律。由于腐蚀导致的旋转部件质量周向不均匀减少或由于结垢导致的旋转部件周向质量不均匀增加，可能引起转轴渐变不平衡，从而引起机组振动量值的缓慢增加（个别情况下也可能缓慢减小），见图 3-24（b）。

这里的"渐变"，是指需要考察数天、数月长的时间才能观察到明显的变化。数秒、数分钟或若干个小时内观察到的振动量值缓慢变化，不属于渐变不平衡引起的振动，这种情况很可能属于热态不平衡引起的振动。

3. 突发不平衡振动量值随时间变化规律

由于转轴上突然失去一部分质量或一部分质量在径向方向产生显著位移（如汽轮机的围带脱落、叶片断裂脱落，转轴联轴器上的挡风板脱落，转轴上的平衡质量块脱落，发电机转子上的槽楔松脱等），会导致转轴振动的突然变化，见图 3-24（c）。

（二）振动信号基本特征

因质量不平衡引起的转轴振动，所具有的基本振动特征见表 3-2。

表 3-2 转轴不平衡振动基本特征

序号	特征参数	故障特征		
		原始不平衡	渐变不平衡	突发不平衡
1	时域波形	正弦波	正弦波	正弦波
2	特征频率	$1X$	$1X$	$1X$
3	常伴频率	较小的高次谐波	较小的高次谐波	较小的高次谐波
4	振动稳定性	稳定	逐渐增大（或减小）	突发性增大后稳定
5	振动方向	径向	径向	径向
6	相位特征	稳定	渐变	突变后稳定
7	轴心轨迹	椭圆	椭圆	椭圆
8	进动方向	正进动	正进动	正进动
9	矢量区域	不变	渐变	突变后稳定

1. 振动信号时域波形

由于转轴的质量不平衡引起的振动，所检测到的振动信号时域波形与正弦曲线（余弦曲线）相似，无论是在转轴的哪个方向测量得到的振动时域信号基本相似，曲线比较光滑，看不到明显的皱褶，见图 3-25。

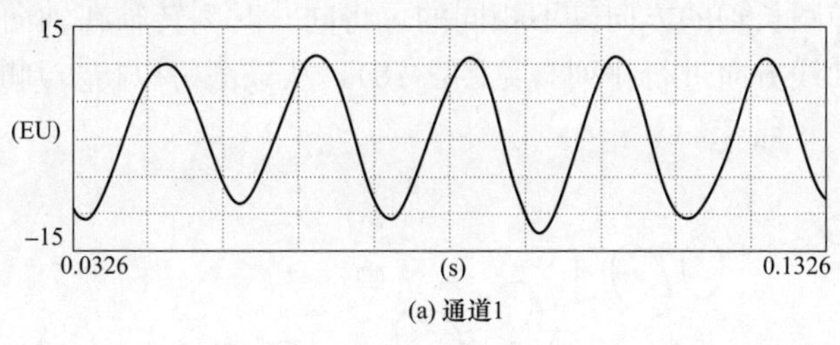

(a) 通道1

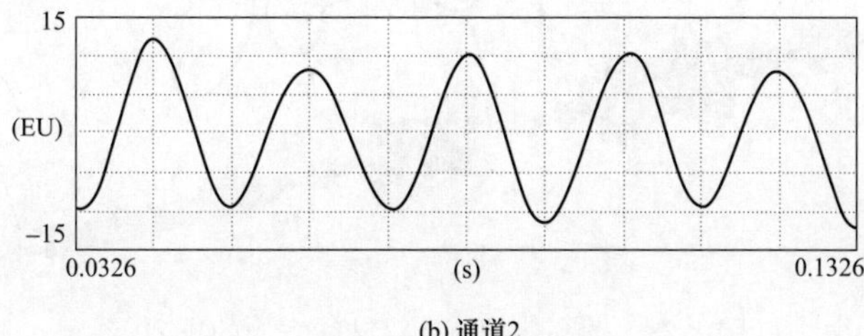

(b) 通道2

图 3-25 单纯质量不平衡引起的振动信号时域波形

CH1—通道 1；CH2—通道 2；Signal Wave—信号波形；横坐标—时间，单位 s；纵坐标—幅值；EU—Engineeri Unit，工程单位，可以是任何工程上所用的单位结合

2. 振动信号频谱分布

由于质量不平衡引起的转轴振动，振动信号的频率成分以旋转频率为主（$1X$ 振动为主），实际情况中可能包含少量的二倍旋转频率及以上（$2X$ 、$3X$ 等）的成分，且频率越高振动量值越小，不存在分数倍的振动成分，见图 3-26。

若从转轴上测得的振动信号频率分布虽然以 1X 振动为主，但包含某些明显的高频成分（如 2X 及其以上振动）或明显低频成分，说明机组还存在其他故障。

3. 轴心运动轨迹

若转轴振动是由单纯的质量不平衡引起的振动，将同一轴向截面上两个互相垂直的振动传感器输出信号作为点的平面坐标而形成的轨迹曲线（轴心运动轨迹），其形状接近为一个圆或椭圆（见图 3-27）。

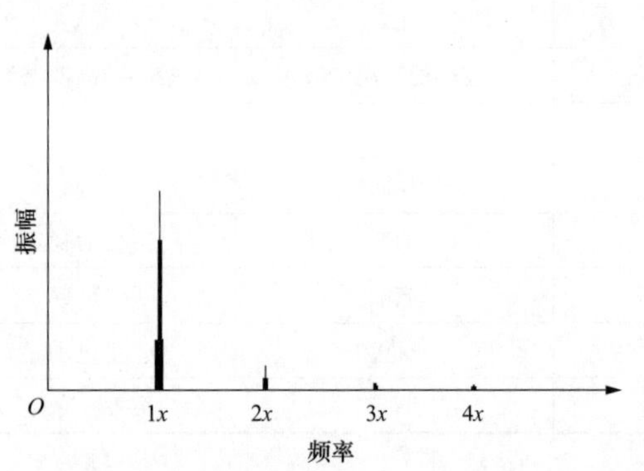

图 3-26　质量不平衡引起的转轴振动信号频率分布示意

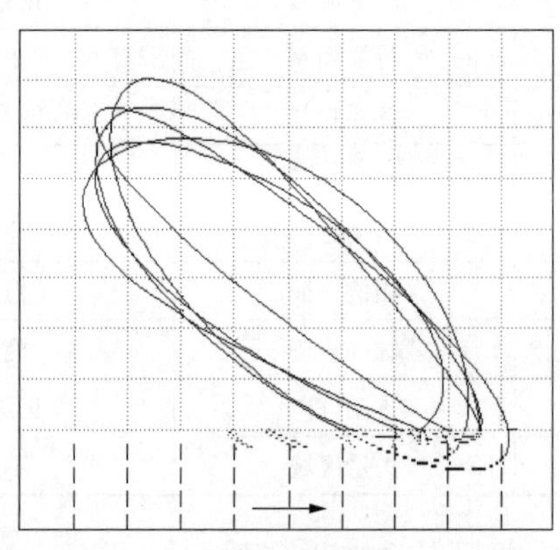

图 3-27　质量不平衡引起的转轴轴心运动轨迹

一般来说，在机组转轴的轴向方向各轴承处检测获得的轴心运动轨迹的形状、椭圆的长短半轴的大小、椭圆长轴的方向是不相同的。将同一时刻转轴在轴向不同截面上检测到的轴心运动轨迹沿轴线方向进行排列（见图 3-28），从该图可以初步判断出：

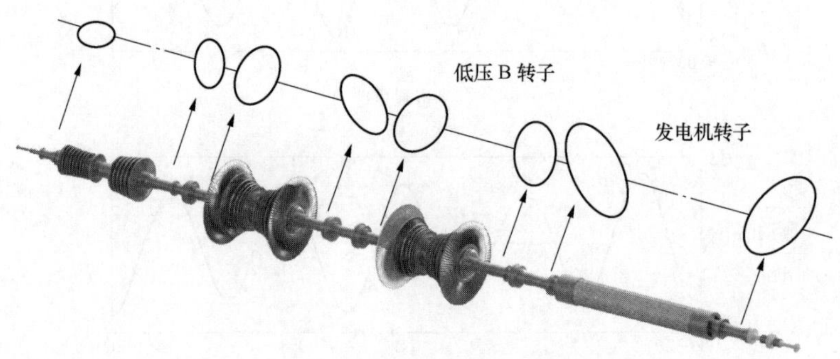

图 3-28　轴心运动轨迹沿轴线方向的排列

（1）若哪一轴段两端检测到的轴心运动轨迹的长轴半径最大，则该段转轴的振动量值最大。

（2）若某一联轴器两边轴承处检测到的轴心运动轨迹的长轴半径均很大且振动相位基本相同，则该联轴器上可能存在较大的不平衡质量。

二、升速过程与瞬态工况试验依据

（一）升速过程基本特征

不平衡质量引起的转子振动是一个与转速同频的强迫振动，振动幅值随转速按振动理论中的共振曲线规律变化，在临界转速处达到最大值。

由于汽轮发电机组的轴系是由多根转子通过联轴器连接而成的，每根转子在工作转速（3000r/min）以内，至少有一个临界转速（高压转子、中压转子、低压转子在工作转速以内有一个临界转速，大型机组的发电机转子有两个临界转速），因此，在某一特定的转子两端测量振动量值与转速的关系，至少应该获得如图 3-29 所示的振动量值随转速的变化关系曲线。这种关系曲线称为伯德图。

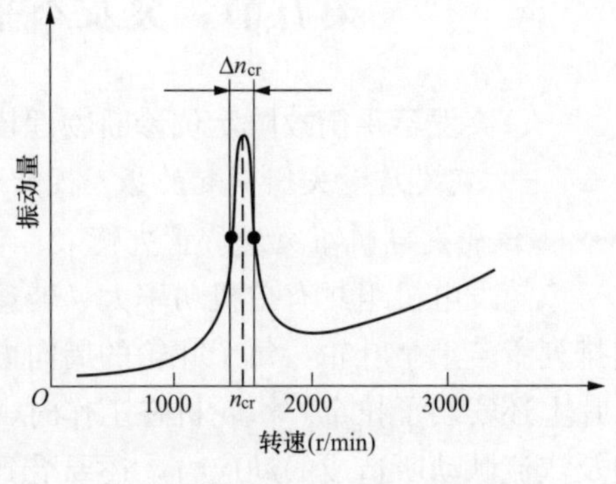

图 3-29　转轴升速特性理论曲线

1. 质量不平衡转轴升速曲线典型特征

（1）临界转速 n_{cr} 附近的共振峰比较明显，n_{cr} 的大小与设计值接近。

（2）在临界转速前后，振动相位突然变化。

（3）对于健康状况良好的转子，多次启动升速过程得到的转速特性曲线，即曲线的形状、临界转速值 n_{cr} 的大小、共振峰的半功率点频率差 Δn_{cr} 基本不变或变化很小。

2. 其他故障引起的升速特性曲线的变化

若转轴系统除了有质量不平衡故障，还存在其他故障（如碰磨、支承刚度变化等），将引起升速特性曲线的形状变化、临界转速值 n_{cr} 的变化，以及共振峰的半功率点频率差 Δn_{cr} 的变化。

（二）瞬态工况基本特征

单纯的质量不平衡引起的转轴振动，其振动量值随机组工况变化敏感性见表 3-3。总体来说，质量不平衡引起的振动，除了对转速非常敏感外，对机组的其他运行参数不是很敏感。

表 3-3　　转轴不平衡的振动敏感参数

序号	敏感参数	敏感参数变化情况		
		原始不平衡	渐变不平衡	突发不平衡
1	振动随转速变化	明显	明显	明显
2	振动随轴承润滑油温变化	不变	不变	不变
3	振动随主蒸汽压力变化	不变	不变	不变
4	振动随主蒸汽温度变化	不变	不变	不变
5	振动随机组负荷变化	不明显	不明显	不明显
6	振动随凝汽器真空变化	不明显	不明显	不明显
7	振动随发电机冷却介质参数变化	不变	不变	不变
8	振动随发电机励磁电流变化	不变	不变	不变
9	其他识别方法	低转速时振动量值很小，运行初期振动量值就处于较高的水平	随着运行时间的推移，振动量值逐步增大，振动相位随时间改变	在机组运行的某一时刻，振动量值突然增大，振动相位突然大幅改变，然后基本稳定

第五节　突发不平衡故障的轴向定位方法

一、突发不平衡故障定位诊断物理模型

（一）突发质量失衡引起的振动变化

1. 汽轮发电机组突发质量失衡

汽轮发电机组具有单机功率大、转速高、空间尺寸大等特点。在汽轮机转子的轴向方向排列着若干个叶轮，每个叶轮的周向方向布置了若干片叶片，叶片外缘包覆着围带，长叶片上还安装了拉金。汽轮机在工作时，叶片不仅要承受离心拉应力、汽流产生的弯曲应力及汽流脉动所造成的动应力，还要受到汽流冲蚀、固体颗粒的磨蚀和腐蚀作用等，工作环境非常复杂，叶片事故时有发生。叶片事故的主要后果就是疲劳断裂，造成旋转部件的飞脱，使转轴瞬时产生质量不平衡，也就是前述的突发质量不平衡。调查表明，运行中叶片事故约占汽轮机事故率的40%，造成了巨大的直接和间接经济损失。

在发电机转子上，转子上的冷却风机叶片可能发生飞脱，线圈、槽楔、护环等可能产生松脱。无论是飞脱还是松脱，其效果是使转子突然产生一个质量失衡，导致转子的振动量值发生突然变化。

汽轮发电机组各轴段产生的突发质量不平衡，会引起转子振动的突然变化。转子振动信号为矢量信号，其中既反映了转轴失衡质量的大小，又反映了失衡质量的位置。不同位置的质量失衡故障，引起的振动变化是不一样的；在同一位置发生的不同严重程度的质量失衡故障，引起的振动变化也是不一样的。

在汽轮发电机组运行过程中，一旦转轴发生突发失衡故障，不但要快速诊断出是否发生了质量飞脱，还要能快速诊断出在哪根轴段、轴段的哪个位置上发生了质量飞脱，还要能估算出飞脱质量的大小。

由于叶片故障主要引起转子失衡，所以，叶片故障主要引起与转速同频（即工频）的振动分量变化。转子在正常运转时，振动信号的成分中也主要是工频振动。因此，可以根据转子在突发质量失衡前后的工频振动信号的变化来对叶片故障进行定位。

2. 突发质量失衡引起的振动量值变化

转轴上突发质量失衡时，会使该轴段两端的振动传感器输出信号发生显著的跳变。例如，某国产600MW汽轮机低压II转子的末级和次末级叶片顶部汽封发生松脱和脱落，此过程汽封多次撞击叶片，导致叶片发生断裂飞脱。叶片断裂飞脱前后，所提取的低压II转子后轴承处的轴承座振动和转轴振动的量值变化情况、发电机前轴承处的转轴振动的量值变化情况见图3-30。可以将这种旋转部件质量突变失衡故障的发生前后振动量值的变化用图3-31所示的曲线表示，用突变质量失衡前的稳定状态的振动矢量特征（图3-31中的“●”点处数据）、突变质量失衡后的稳定状态的振动矢量特征（图3-31中的“▲”点处数据）来诊断突发质量失衡点在轴段中的位置。

（二）突发质量不平衡位置诊断的物理模型

1. 质量突发失衡轴段的诊断策略

由于汽轮发电机组轴系长度尺寸大，要实现突发失衡故障的轴向准确定位，首先需要确定突发失衡故障的轴段。一般来说，突发不平衡质量，引起本轴段转轴振动量值的变化

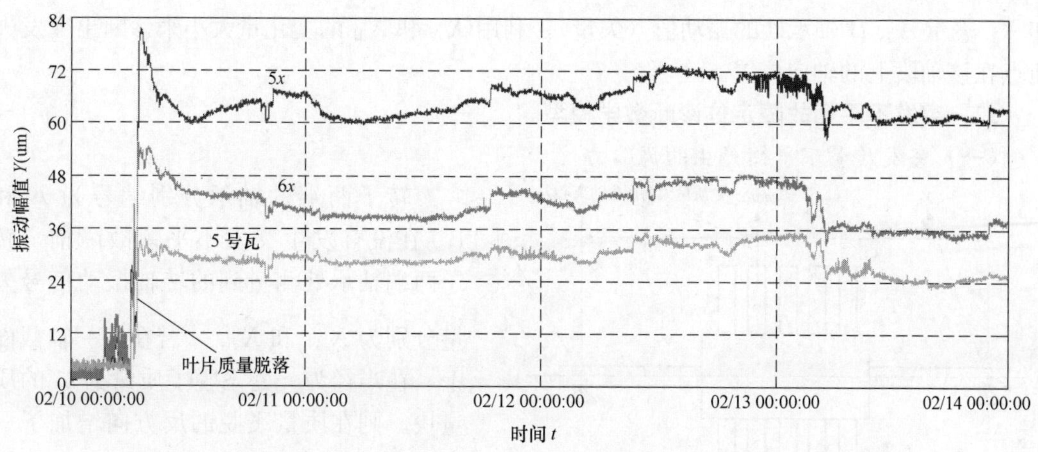

图 3-30　某国产 600MW 汽轮机低压Ⅱ转子叶片质量飞脱后的振动跳变过程

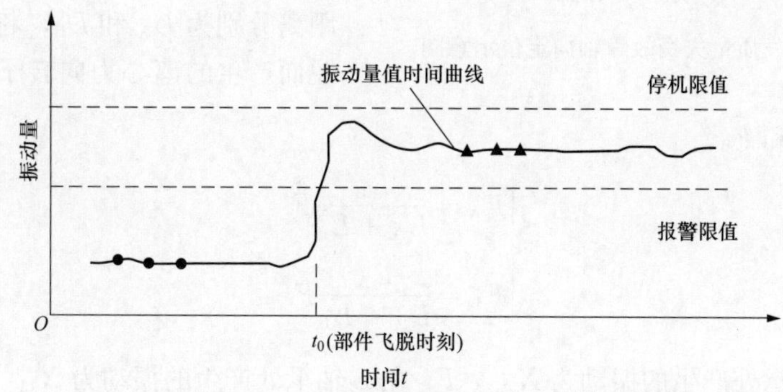

图 3-31　突发质量失衡引起的转轴振动量值随时间变化曲线

值要远大于引起其他轴段转轴振动量值的变化值。因此，可以分别计算出各轴段两端的转轴振动量值的改变值，比较各轴段振动量值的改变量，选取振动量值改变量最大的轴段，将该轴段视为突发失衡故障的轴段。

2. 质量突发失衡点的诊断模型

在确定突发失衡故障的轴段后，还需要确定失衡故障发生在该轴段的哪个轴向截面上。本书将单跨双支承透平转子简化成图 3-32 所示的模型。该轴段支承在 A、B 两个轴承上，转轴以角速度 ω 旋转，在转轴靠近轴承座的位置监测转轴振动信号，分别用符号 $\vec{X}_A$

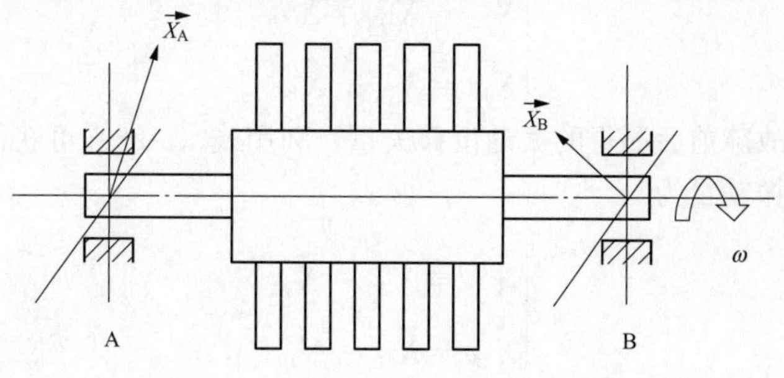

图 3-32　单跨双支承轴承转子模型

和 $\vec{X}_B$ 表示 A 、B 轴承处的振动值（矢量），利用 $\vec{X}_A$ 和 $\vec{X}_B$ 的变化量大小来诊断出突发失衡点在该轴段上的轴向位置。

二、突发不平衡故障定位诊断数学模型

（一）突发质量不平衡产生的离心力

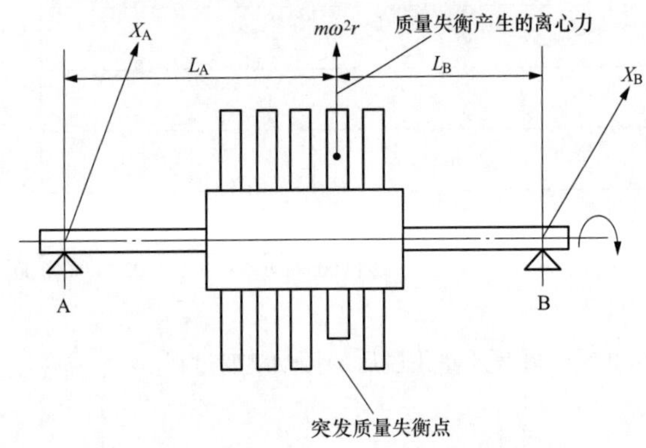

图 3-33　突发质量失衡故障轴向定位示意图

转子两端的轴承分别编号为 A 和 B。在没有发生突发不平衡故障前，转子两端轴承处测量到的转轴振动信号矢量分别为 $\vec{X}_{A1}$ 和 $\vec{X}_{B1}$。若在某一轴截面上，在半径为 r 处飞脱了质量为 m 的质量块。则在质量飞脱的反方向增加了一个大小为 $\vec{F}=m\omega^2 r$ 的离心力，见图 3-33。设突发失衡截面离两端轴承的轴线距离分别为 L_A 和 L_B，将因质量突发飞脱而产生的离心力向转子两端的轴承中心分解，得 $\vec{F}_A$ 和 $\vec{F}_B$。

$$\begin{cases}\vec{F}_A=\dfrac{L_B}{L_A+L_B}\vec{F}\\ \vec{F}_B=\dfrac{L_A}{L_A+L_B}\vec{F}\end{cases}\tag{3-26}$$

$\vec{F}_A$ 在 A 轴承处产生的振动为 $\vec{X}_{AF}$，$\vec{F}_B$ 在 B 轴承处产生的振动为 $\vec{X}_{BF}$。而

$$\begin{cases}|\vec{X}_{AF}|=\dfrac{1}{K_{DA}}|\vec{F}_A|\\ |\vec{X}_{BF}|=\dfrac{1}{K_{DB}}|\vec{F}_B|\end{cases}\tag{3-27}$$

这里，K_{DA} 和 K_{DB} 分别为 A 轴承和 B 轴承的动刚度，可通过现场试验测取。

$\vec{X}_{AF}$ 与 $\vec{F}_A$（或 $\vec{X}_{BF}$ 与 $\vec{F}_B$ ）之间的夹角称为相位角，设为 φ。

（二）突发质量失衡点轴向定位模型

突发失衡故障发生后，转子两端的振动信号矢量设为 $\vec{X}_{A2}$ 和 $\vec{X}_{B2}$，则有

$$\begin{cases}\vec{X}_{A2}=\vec{X}_{A1}+\vec{X}_{AF}\\ \vec{X}_{B2}=\vec{X}_{B1}+\vec{X}_{BF}\end{cases}\tag{3-28}$$

根据突发失衡故障前后测得的振动位移矢量，利用式（3-28）可获得突发失衡在转子两端轴承处产生的振动量为

$$\begin{cases}\vec{X}_{AF}=\vec{X}_{A2}-\vec{X}_{A1}\\ \vec{X}_{BF}=\vec{X}_{B2}-\vec{X}_{B1}\end{cases}\tag{3-29}$$

由式（3-26）得

$$\frac{|\vec{F}_{\mathrm{A}}|}{|\vec{F}_{\mathrm{B}}|}=\frac{L_{\mathrm{B}}}{L_{\mathrm{A}}} \tag{3-30}$$

由式（3-27）得

$$\frac{|\vec{F}_{\mathrm{A}}|}{|\vec{F}_{\mathrm{B}}|}=\frac{|\vec{X}_{\mathrm{AF}}|K_{\mathrm{DA}}}{|\vec{X}_{\mathrm{BF}}|K_{\mathrm{DB}}} \tag{3-31}$$

联立式（3-29）～式（3-31）得

$$\frac{L_{\mathrm{B}}}{L_{\mathrm{A}}}=\frac{K_{\mathrm{DA}}}{K_{\mathrm{DB}}}\times\frac{|\vec{X}_{\mathrm{A2}}-\vec{X}_{\mathrm{A1}}|}{|\vec{X}_{\mathrm{B2}}-\vec{X}_{\mathrm{B1}}|} \tag{3-32}$$

对于对称转子，一般可将 K_{DA} 和 K_{DB} 视为相等，式（3-32）可以简化为

$$\frac{L_{\mathrm{B}}}{L_{\mathrm{A}}}\approx\frac{|\vec{X}_{\mathrm{A2}}-\vec{X}_{\mathrm{A1}}|}{|\vec{X}_{\mathrm{B2}}-\vec{X}_{\mathrm{B1}}|} \tag{3-33}$$

利用式（3-32）［或式（3-33）］可以对突发失衡点的位置进行定位。

参　考　文　献

[1] R. 伽西，H. 菲茨耐．转子动力学导论［M］. 北京：机械工业出版社，1986.

[2] 虞烈，刘恒．轴承—转子系统动力学［M］. 西安：西安交通大学出版社，2001.

[3] 钟一谔，何衍宗，王正，等．转子动力学［M］. 北京：清华大学出版社，1987.

[4] 顾晃．汽轮发电机组的振动与平衡［M］. 北京：中国电力出版社，1998.

[5] 陈大禧，朱铁光．大型回转机械诊断现场实用技术［M］. 北京：机械工业出版社，2002.

[6] 张国忠，魏继龙．汽轮发电机组振动诊断及实例分析［M］. 北京：中国电力出版社，2018.

[7] 施维新，石静波．汽轮发电机组振动及事故．2 版．［M］北京：中国电力出版社，2017.

[8] 寇胜利．汽轮发电机组的振动及现场平衡［M］. 北京：中国电力出版社，2007.

[9] 张学延．汽轮发电机组振动诊断［M］. 北京：中国电力出版社，2008.

[10] 李录平．汽轮机组故障诊断技术［M］. 北京：中国电力出版社，2002.

[11] 李录平，卢绪祥．汽轮发电机组振动与处理［M］. 北京：中国电力出版社，2007.

[12] 晋风华，李录平，张建东．汽轮机叶片脱落故障定位方法的研究［J］. 汽轮机技术，2006，48（1）：37-39.

[13] 匡震邦．不平衡响应与共振转速区［J］. 西安交通大学学报，1979（2）：125-131.

[14] 李录平，徐煜兵，贺国强，等．旋转机械常见故障的实验研究［J］. 汽轮机技术，1998，40（1）：33-38.

[15] 李录平，韩西京，韩守木，等．从振动频谱中提取旋转机械故障特征的方法［J］. 汽轮机技术，1998，40（1）：11-14＋43.

[16] 夏松波，刘永光，李勇，等．旋转机械自动动平衡综述［J］. 中国机械工程，1999，10（4）：458-461.

[17] 王欲欣，杨东波，刘永光．旋转机械转子自动平衡实验研究［J］. 汽轮机技术，2002，42（4）：225-228.

第四章　热致振动故障描述理论与试验诊断策略

第一节　概　　述

一、汽轮发电机组热致振动的概念

本章讲的汽轮发电机组热致振动，是指机组在热态工况下，因温度场分布的非均匀性、非对称性，以及转子和静子热变形的非协调性，而导致转子与静子之间的配合关系变化产生的异常热应力或转子产生热态弯曲、热态质量不平衡，其归根结底就是在转子和静子中产生不合理的热变形，从而使机组产生异常振动。

汽轮发电机组的热致振动，涉及转子材质、制造工艺、安装质量及运行管理许多方面。由于热变形的形式不同，对机组振动的影响也不同，有的在运行中就能表现出来，有的可能会在超速时或停机通过临界转速时产生很大的振动，威胁到机组的安全运行。随着机组容量的增大，机组的外形尺寸显著增大，机组的结构更加复杂化，产生非协调热变形的概率较多，对机组振动的影响更大，是专业人员和生产管理人员不可忽视的。

二、汽轮发电机组热致振动的基本原因

（一）汽轮机热致振动的基本原因

汽轮机发生热致振动的主要工况为机组的启动、停机过程，以及机组负荷和热力参数快速、大范围变动过程的过渡工况。这些工况的共同特点是汽轮机的金属部件温度场水平和空间各点温度差值快速、大范围变化，在转动部件内部、非转动部件内部或两者之间产生很大的热应力，引起很大的非协调热变形，引起汽轮机振动。

导致汽轮机转子产生热致振动的原因主要有：

(1) 转子材质不均或有内应力。在热态下或经过一段时间的运行后，由于内应力释放，使转子产生变形，振动发生变化。目前，已发现多台国产 300MW 机组高中压转子运行一段时间后产生新的变形，使振动尤其是通过临界转速时的振动发生变化。

(2) 作用在转子上的扰动力偏大。若作用在转子上的扰动力过大，将在暖机过程中及在热态运行中由于抗弯刚度变化而使振动增大；在停机通过临界转速时，振动增大尤为明显。

(3) 转轴上存在径向不对称温差。主要原因包括：

1) 转子套装部件在热态下松弛（如汽轮机套装叶轮、套装靠背轮等）。有可能失去紧力的汽轮机转子套装零件一般包括封套、叶轮、联轴器等。由于汽轮机转轴上套装零件一般与轴之间存在较大的温差，所以当这些零件（联轴器除外）失去紧力时，产生的转轴不对称温差的影响较发电机转子要大得多，特别是冷态启动，将会引起汽轮机转子显著弯曲。

2) 转子中心孔加工不规则及中心孔进油、进水等。这一般在中小型机组上可能会遇到。对于 300、600MW 及以上的大机组，这方面的问题较少。

3) 转轴漏汽严重。当存在着不对称漏汽现象时，无论对于单侧还是双侧，都会让转轴温度出现差异。温差的大小也随着漏汽量的改变而发生变化。

(4) 转轴与水或冷蒸汽接触。汽轮机进水或冷蒸汽，使高温金属部件突然冷却而急剧收缩，易产生较大热应力和热变形，机组胀差变化，进而使机组产生强烈振动，甚至导致动静部分轴向和径向碰磨；动静碰磨反过来又加剧机组振动，产生恶性循环。

(5) 转子与静止部件之间产生动静摩擦（即动静碰磨）。动静碰磨会导致转子表面的圆周上温度分布不均匀，使转子产生热弯曲，导致振动。

（二）发电机热致振动的基本原因

发电机转子与汽轮机转子在结构上有很大差异。造成发电机热致振动的原因主要有：

1. 转轴上内应力过大

转轴上的过大的内应力一般是制造时留下的。但是当发电机被烧、严重的动静摩擦和直轴生退火不彻底时，转轴上也会留下较大的内应力。

2. 转轴材质不均

转轴在浇铸、锻造和热处理过程中形成的直径方向上纤维组织不均，造成线膨胀系数存在差别。当转子温度升高后，线膨胀系数大的一侧膨胀大于线膨胀系数小的一侧，使转子形成弯曲；当转子冷却后，弯曲又消失。弯曲值正比于转子温升速度。

3. 转轴存在径向不对称温差

转轴径向存在不对称温差将产生弯曲。导致转子径向不对称温差的原因主要有如下几个方面：

(1) 发电机转子受热不均。导致发电机转子受热不均匀的原因有如下几点：

1) 转子线圈局部短路：由于转子励磁线圈短路部分失去作用，当线圈通上励磁电流后，转子受热不均而在直径方向形成温差。

2) 转子线圈和线槽之间的热阻存在差别：当转子线圈通上励磁电流后，线圈温度首先升高，然后线圈和线槽之间发生热的直接传导。由于其传热热阻在直径方向存在差别，热阻小的一侧转子温度高于热阻大的一侧，由此造成直径方向不对称温差。因为这种热阻的差别是在高速下形成的，所以检查静态热阻是没有意义的，这种热阻往往在某一方向上有好几槽线圈与对应方向存在差别，但就某一槽来说，其差别很小。

3) 铜损和铁损的不均匀：转子励磁线圈的铜损和转子本体的铁损在直径方向上存在差别时，转子就会受热不均，从而使转子在直径方向产生不对称温差。

(2) 转子冷却不均匀。导致发电机转子冷却不均匀的主要原因为转子的少数内冷介质流动通道的阻力增加，从而导致各流道的流量分配不均匀。如转子通风孔局部堵塞（制造和运行时都有可能产生）或水内冷却发电机转子在导线内水流不对称，都可以使转子在直径方向冷却发生差别而形成不对称温差。这种不对称温差除了随转子温度升高而加大外，还会随着发电机进口风温或水温的变化而变化。对于氢内冷发电机转子，当其通风孔堵塞时，轴承振动将随氢压的升高而降低。

(3) 转轴轴向传热、直径方向的热阻不均匀。在运行的发电机转子本体上，沿轴向长度上的温度分布是不均匀的，这样就会发生轴向热传导。如果转轴直径方向热阻存在差别，转子在运行状态下在径向将产生不对称温差。造成这种径向热阻差别的原因为组合式转子轴向连接紧力不足（连接螺栓松动或局部断裂）、转轴材质在径向存在较大的差异和转轴存在横向裂纹。转子在高速下受内力矩作用而发生的弯曲，在一定的平衡状态和一定转速下，其方向是不变的。因此，转子的一侧始终受压，而另一侧始终受拉。当组合式转子轴向连接紧力不足或转轴产生横向裂纹时，受拉的一侧相邻两个部件之间会出现微小的间隙，造成受拉的一侧轴向传热热阻高于受压的一侧，形成径向不对称温差，使转子产生弯曲，由此增大作用在转轴上的内力矩，使轴向传热热阻在径向上的差别进一步增大，形成恶性循环。因此，当轴向连接紧力不足或转轴裂纹并不十分严重时，转子温度升向后，振动会发生明显的变化。

(4) 转轴上套装零件失去紧力。转轴上套装零件失去紧力产生的直接不平衡量对振动的影响可以忽略。但是一般套装零件与转轴之间存在一定温差，转轴与套装零件之间将发生热传导。由于套装零件失去紧力，在不平衡力作用下，套装零件一侧紧贴轴表面，另一侧稍离轴表面，形成径向传热热阻不对称而使转轴产生径向不对称温差，使转子产生热不平衡。

(5) 楔条紧力不一。当打入转子线槽内的楔条在直径方向紧力不一致时，转子在通上励磁电流或温度升高后将发生热弯曲。引起热弯曲的原因是：

1) 转子表面涡流不对称：由于高次谐波的作用，运行的发电机转子表面会产生涡流。当各线槽内的楔条的紧力在直径方向存在差别时，转子表面涡流的分布也就不对称，从而将引起不对称发热，形成不对称温差。

2) 轴向膨胀力的作用：大多数发电机转子楔条和转子本体的材质是不同的，当转子温度升高后，转子本体和楔条将产生差别膨胀。由于楔条与转子线槽之间的紧力在直径方向不一，这种差别膨胀将形成不对称轴向力而产生弯矩，把转子顶弯。这种缺陷造成转子热弯曲在目前还很难与转轴上残余应力过大、转轴材质不均、转子受热不均等因素明显地区分开。

第二节　描述汽轮发电机组热变形故障的基本理论

一、因温度不均匀导致的热变形

当转子在圆周方向受到不均匀换热时，会导致转子横截面存在不对称温度场，从而会引发转子弯曲。图 4-1 所示为长度为 L 、直径为 D 的圆轴，假设转轴的初始温度场是均匀的，各处的初始温度均为 t_0。经过一段时间加热后，出现了温度的不均匀，在轴的圆截面 A 区的温度为 t_2，在 B 区的温度为 t_1，且 $t_2>t_1$，存在一个温度差 $\Delta t=t_2-t_1$。则 A 区的膨胀程度大于 B 区的膨胀程度，从而引发转轴热弯曲，微元轴段 dx 的两个端面将发生偏斜，形成一个微元夹角 $d\theta$。

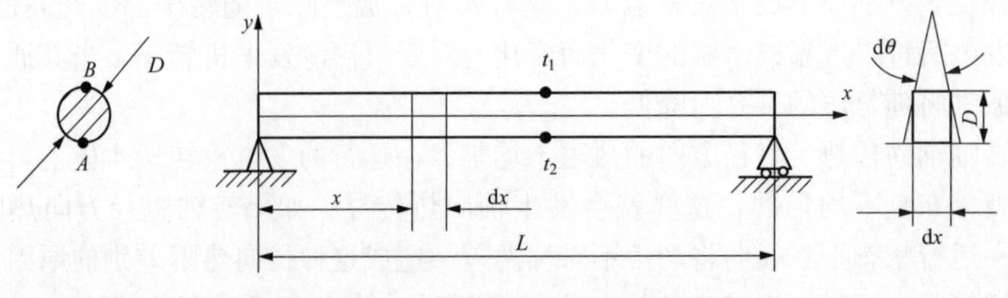

图 4-1　温度不均匀引起的转轴热弯曲模型

讨论图 4-1 中一个微元轴段 dx 因转子温度差产生的热变形。上、下部变形分别为

$$\begin{cases}\Delta_1=\beta(t_1-t_0)\mathrm{d}x\\ \Delta_2=\beta(t_2-t_0)\mathrm{d}x\end{cases} \tag{4-1}$$

式中　β——转子材料的热膨胀系数。

由几何关系可得

$$D\mathrm{d}\theta=\beta(t_2-t_0)\mathrm{d}x-\beta(t_1-t_0)\mathrm{d}x \tag{4-2}$$

因温度不对称造成的转子挠曲曲线微分方程为

$$\frac{\mathrm{d}^2y}{\mathrm{d}x^2}=-\frac{\beta\times\Delta t}{D} \tag{4-3}$$

当边界条件为 $y|_{x=0}=0$，$y|_{x=L}=0$ 时，转子的挠度曲线为

$$y=\frac{\beta\times\Delta t}{2D}(Lx-x^2) \tag{4-4}$$

设转子横截面积为 A，则转子的质量偏心 e 为

$$e=\frac{\int_0^L Ay\mathrm{d}x}{\int_0^L A\mathrm{d}x}=\frac{\beta\times\Delta t\times L^3}{12D} \tag{4-5}$$

转子的最大弯曲 $y_{\max}$ 发生在跨中 $x=L/2$ 处，为

$$y_{\max}=\frac{\beta\times\Delta t\times L^2}{8D} \tag{4-6}$$

联立式（4-5）和式（4-6）可以得出

$$e=\frac{2}{3}y_{\max} \tag{4-7}$$

计算实例：设一转子长度 L 为 8000mm，直径 D 为 700mm，转子质量为 45.6×10^3kg，转子材料的热膨胀系数 $\beta=12.0\times10^{-6}/℃$。假设转轴上下温差为 1℃，则

$$y_{\max}=\frac{12.0\times10^{-6}\times1\times8000^2}{8\times700}\approx0.1372(\mathrm{mm})=137.1(\mu\mathrm{m})$$

$$e=\frac{2}{3}\times137=91.3(\mu\mathrm{m})$$

根据现场经验，转子弯曲超过上述量值时，转子过临界转速的轴承振动位移量值将大于 100μm，虽然因 1℃温差产生的转子应力值远小于材料的屈服极限。

二、因材质不均匀导致的热变形

转子材质不均匀是指转子锻件内部存在气隙、夹杂、鼓泡等因素形成转子径向纤维组织不均匀，使材料的物理特性存在各向异性。这类问题通常是因为在锻件生产和热处理过程中的缺陷引起的。在机组运行中当材质各向异性的转子受热以后，转轴将会产生不均匀的轴向或径向膨胀，引起转子出现热弯曲，从而导致不平衡振动。

仍然以图 4-1 所示的等截面圆轴作为讨论对象，假设转轴的初始温度场是均匀的，各处的初始温度均为 t_0。但是，在轴的圆截面各处的膨胀系数不同，A 区的膨胀系数为 β_A，在 B 区的膨胀系数为 β_B，且 $\beta_A>\beta_B$。经过一段时间加热后，转轴圆截面各点温度均匀，温度值为 t_1，且 $t_1>t_0$。则 A 区的膨胀程度大于 B 区的膨胀程度，从而引发转轴热弯曲，微元轴段 $\mathrm{d}x$ 的两个端面将发生偏斜，形成一个微元夹角 $\mathrm{d}\theta$（见图 4-2）。

讨论图 4-2 中一个微元轴段 $\mathrm{d}x$ 因材质不均匀产生的热变形。上、下部变形分别为

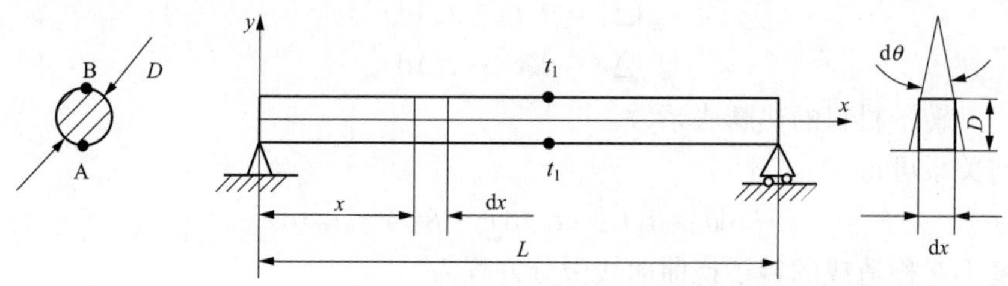

图 4-2 材质不均匀引起的转轴热弯曲模型

$$\begin{cases}\Delta_1=\beta_B(t_1-t_0)\mathrm{d}x=\beta_B\times\Delta t\times\mathrm{d}x\\\Delta_2=\beta_A(t_1-t_0)\mathrm{d}x=\beta_A\times\Delta t\times\mathrm{d}x\end{cases}\tag{4-8}$$

由几何关系可得

$$D\mathrm{d}\theta=\beta_A\times\Delta t\times\mathrm{d}x-\beta_B\times\Delta t\times\mathrm{d}x=\Delta\beta\times\Delta t\times\mathrm{d}x\tag{4-9}$$

因温度不对称造成的转子挠曲曲线微分方程为

$$\frac{\mathrm{d}^2y}{\mathrm{d}x^2}=-\frac{\Delta\beta\times\Delta t}{D}\tag{4-10}$$

当边界条件为 $y|_{x=0}=0$，$y|_{x=L}=0$ 时，转子的挠度曲线为

$$y=\frac{\Delta\beta\times\Delta t}{2D}(Lx-x^2)\tag{4-11}$$

设转子横截面积为 A，则转子的质量偏心 e 为

$$e=\frac{\int_0^L Ay\mathrm{d}x}{\int_0^L A\mathrm{d}x}=\frac{\Delta\beta\times\Delta t\times L^3}{12D}\tag{4-12}$$

转子的最大弯曲 $y_{\max}$ 发生在跨中 $x=L/2$ 处，为

$$y_{\max}=\frac{\Delta\beta\times\Delta t\times L^2}{8D}\tag{4-13}$$

由上述式（4-12）、式（4-13）可以看出，由于材质不均匀导致的转轴最大弯曲 $y_{\max}$（或质量偏心值 e）与材料的不均匀程度（$\Delta\beta$ 的大小）有关，也与转轴材料温度的升高值（Δt）有关。在材料的不均匀性一定时，转轴最大弯曲 $y_{\max}$（或质量偏心值 e）与转轴材料的温度升高值成正比。

根据上述理论模型和工程实际经验，发现：

（1）因材质不均匀引起的转子热弯曲基本上是一种弹性弯曲，待机组金属温度下降至常温时，弯曲值消失。但是，这种热态弯曲将引起机组振动。

（2）因材质不均匀引起的振动量值大小与转子的受热状态密切相关。由于汽轮机工作环境温度高，如果转子材质存在组织不均匀缺陷，相比发电机转子，则弯曲量更大，对振动的影响更显著。

（3）因材质不均匀产生的热弯曲，在机组冷态启机的初始阶段，振动量值的增大量并不很明显。机组带负荷后，当转子温度达到一定值后，振动开始爬升，严重时振动量值超过限值而引发停机。振动高位时立即停机后，转子惰走通过一阶临界转速时的振动量值较冷态启机时的振动量值增大很多，低转速下转子晃度也比冷态启动时同转速下的晃度大许多。当机组降负荷或解列后，转子温度降低，振动也一般随之减小，当然振动的减小与降负荷过程有一定的时间滞后。

三、因转子残余应力导致的热变形

（一）残余应力产生原因

转轴产生残余应力的根本原因，是在其加工过程中被加工材料在力或温度的影响下发生了状态的变化，由于材料状态变化的不均匀、不一致，使材料内部产生了应力，当转轴成形后，这些应力不可能完全消失，有一部分遗留下来，成为残余应力。汽轮发电机转子残余的内应力在机组运行过程中将不断释放，造成转子发生永久弯曲，进而引发机组剧烈振动。

一般来说，不同的加工方法会形成不同分布及性质的残余应力。造成这种变形的原因主要有以下几种：

（1）不均匀的塑性变形。

（2）不均匀的温度变化。

（3）不均匀的相变。

（4）化学成分的差异。

如果加工完毕的转轴中有过大的残余应力，在机组运行过程中，由于温度的变化和外载荷的施加，这些残余应力将不断释放，造成转子发生永久弯曲进而引发强烈振动。下面用简单的数学模型解释转轴内部的残余应力、在机组运行过程中造成的转轴变形量，以及影响变形量大小的因素。

（二）残余应力引起的热变形

1. 转轴材料弹性模量与温度的关系

由固体物理学知识可知，由于弹性模量反映了原子间结合力随原子间距离的改变而变化的特点，因而材料的弹性模量与晶体的晶格常数有关，可以近似地确定，晶体材料的弹性模量随原子间距的减小而增大。下面的经验公式描述了弹性模量（主要是指正弹性模量）与晶格常数之间的关系，即

$$E=\frac{K}{r^{m}} \tag{4-14}$$

式中 E——材料的弹性模量；

r——晶格常数；

K、m——常数，与材料有关。

将式（4-14）两边微分，并整理得

$$\frac{1}{E}\frac{\mathrm{d}E}{\mathrm{d}T}+\frac{1}{r}\frac{\mathrm{d}r}{\mathrm{d}T}m=0 \tag{4-15}$$

式中 T——热力学温度。

设材料的弹性模量的温度系数为 η，则有

$$\eta=\frac{1}{E}\frac{\mathrm{d}E}{\mathrm{d}T} \tag{4-16}$$

同理，晶格常数 r 的温度系数，即线膨胀的温度系数或通常所说的材料线膨胀系数 β 可以用下式表达，即

$$\beta = \frac{1}{r}\frac{\mathrm{d}r}{\mathrm{d}T} \tag{4-17}$$

将式（4-17）、式（4-16）代入式（4-15），得

$$\frac{\eta}{\beta} = -m \tag{4-18}$$

从式（4-18）可以看出，各种金属材料弹性模量 E 的温度系数 η 与线膨胀系数 β 之比为一常数。通常情况下，材料的线膨胀系数 β 不为零，且多数情况下大于零，因此从式（4-18）可以判断，晶体材料弹性模 E 的温度系数 η，一般也不为零。

材料的线膨胀系数是随温度变化的，因此可以推知弹性模量的温度系数也是随温度变化的。但在较小的温度段内，这一变化可忽略不计。因此，弹性模量 E 随温度的变化规律可用下式表示，即

$$E_t = E_0 \times [1 + \eta(t - t_0)] \tag{4-19}$$

式中 E_t ——温度为 t 时的弹性模量；

E_0 ——温度为 t_0 时的弹性模量，取 $t_0 = 0$℃。

2. 残余应力引起的热变形计算理论模型

金属零件的热变形不仅与材料的热膨胀、几何形体有关，还与零件内的残余应力有关。残余应力对热变形的影响是复杂的，温度不仅引起弹性模量的改变，还可能引起残余应力大小和分布的变化；不仅会引起弹性变形，甚至会引起塑性变形。因此，要准确了解残余应力对热变形的影响，除了要准确确定残余应力的大小、分布外，应从弹性力学、热弹性力学及弹塑性力学的理论来分析计算。

（1）基于长轴模型的热变形计算模型。将转轴看成一个在轴向方向无限长的圆筒形构件，其温度分布与轴向坐标无关，只与径向坐标有关，即 $T = t(r)$，且轴向端为自由端，见图 4-3。该轴的长度为 L，内半径为 a，外半径为 b。严格地说，转轴的应力理论上可分解为三向应力，即环向应力 σ_θ、径向应力 σ_r、轴向应力 σ_z。则长圆柱体横截面半径为 r 处的一个点的径向变形 u 和应力分布可用下列式子表达，即

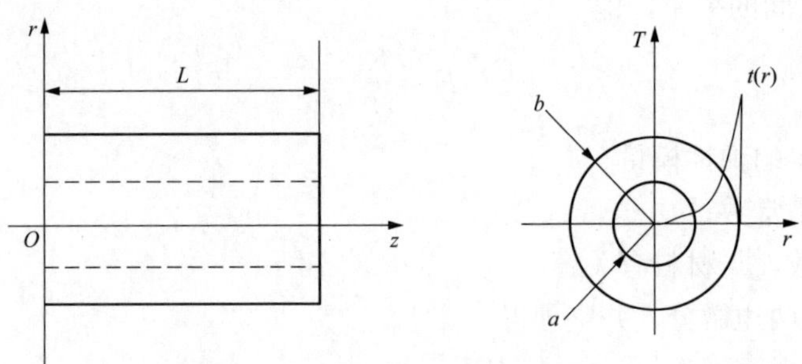

图 4-3 长轴中的温度分布模型示意

$$u = \frac{1+\mu}{1-\mu}\frac{\beta}{r}\int_a^r t(r) r \mathrm{d}r + Cr + \frac{D}{r} \tag{4-20}$$

$$\sigma_\theta = -\frac{\beta E}{1-\mu}\frac{1}{r^2}\int_a^r t(r) r \mathrm{d}r - \frac{\beta E t(r)}{1-\mu} + \frac{E}{1+\mu}\left(\frac{C}{1-2\mu} - \frac{D}{r^2}\right) \tag{4-21}$$

$$\sigma_r = -\frac{\beta E}{1-\mu}\frac{1}{r^2}\int_a^r t(r) r \mathrm{d}r + \frac{E}{1+\mu}\left(\frac{C}{1-2\mu} - \frac{D}{r^2}\right) \tag{4-22}$$

$$\sigma_z=\mu(\sigma_\theta+\sigma_r)-\beta E t(r) \tag{4-23}$$

式中　μ——材料的泊松比；

β——材料的平均线膨胀系数；

C、D——由边界条件确定的常数；

σ_θ——环向应力，Pa；

E——材料的弹性模量；

σ_r——径向应力，Pa；

σ_z——轴向应力，Pa。

对于内径为 a 、外径为 b 的空心长轴，有边界条件

$$\left.\begin{aligned}\sigma_r\big|_{r=a}=\sigma_r\big|_{r=b}=0\\ \sigma_z\big|_{z=0}=\sigma_z\big|_{z=L}=0\end{aligned}\right\} \tag{4-24}$$

将式（4-24）代入式（4-21）～式（4-22），得到

$$\left.\begin{aligned}\sigma_\theta&=\frac{\beta E}{1-\mu}\frac{1}{r^2}\left[\frac{r^2+a^2}{b^2-a^2}\int_a^b t(r)r\mathrm{d}r-\int_a^r t(r)r\mathrm{d}r-t(r)r^2\right]\\ \sigma_r&=\frac{\beta E}{1-\mu}\frac{1}{r^2}\left[\frac{r^2-a^2}{b^2-a^2}\int_a^b t(r)r\mathrm{d}r-\int_a^r t(r)r\mathrm{d}r\right]\\ \sigma_z&=\frac{\beta E}{1-\mu}\left[\frac{2}{b^2-a^2}\int_a^b t(r)r\mathrm{d}r-t(r)\right]\end{aligned}\right\} \tag{4-25}$$

转轴横截面任意点的热变形为

$$u=\frac{1+\mu}{1-\mu}\frac{\beta}{r}\int_a^r t(r)r\mathrm{d}r+\left[\frac{(1+\mu)(1-2\mu)}{1-\mu}r+\frac{1+\mu}{1-\mu}\frac{a^2}{r}-2\mu r\right]\frac{\beta\int_a^b t(r)r\mathrm{d}r}{b^2-a^2} \tag{4-26}$$

对于实心轴，则 $a=0$，则有

$$\left.\begin{aligned}\sigma_\theta&=\frac{\beta E}{1-\mu}\frac{1}{r^2}\left[\frac{r^2}{b^2}\int_0^b t(r)r\mathrm{d}r-\int_0^r t(r)r\mathrm{d}r-t(r)r^2\right]\\ \sigma_r&=\frac{\beta E}{1-\mu}\frac{1}{r^2}\left[\frac{r^2}{b^2}\int_0^b t(r)r\mathrm{d}r-\int_0^r t(r)r\mathrm{d}r\right]\\ \sigma_z&=\frac{\beta E}{1-\mu}\left[\frac{2}{b^2}\int_0^b t(r)r\mathrm{d}r-t(r)\right]\end{aligned}\right\} \tag{4-27}$$

$$u=\frac{1+\mu}{1-\mu}\frac{\beta}{r}\int_0^r t(r)r\mathrm{d}r+\left[\frac{(1+\mu)(1-2\mu)}{1-\mu}r-2\mu r\right]\frac{\beta\int_0^b t(r)r\mathrm{d}r}{b^2} \tag{4-28}$$

（2）残余应变引起的热变形计算模型。具有内孔和外圆的长轴类零件，在其加工过程中产生表层残余应力理论上可分解为三向应力，即环向应力 σ_θ、径向应力 σ_r、轴向应力 σ_z。但在实际车削或磨削加工过程中，径向应力一般较小，而环向应力是主要的。因此，在利用边界条件确定式（4-20）的积分常数 C 和 D 时，为简化计算，可只考虑环向应力 σ_θ 的影响。

设长轴表面的环向残余应力为 $\sigma_{\theta b}$。由于长轴的中心处应力不可能为无穷大，其位移为零，故常数 $D=0$，将 $r=b$ 时 $\sigma_\theta=\sigma_{\theta b}$ 代入式（4-21）中的 σ_θ 表达式，求得

$$C=(1+\mu)\times(1-2\mu)\times\left[\frac{\sigma_{\theta b}}{E}-\frac{\beta}{1-\mu}\times\frac{1}{b}\int_0^b t(r)d+\frac{\beta E t(r)}{1-\mu}\right] \tag{4-29}$$

可以推导出长轴中任意点径向位移为

$$u=\frac{1+\mu}{1-\mu}\frac{\beta}{r}\int_0^r t(r)r\mathrm{d}r-\frac{\beta(1+\mu)r}{(1-\mu)b^2}\int_0^b t(r)r\mathrm{d}r+\frac{(1-\mu)\sigma_{\theta b}}{E}\times r+\beta\times r\times t(r) \tag{4-30}$$

如果转轴内部的温度场为一均匀的温度场，$t(r)=T=\mathrm{contast}$，则式（4-30）可以简化为

$$u_T=\frac{1+\mu}{1-\mu}\frac{\beta T}{r}\int_0^r r\mathrm{d}r-\frac{\beta(1+\mu)rT}{(1-\mu)b^2}\int_0^b r\mathrm{d}r+\frac{(1-\mu)\sigma_{\theta b}}{E}\times r+\beta\times r\times T \tag{4-31}$$

取 $r=b$，则可得到，在均匀温度场中长轴外径处的变形为

$$u_\mathrm{D}=\frac{2(1-\mu)\sigma_{\theta b}b}{E}+2\beta bT \tag{4-32}$$

从式（4-32）可以看出，此时圆柱在均匀温度场中的热变形事实上包含两部分，即残余应力所引起的变形和线性热膨胀。若再考虑弹性模量与温度关系，根据式（4-30）可得

$$u_D=\frac{2(1-\mu)\sigma_{\theta b}b}{E_0}(1-\eta T)+2\beta bT \tag{4-33}$$

根据式（4-33），当长轴温升为 ΔT 时，由温升引起的直径热变形量为

$$u_D=\frac{2(1-\mu)\eta\sigma_{\theta b}b}{E_0}\Delta T+2\beta b\Delta T \tag{4-34}$$

由式（4-34）可以发现：

1）式中第一项揭示了残余应力影响热变形的本质，第二项由材料的热膨胀产生。很明显，当取 $\sigma_{\theta b}=0$，即忽略残余应力的影响时，该式就变化为传统的材料热膨胀计算公式。

2）对于同一结构的转轴，因残余应力的存在，因温升产生的热变形远大于无残余应力时的热变形。

3）转轴的热变形与材料的温升成正比。

4）根据理论公式和工程经验发现：转子弯曲量大小与其残余内应力释放过程有关，造成振动的爬升与机组运行的时间及转子温度升高值都有一定的关系。通常情况下，工作转速下的振动随运行时间是逐渐爬升的，但当转轴弯曲量达到一定程度后，也会造成启、停机通过转子一阶临界转速时的振动显著增大。而且，因转子在运行时内应力的释放需一段时间过程，在某个阶段转子弯曲产生的振动值可能已经超限引起机组跳机，故在现场很难根据振动量值大小确定转子残余应力是否已经释放完毕。

5）根据汽轮发电机组的实际情况，结合上述理论模型，可以得出结论：对于汽轮发电机转子而言，从结构上看，其不是一根简单的圆筒形轴；从温度场分布来看，除了转轴的径向方向温度分布不均匀外，在轴向方向的温差（特别是汽轮机）非常大。一般来说，汽轮机的高压转子的温升大于低压转子的温升，高压转子的高压进汽端的温升大于排汽端的温升。在汽轮机进入准稳态工况带负荷运行时，金属温度升高值最大值通常发生在高压缸调节级处，再热机组的中压缸进汽处，高压转子在调节级前后的汽封处，中压转子的前汽封处。上述区域的转轴不但温升值大，温差（轴向温差和径向温差）也大，热应力大、热变形大。一旦转子在上述区域有残余应力，温升导致的转轴热变形大。特别值得指出的是，转子的残余应力往往是非均匀的，非均匀残余应力导致的转轴热变形可能导致转子弯

曲，这种弯曲将是永久弯曲，并引起机组振动。

四、因转子内部偏心轴向摩擦力导致的热变形

（一）转子内部轴向偏心力引起的变形

转动过程中，转子部件因离心力作用挤压在一起，由于各部件温度不同，膨胀系数不同，存在相对膨胀趋势，接触面出现摩擦力。若摩擦力不对称，转子就会承受一个偏心的轴向力，产生弯矩，使转子弯曲。发电机转子的线圈和槽楔之间、端部线圈和护环内壁之间都会产生这种摩擦效应。

当转子存在不对称内摩擦力（发电机上更容易产生）时，偏心力作用于转子轴向，下面分析这种力产生的影响（转子受力模型见图 4-4）。

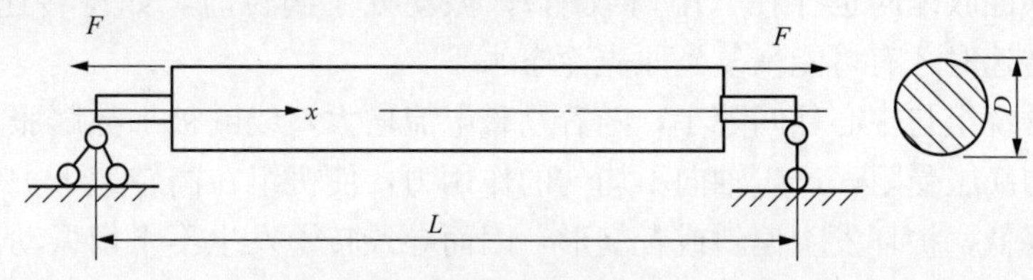

图 4-4　受内部偏心力作用的转子

在图 4-4 所示的转子中，因摩擦效应在转子表面产生轴向力 F，相应的弯矩为 $M=F\times D/2$。将该转子看作纯弯曲梁，转子的挠度曲线的微分方程为

$$\frac{d^2y}{dx^2}=-\frac{M}{EI}\quad (y_{x=0}=0,\ y_{x=L}=0) \tag{4-35}$$

式中　E ——转子材料的弹性模量；

I ——转子的截面惯性矩。

由此可以解出

$$y=\frac{M}{2EI}(Lx-x^2) \tag{4-36}$$

$$\begin{cases} y_{\max}=\dfrac{ML^2}{8EI} \\ y_c=\dfrac{ML^2}{12EI} \end{cases} \tag{4-37}$$

计算举例：某发电机转子，长度为 $L=6.0$m，直径 $D=1.0$m，转子质量为 36.8t。已知钢的弹性模量 $E_s=2.16\times10^{11}\,N/m^2$，铜的弹性模量 $E_c=1.0\times10^{11}\,N/m^2$。现假设转子某一线槽的铜线受热后膨胀不出，下面简单计算产生的热不平衡量。

取铜的线胀系数为 $\alpha_c=1.67\times10^{-6}/℃$，铜线的截面积 $A=35.3\times10^{-4}\,m^2$（按某 300MW 发电机绕组取值），转子的截面惯性矩 $I=\frac{\pi D^4}{64}=0.04891$（$m^4$）。设铜线的温升 $\Delta T=50℃$，因膨胀不出产生的轴向力为

$$F=E_c\times\alpha_c\times A\times\Delta T=2.95\times10^5(N)$$

设轴向力作用于转子的外表面处，即作用半径 $R=D/2$，则在转子上产生的弯矩为

$$M=F\times D/2=1.47\times10^5(N\cdot m)$$

则：

$$y_c=\frac{ML^2}{12EI}=41.6\times10^{-6}(\mathrm{m})$$

此偏心相当于在转子表面产生3.06kg的不平衡量。

（二）偏心轴向摩擦力导致的转子振动

转子高速旋转过程中，离心力使绕组压紧在槽楔内，接触面存在较大摩擦力，铜线受热后如膨胀不出去，会给转子一个反作用力。当楔块松动或各槽绕组与槽摩擦系数不同时，此反作用力关于圆周不对称，合力是偏心力，使转子弯曲。因为励磁绕组的线膨胀系数大于转子本体的线膨胀系数，振动随励磁电流的增大而增大，但机组一旦振动，即使减小转子电流，振动也不一定能够恢复，往往仍然保持在高位，因内摩擦在线圈膨胀时存在（阻碍膨胀），线圈收缩时也存在（阻碍收缩）；振动处于高位时，如将转速降低数百转，再提升至额定转速时才有可能恢复到原先冷态水平。

如端部励磁绕组与中心环间隙小，随着励磁电流增大，线圈被加热膨胀，由于与中心环间隙小，轴向膨胀受阻，产生轴向不均匀的作用力，使机组在高转速下护环与本体的连接紧力大幅度降低，护环发生偏斜或者变形，因而导致转子发生不平衡振动。由于护环热容量较小，这种热致振动时滞短、振动变化速度快、快速停机后测得发电机转子两端的晃度值较冷态情况几乎无变化。

励磁绕组与转子本体及护环不对称摩擦力时，转子的振动特征为：

（1）振动频率主要是工频。

（2）振幅与冷却氢气的入口温度无关。

（3）振幅与励磁电流的大小有关，提高励磁电流，振幅增大。但振幅一旦增大，即使减小励磁电流，振幅也不能恢复。

（4）振动时滞相对较短。

（5）端部电气量无明显变化。

第三节　热致振动故障试验诊断基本方案

一、热致振动故障试验诊断基本流程

汽轮发电机组热致振动故障的原因多种多样，故障机理较为复杂，振动现象的规律难以用统一的数学模型进行表达，这给热致振动故障的准确诊断带来极大困难。由于汽轮发电机组轴系长，尺寸大，结构复杂，转子沿轴向方向不同截面上的温度、压力、外载荷属性差异大，所以判断转子不平衡故障的试验内容、数据处理方案各不相同。本书基于工程实际需要，提出一个基本的诊断流程，见图4-5。

汽轮发电机组热致振动故障诊断的基本流程主要包括：

（1）热致振动故障的基本特征的检验。

（2）热致振动故障的轴段定位。

（3）专项试验方案制定及其实施。

（4）试验数据的综合分析。

（5）轴系振动全面诊断、评价。

（6）热致振动故障的进一步确诊，热致振动的故障原因确定。

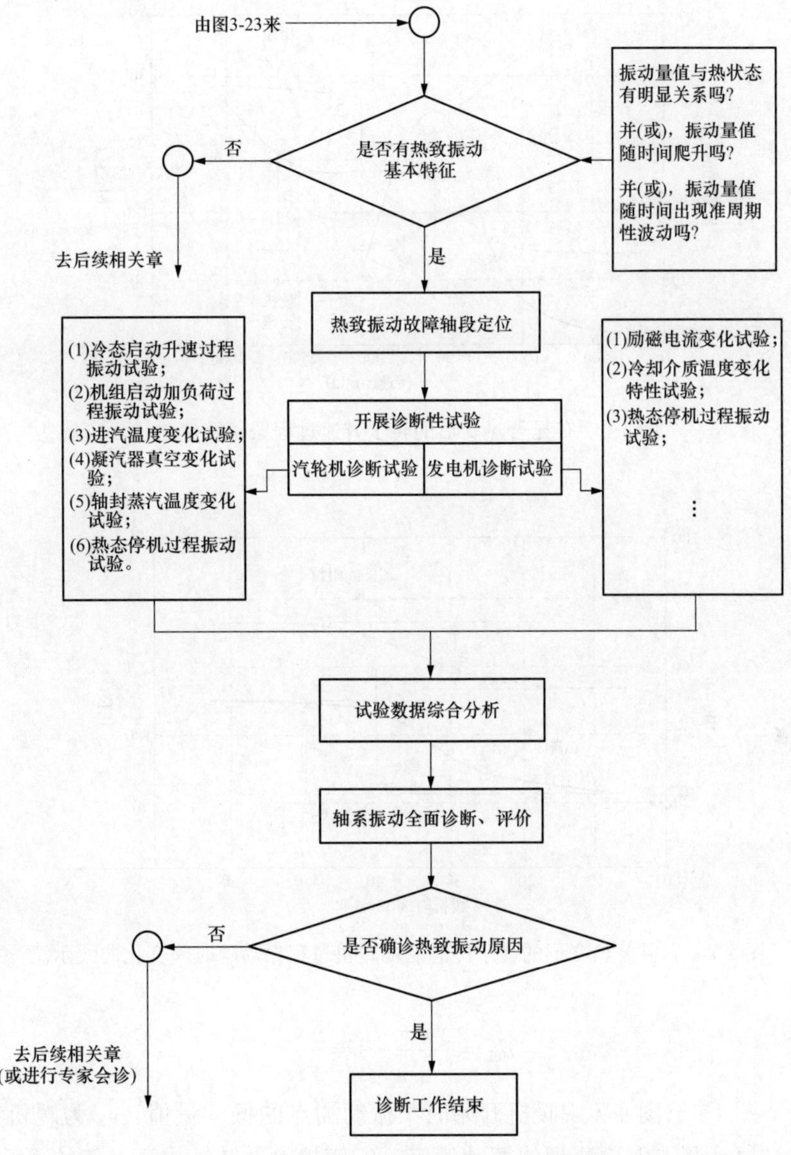

图 4-5　轴系热致振动故障试验诊断基本流程

二、热致振动故障的基本特征检验

（一）振动与转子热状态的关系

1. 转子启动升速过程的振动特征

热变形产生的振动与转子热状态有关。如果转子热变形发生在汽轮机侧，在机组启动升速、暖机、升速、定速的全过程中就能反映出来。图 4-6 所示为有显著热变形的转子升速过程振动特性曲线，在定速暖机过程中，转子振动的幅值和相位发生明显的变化，变化幅度（振幅变化 Δy，相位变化 $\Delta\alpha$）越大，表明转子的热变形越大。图 4-7 所示为有显著热变形的转子冷态启动暖机过程振动随时间变化曲线示意。

为了定量度量转轴热不平衡的严重程度，定义一个热不平衡严重程度指标，即

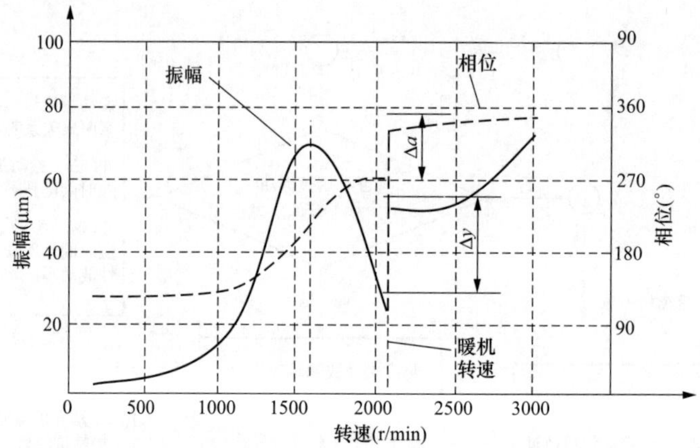

图 4-6　有显著热变形的转子升速过程振动特性曲线

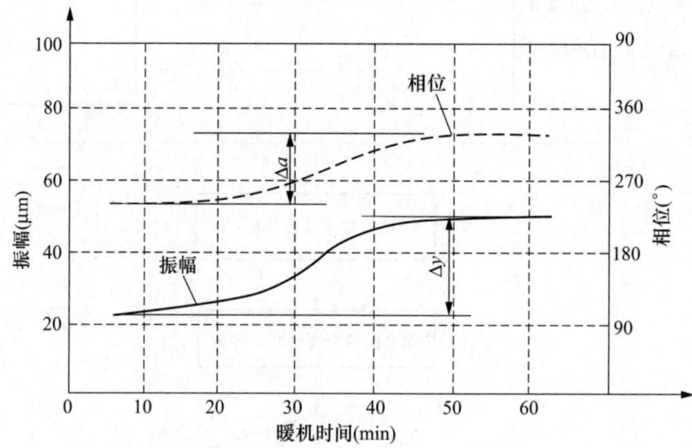

图 4-7　有显著热变形的转子冷态启动暖机过程振动随时间变化曲线示意

$$d_1 = \frac{y_2 - y_1}{y_1} = \frac{\Delta y}{y_1} \tag{4-38}$$

式中　y_1——图 4-6、图 4-7 中暖机开始时某振动测点的振动量值，y_2 为暖机结束时同一振动测点上检测到的振动量值。d_1 值越大，转轴热不平衡的严重程度越大。

例如，某一台国产 300MW 汽轮机组在一次冷态开机过程中，在 2030r/min 转速下暖机（暖机过程持续约 3h）时，高中压转子轴振 1X、1Y、2X、2Y 均有不同程度的增加，其中轴振 2Y 增加最大达 30μm，相位也同时发生变化，变化 10°～20°。从振动变化趋势看，轴振 1X、2X 和轴振 1Y、2Y 相位差减小，同相分量增加，说明一阶振型分量有增大的趋势，转子产生弓状弯曲。

2. 转子定速、带负荷运行过程的振动特征

在机组冷态开机并网带负荷后，尤其是在带负荷的初始阶段，汽轮机的汽缸温度和转子温度升高较快，更能反映出热变形对振动的影响。图 4-8 所示为机组的转子有热变形时，定速带负荷过程中转子振动随时间的变化曲线。若汽轮机转子存在热变形，在机组冷态启动定速并网后，按照预定程序增加负荷，最初几个小时可能存在转子振动量值持续增

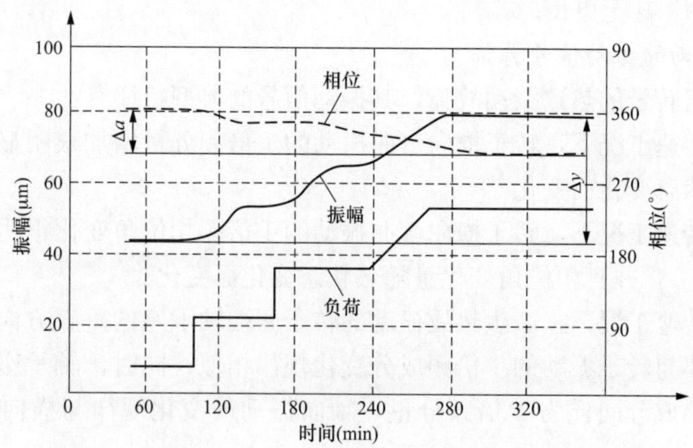

图 4-8 定速带负荷过程中转子振动随时间的变化曲线

加（少数情况下可能会持续减小）、工频振动的相位角持续变化（相位角的度数可能持续增加，也可能持续减小）。在每次增加一定额度的负荷后，在延迟一段时间后，振动量值有一个短时间快速增加的过程，然后增速趋于平缓，在下次增加一定额度负荷后，出现类似的增长规律。

待到机组带满负荷一段时间后，汽缸温度分布和转子温度分布不再随时间变化（或者变化很小）时，振动量值和振动相位角维持在一个稳定的水平，不再出现较大变化。计算出带负荷最初几个小时的振动量值的变化值 Δy 和工频振动的相位角变化值 $\Delta\alpha$，这两个值的绝对值比较大，有时还非常大。

3. 发电机转子热变形引起的振动特性

如果发电机转子存在热变形隐患，在机组的冲转、升速、暖机、升速至定速阶段（并网带负荷前），发电机转子的温度场变化较小，不至于产生明显的热变形。只有在机组并网带负荷后，发电机转子的温度场才发生明显的变化（整体温度水平提高）。因此，如果热变形发生在发电机转子上，则振动对转子电流的大小和转子冷却介质的温度大小敏感。

通常，发电机转子热致振动的主要根源为转子材质不均匀、转子冷却系统堵塞、转子线圈匝间短路、转子线圈膨胀受阻。若发电机转子存在明显的振动热变量，则不能仅从振动角度来分析故障原因，还应做进一步的检查和确认：

（1）对于水内冷发电机，可通过流量试验来判断是否存在堵塞。

（2）对于氢内冷发电机，可由通风试验来确定有无通风不畅现象。

（3）匝间短路可能引起发电机电气参数变化，通过检测励磁电流和电压、功率因数、定子电压、轴电压和轴电流等参数的变化来判断是否存在匝间短路。

（4）检查转子表面颜色是否变化，通风孔内铜条、垫条、绝缘材料是否错位，通风孔表面有无高温气流冲刷痕迹等，判断转子是否存在局部温度异常现象。

如果振动与转子电流（励磁电流）相关，且振动的变化与电流的改变存在时滞，则可以确认发电机转子存在热不平衡，这是判断发电机热不平衡的基本方法。

由此可知，热不平衡是与转子温度有关的一种不平衡。因为转子温度主要取决于线圈的发热量 Q，而 $Q \propto I^2R$，所以热不平衡引起的振动大致与 I^2 成正比。

所谓时滞，是指电流改变之后，振动变化到新的稳定点要经历一段时间，按实测的经验需要 30～60min，甚至更长。

（二）热致振动的振动信号特征

汽轮发电机组转子的热致振动故障，其振动信号的典型特征有：

（1）在同一转速工况下，转子横向弯曲振动的 1 倍频分量增加很明显，并且 1 倍频分量幅值大小随热状态变化而变化。

（2）在同一转速工况下，转子横向弯曲振动的 1 倍频相位角变化很明显（相位角可能增大，也可能减小），并且相位角变化量随热状态变化而变化。

（3）在同一转速工况下，产生热致振动的转子两端轴承座的垂直方向、水平方向振动的 1 倍频变化规律与转子振动的 1 倍频成分变化规律相似；同时，轴承座的轴向振动幅值明显增加，增加的成分同样为 1 倍频分量，轴向振动的变化规律与横向振动的变化规律类似。

（4）与质心偏离不同之处在于转子热弯曲会使两端产生锥形运动，因而在轴向还会产生较大的工频振动。另外，转轴热弯曲时，由于弯曲产生的弹力和转子不平衡所产生的离心力相位不同，两者之间相互作用会有所抵消，转轴的振幅在某个转速下会有所减小，即在某个转速上，转轴的振幅会产生一个“凹谷”，这点与不平衡转子动力特性有所不同。当弯曲的作用小于不衡量时，振幅的减少发生在临界转速以下；当弯曲作用大于不平衡量时，振幅的减少就发生在临界转速以上。

（5）在机组正常运行时，转子轴心运动轨迹通常呈较为规则的椭圆形。当转子出现热态弯曲时，转子中心不能保持平稳运转，随着机组的运行转子热弯曲量不断变化（弯曲值大小和弯曲方向均持续发生变化），轴心轨迹的椭圆长轴长度、长轴方向逐渐变化。

三、热致振动故障的轴向定位

（一）热致振动故障的轴段定位

汽轮发电机组转子由汽轮机转子和发电机转子构成，大型机组的汽轮机转子又由高压转子、中压转子（有些为高中压联合转子）、低压转子（有些有两个低压转子或 3 个低压转子）构成。所谓热致振动的轴段定位，就是要根据所掌握的运行数据和振动数据，确定热变形发生的轴段。

判断转子热变形轴段的主要规则有：

（1）根据热变形发生的阶段来判断。一般来说，在机组的冷态启动、冲转、暖机、升速、定速阶段，若出现转子热致振动，热变形主要发生在汽轮机转子上；若热变形只发生在并网、升负荷、带稳定负荷阶段，热变形主要发生在发电机转子上；若转子热变形发生在机组从冷态启动至带稳定负荷的全过程，则热变形既可能发生在汽轮机转子上，也可能发生在发电机转子上。

（2）根据定转速状态下的振动变化规律来判断。根据转子动力学理论，在转速一定的情况下，原始不平衡产生的离心力大小不变，引起的转子动挠度不变。在机组冷态启动、冲转、暖机、升速、定速、带负荷全过程中，根据运行规程的规定，将出现多个不同转速下的定速运行工况。这些不同的定速工况下，转子和静子的温度水平是不一样的（其中，带负荷前的汽轮机转子的温度变化大，而发电机转子的温度变化小；发电机转子只有在带负荷阶段有较大温度变化），若转子存在热变形，1 倍频振动的量值和相位角随时间持续变化。

（3）根据轴承座上的轴向振动量值的变化情况来判断。对于热变形明显的轴段，轴承座上测得的轴向振动量值变化明显，且随热变形的增大轴向振动量值增大。

（二）热致振动故障的轴段内定位

在明确诊断出热变形轴段后，还需要诊断热变形发生在该轴段的哪个区域（即热变形发生的轴向位置）。根据转子动力学理论可知，在同一个轴段内部，在不同的轴向位置发生热变形，则激起转轴不同形式的振型。根据汽轮发电机组的工作特点，在一个轴段的不同位置发生热变形，主要产生类似的一阶、二阶、三阶不平衡分布，激起转轴的一阶、二阶、三阶振型。

（1）类似一阶振型的热变形。这种热变形比较常见，称之为弓状弯曲，热变形主要发生在转子的中部位置。其振动特征是在带负荷运行中振幅变化较小，相位变化的特征是两端轴振或瓦振的相位差减小，即同相分量增加；在热态停机通过一阶临界转速时振动会大幅度增加；由于转子产生弓状弯曲，动挠度曲线发生变化，轴颈相对轴承有个斜度，使轴向振动增加，相邻转子的振动增加，同时还容易使油膜刚度产生非线性变化，激发起分谐波振动等，使振动放大，机组无法运行。

（2）类似二阶振型的热变形。纯粹的这种热变形比较少见，一般是由端部变形引起(既有二阶又有一阶)，其振动特征是在带负荷运行中就能反映出来（工作转速在一阶临界转速以上，二阶以下)，通过一阶临界转速时，不会出现很大的振动。

（3）类似三阶振型的热变形。从工程中实测到的 600MW 发电机热变形的振动特征看，其热变形的形式类似于三阶振型，热变形主要发生在两端护环附近，这种热变形的振动特征是在工作转速时，振动有明显的增加，两端轴振、瓦振以同相分量为主，通过二阶临界转速时，振动无明显变化；通过一阶临界转速时，振动有一定程度的增加；超速试验时轴振、瓦振均有较大幅度的增加。

对类似一阶振型的热变形必须引起注意，这种热变形在带负荷运行中一般不易发现，其主要危险是在热态停机通过一阶临界转速时振动会有大幅度的增加，可能会危及整个机组的安全，为能正确判断这种热变形，运行中除注意幅值变化外，还应注意相位变化和轴向振动的变化。

第四节　热致振动故障诊断试验

当根据机组已有的运行数据（包括过程参数、振动参数）初步判断出机组存在热致振动的可能性（或称为“疑似有热致振动”）时，并且还不能十分准确地诊断出热致振动故障是否存在（或是否具有重现性）、转子热变形的准确原因是什么时，需要开展一些针对性的现场试验，利用试验结果来实现热致振动精确诊断。

在开展现场试验时，振动信号的测量方法、选用的仪器设备、振动评价标准应符合 GB/T 11348.1、GB/T 11348.2、GB/T 6075.1、GB/T 6075.2 要求。

一、汽轮机热致振动故障诊断基本试验项目

（一）冷态启动升速过程振动试验

1. 试验条件

机组的金属温度接近环境温度，机组的一切状态符合冷态启动的条件。

2. 试验过程

按照机组运行规程的规定流程，实施冷态启机。在启机过程测量机组的振动参数和相关的过程参数。

3. 测量参数

在启机的全过程测量如下参数。

(1) 机组转轴转速，键相信号。

(2) 机组各轴承的垂直振动，疑似有热致振动转轴的两端轴承的轴向振动。

(3) 机组各轴承处的转轴振动（X 方向、Y 方向）。

(4) 主蒸汽参数（温度，压力）。

(5) 凝汽器真空。

(6) 汽缸各监测点的金属温度值。

(7) 汽轮机转子各轴封蒸汽温度值、压力值。

4. 试验数据分析

根据试验过程检测到的振动数据和过程参数，绘制下列曲线：

(1) 振动信号特征与转速的关系曲线。这些曲线主要有：

1) 转轴（轴承座）宽带振动量值随转速的变化关系曲线。

2) 转轴（轴承座）1X 振动（1 倍频振动）量值、相位随转速变化关系曲线。

3) 转轴（轴承座）振动瀑布图特征。

4) 各轴承处转轴中心位置与转速的关系曲线。

(2) 振动信号特征、过程参数特征随启动时间的变化关系曲线。这些曲线主要有：

1) 转速与启动时间的关系曲线。

2) 转轴（轴承座）宽带振动量值与启动时间的关系曲线。

3) 转轴（轴承座）1X 振动（1 倍频振动）量值、相位与启动时间关系曲线。

4) 主蒸汽参数（温度，压力）与启动时间的关系曲线。

5) 凝汽器真空与启动时间的关系曲线。

6) 汽缸各监测点的金属温度值与启动时间的关系曲线。

7) 汽轮机转子各轴封段蒸汽温度值、压力值与启动时间的关系曲线。

(3) 振动信号特征与过程参数特征关系曲线。主要包括：

1) 转轴（轴承座）宽带振动量值随主蒸汽温度的变化关系曲线。

2) 转轴（轴承座）1X 振动（1 倍频振动）量值、相位随主蒸汽温度变化关系曲线。

3) 转轴（轴承座）宽带振动量值随凝汽器真空值的变化关系曲线。

4) 转轴（轴承座）1X 振动（1 倍频振动）量值、相位随凝汽器真空值变化关系曲线。

5) 转轴（轴承座）宽带振动量值随对应汽缸金属温度值的变化关系曲线。

6) 转轴（轴承座）1X 振动（1 倍频振动）量值、相位随对应汽缸金属温度值变化关系曲线。

7) 转轴（轴承座）宽带振动量值随对应的轴封蒸汽温度、压力的变化关系曲线。

8) 转轴（轴承座）1X 振动（1 倍频振动）量值、相位随对应的轴封蒸汽温度、压力的变化关系曲线。

（4）特定状态下的振动信号的图形特征曲线。主要包括：

1）额定转速下，各轴承处转轴中心运动轨迹曲线。

2）若干典型转速和额定转速下，振动信号的时域波形特征、频谱特征等。

5. 综合诊断

（1）从振动信号特征的转速特性曲线中查找热致振动故障特征。对于大型汽轮发电机组而言，在冷态启机过程中，一般会在若干转速下进行短时间暖机、检查，并且至少在某一转速下进行较长时间暖机。这些定转速下的暖机、检查时间段内，虽然转速不变（这就意味着原始不平衡产生的振动力不变），如果汽轮机转子存在热变形，则转子振动、轴承振动（特别是轴向振动）将持续变化，反映在振动的转速特性曲线上，就出现类似图 4-6 所示的振动特征值跳变。跳变值占总量的比例越大，说明热致振动量值越大。

（2）从振动信号特征、过程参数特征与启动时间的关系曲线中查找热致振动故障特征。在汽轮发电机组冷态启机过程中，转速和各种热力参数发生大幅度变化，各振动测点的振动量值也发生大幅度变化。上述变化可绘制成振动特征参数、过程特征参数与启机时间之间的关系曲线。根据这些曲线可做出如下诊断分析结论：

1）如果发现振动参数（特别是轴承座的轴向振动参数）的时间曲线变化趋势与某一些温度类过程参数（主蒸汽温度、再热蒸汽温度、轴封蒸汽温度、汽缸金属温度）的时间曲线变化趋势相似（振动参数的变化可能滞后于温度类参数的变化），可判断转子有热致振动。

2）如果发现在转速的停留时间段内（如暖机时间段），机组振动持续变化，可判断转子有热致振动。

（3）从振动信号特征与过程参数特征关系曲线中查找热致振动故障特征。汽轮机转子的热致振动与转子的温度场分布（包括温度值大小、温度场梯度大小）密切相关。根据振动信号特征与过程参数特征关系曲线，可做出如下诊断分析结论：

1）如果发现振动特征参数（特别是轴承座的轴向振动参数）与某一些温度类过程参数（主蒸汽温度、再热蒸汽温度、轴封蒸汽温度、汽缸金属温度）的关系曲呈明显的正相关变化趋势，可判断转子有热致振动。

2）如果发现在转速的停留时间段内（如暖机时间段），振动参数（特别是轴承座的轴向振动参数）与某一些温度类过程参数之间呈近似线性（或高次）变化关系，可判断转子有热致振动。

（4）从特定状态下的振动信号的图形特征曲线中查找热致振动故障特征。在启机过程中，如果发现在转速的停留时间段内（如暖机时间段），转子振动的时域波形的幅值、转轴的轴心运动轨迹形状（包括轨迹图长短轴比例、长轴的长度、长轴的方向，等）发生明显的变化，可判断转子有热致振动。

（二）机组并网加负荷过程振动试验

1. 试验条件

（1）转轴的转速恒定。

（2）主蒸汽参数、再热蒸汽参数保持稳定。

（3）凝汽器真空保持稳定。

（4）回热加热系统保持正常投入。

（5）各轴段的轴封蒸汽参数（压力、温度）保持稳定。

2. 试验过程

按照机组运行规程的规定程序和加负荷速率，使机组带上额定负荷。在机组加负荷过程测量机组的振动参数和相关的过程参数。试验结束时的机组有功负荷不宜小于额定负荷的80%。

3. 测量参数

（1）在试验开始和结束时记录如下数据：

1）主蒸汽、再热蒸汽参数（温度、压力）。

2）凝汽器真空。

3）汽轮机转子各轴封蒸汽温度值、压力值。

（2）试验过程中持续记录如下数据：

1）机组有功负荷。

2）机组各轴承的垂直振动，疑似有热致振动的转轴两端轴承的轴向振动。

3）机组各轴承处的转轴振动（X 方向、Y 方向）。

4）汽缸各监测点的金属温度值。

4. 试验数据分析

根据试验过程检测到的振动数据和过程参数，绘制下列曲线：

（1）机组负荷、汽缸各监测点温度、振动信号特征参数与加带负荷时间的关系曲线。这些曲线主要有：

1）转轴（轴承座）宽带振动量值随加带负荷时间的关系曲线。

2）转轴（轴承座）1X 振动（1 倍频振动）量值、相位随加带负荷时间的关系曲线。

3）机组负荷随加带负荷时间的关系曲线。

4）汽缸各监测点金属温度随加带负荷时间的关系曲线。

（2）振动信号特征与过程参数特征关系曲线。主要包括：

1）转轴（轴承座）宽带振动量值随机组负荷的变化关系曲线。

2）转轴（轴承座）1X 振动（1 倍频振动）量值、相位随机组负荷的变化关系曲线。

3）转轴（轴承座）宽带振动量值随汽缸各监测点金属温度值的变化关系曲线。

4）转轴（轴承座）1X 振动（1 倍频振动）量值、相位随汽缸各监测点金属温度值的变化关系曲线。

（3）特定状态下的振动信号的图形特征曲线。主要包括：

1）在若干典型负荷工况下，各轴承处转轴中心运动轨迹曲线。

2）若干典型负荷工况下，转轴、轴承座振动信号的时域波形特征、频谱特征等。

5. 综合诊断

（1）从机组负荷、汽缸各监测点金属温度、振动信号特征参数与加带负荷时间的关系曲线中查找热致振动故障特征。

在汽轮发电机组加带负荷过程中，转速和主蒸汽参数维持基本恒定，转子和静子的温度场随负荷增加而发生持续变化，如果发现机组振动信号特征参数（特别是轴承座轴向振动特征参数）随时间的变化规律，与机组负荷、汽缸各监测点金属温度值随时间的变化规律，在变化趋势上有明显的相似（可能有时间上的延迟）性，可判断转子有热致振动。

（2）从振动信号特征参数与机组负荷、汽缸各监测点金属温度关系曲线中查找热致振动故障特征。在机组加带负荷的过程中，若发现振动参数（特别是轴承座的轴向振动参数）与机组负荷、汽缸各监测点金属温度之间呈近似线性（或高次）变化关系，可判断转子有热致振动。

（3）从特定状态下的振动信号的图形特征曲线中查找热致振动故障特征。在加带负荷过程中，如果发现典型负荷工况下的转子振动的时域波形的幅值、转轴的轴心运动轨迹形状（包括轨迹图长短轴比例、长轴的长度、长轴的方向等）有明显的差异，可判断转子有热致振动。

（三）主蒸汽（再热蒸汽）进汽温度变化过程振动试验

若怀疑汽轮机组的高压转子（中压转子）是否存在热致振动故障，且在短时间内不具备冷态开机试验条件的情况下，可开展此项试验，以进一步确证机组是否存在热致振动。其中，为了确诊高压转子是否存在热致振动，开展主蒸汽温度变化试验；为了确诊中压转子是否存在热致振动，开展再热蒸汽温度变化试验。

1. 试验条件

（1）转轴的转速恒定。

（2）机组的有功负荷不超过额定负荷的80%，且保持稳定。

（3）凝汽器真空保持稳定。

（4）回热加热系统保持正常投入。

（5）各轴段的轴封蒸汽参数（压力、温度）保持稳定。

2. 试验过程

按照机组运行规程的规定程序和主蒸汽（再热蒸汽）温度变化速率，使蒸汽温度由额定值降低10℃（但变化幅度不得超过运行规程的限定值），维持运行60min，然后再恢复至额定值。在蒸汽温度变化的过程中测量机组的振动参数和相关的过程参数。

3. 测量参数

（1）在试验开始和结束时记录如下数据：

1）机组有功负荷。

2）凝汽器真空。

3）汽轮机转子各轴封蒸汽温度值、压力值。

（2）试验过程中持续记录如下数据：

1）机组的进汽参数（压力、温度）。

2）机组各轴承的垂直振动，疑似有热致振动转轴两端轴承的轴向振动。

3）机组各轴承处的转轴振动（X 方向、Y 方向）。

4）汽缸各监测点的金属温度值。

4. 数据分析方法

根据试验过程检测到的振动数据和过程参数，绘制下列曲线：

（1）机组进汽温度、汽缸各监测点金属温度、振动信号特征参数与试验时间的关系曲线。这些曲线主要有：

1）转轴（轴承座）宽带振动量值随试验时间的关系曲线。

2）转轴（轴承座）1X 振动（1 倍频振动）量值、相位随试验时间的关系曲线。

3）机组进汽温度随试验时间的关系曲线。

4）汽缸各监测点金属温度随试验时间的关系曲线。

（2）振动信号特征与过程参数特征关系曲线。主要包括：

1）转轴（轴承座）宽带振动量值随进汽温度的变化关系曲线。

2）转轴（轴承座）1X 振动（1 倍频振动）量值、相位随进汽温度的变化关系曲线。

3）转轴（轴承座）宽带振动量值随汽缸各监测点金属温度值的变化关系曲线。

4）转轴（轴承座）1X 振动（1 倍频振动）量值、相位随汽缸各监测点金属温度值的变化关系曲线。

（3）特定状态下的振动信号的图形特征曲线。主要包括：

1）在进汽温度变动前后的典型稳定工况下，各轴承处转轴中心运动轨迹曲线。

2）在进汽温度变动前后的典型稳定工况下，转轴、轴承座振动信号的时域波形特征、频谱特征等。

5. 综合诊断

（1）从机组进汽温度、汽缸各监测点金属温度、振动信号特征参数与试验时间的关系曲线中查找热致振动故障特征。在汽轮机组进汽温度变化试验过程中，转速、机组负荷和其他参数维持基本恒定，转子和静子的温度场随进汽温度的变化而发生持续变化，如果发现机组振动信号特征（特别是轴承座轴向振动特征参数）随时间的变化规律，与机组进汽温度、汽缸各监测点金属温度值随时间的变化规律，在变化趋势上有明显的相似（可能有时间上的延迟）性，可判断转子有热致振动。

（2）从振动信号特征与进汽温度、汽缸各监测点金属温度关系曲线中查找热致振动故障特征。在汽轮机组进汽温度变化试验过程中，若发现振动参数（特别是轴承座的轴向振动参数）与机组进汽温度、汽缸各监测点金属温度之间有明显的正相关关系，可判断转子有热致振动。

（3）从特定状态下的振动信号的图形特征曲线中查找热致振动故障特征。在汽轮机组进汽温度变化试验过程中，如果发现在几个不同进汽温度的稳定工况下的转子振动的时域波形的幅值、转轴的轴心运动轨迹形状（包括轨迹图长短轴比例、长轴的长度、长轴的方向等）有明显的差异，可判断转子有热致振动。

（四）凝汽器真空变化过程振动试验

若怀疑汽轮机组的低压转子是否存在热致振动故障，且在短时间内不具备冷态开机试验的情况下，可开展此项试验，以进一步确诊机组是否存在低压转子热致振动。

1. 试验条件

（1）转轴的转速恒定。

（2）机组的有功负荷不超过额定负荷的 80%，且保持稳定。

（3）机组的进汽参数（温度、压力）保持稳定。

（4）回热加热系统保持正常投入。

（5）各轴段的轴封蒸汽参数（压力、温度）保持稳定。

2. 试验过程

按照机组运行规程的规定程序和允许的凝汽器真变化速率，使凝汽器真空值从额定值分别降低 5kPa 和 10kPa，每个试验工况维持运行 60min。然后，再将真空恢复至额定值。

在凝汽器真空变化的过程中测量机组的振动参数和相关的过程参数。

3. 测量参数

（1）在试验开始和结束时记录如下数据：

1）主蒸汽、再热蒸汽参数（温度、压力）。

2）机组有功负荷。

3）汽轮机转子各轴封蒸汽温度值、压力值。

（2）试验过程中持续记录如下数据：

1）凝汽器真空值。

2）机组各轴承的垂直振动，疑似有热致振动转轴两端轴承的轴向振动。

3）机组各轴承处的转轴振动（X 方向、Y 方向）。

4）汽缸各监测点的金属温度值。

4. 数据分析方法

根据试验过程检测到的振动数据和过程参数，绘制下列曲线：

（1）凝汽器真空值、汽缸各监测点温度、振动信号特征参数与试验时间的关系曲线。这些曲线主要有：

1）转轴（轴承座）宽带振动量值随试验时间的关系曲线。

2）转轴（轴承座）$1X$ 振动（1 倍频振动）量值、相位随试验时间的关系曲线。

3）凝汽器真空随试验时间的关系曲线。

4）汽缸各监测点金属温度随试验时间的关系曲线。

（2）振动信号特征与过程参数特征关系曲线。主要包括：

1）转轴（轴承座）宽带振动量值随凝汽器真空的变化关系曲线。

2）转轴（轴承座）$1X$ 振动（1 倍频振动）量值、相位随凝汽器真空的变化关系曲线。

3）转轴（轴承座）宽带振动量值随汽缸各监测点金属温度值的变化关系曲线。

4）转轴（轴承座）$1X$ 振动（1 倍频振动）量值、相位随汽缸各监测点金属温度值的变化关系曲线。

（3）特定状态下的振动信号的图形特征曲线。主要包括：

1）在凝汽器真空变动前后的典型稳定工况下，各轴承处转轴中心运动轨迹曲线。

2）在凝汽器真空变动前后的典型稳定工况下，转轴、轴承座振动信号的时域波形特征、频谱特征等。

5. 综合诊断

（1）从机组凝汽器真空值、汽缸各监测点温度、振动信号特征与试验时间的关系曲线中查找热致振动故障特征。在汽轮机组凝汽器真空变化试验过程中，转速、机组负荷和其他参数维持基本恒定，转子和静子（特别是低压转子、低压汽缸）的温度场随进汽温度的变化而发生持续变化，如果发现机组振动信号特征参数（特别是轴承座轴向振动特征参数）随时间的变化规律，与机组凝汽器真空值、低压汽缸各监测点金属温度值随时间的变化规律，在变化趋势上有明显的相似（可能有时间上的延迟）性，可判断（低压）转子有热致振动。

（2）从振动信号特征与凝汽器真空、汽缸各监测点金属温度关系曲线中查找热致振动故障特征。在试验过程中，若发现振动参数（特别是轴承座的轴向振动参数）与凝汽器真空、汽缸各监测点温度之间有明显的正相关关系，可判断转子有热致振动。

（3）从特定状态下的振动信号的图形特征曲线中查找热致振动故障特征。在试验过程中，如果发现在几个不同凝汽器真空值的稳定工况下的转子振动的时域波形的幅值、转轴的轴心运动轨迹形状（包括轨迹图长短轴比例、长轴的长度、长轴的方向等）有明显的差异，可判断（低压）转子有热致振动。

（五）轴封蒸汽温度变化过程振动试验

若怀疑汽轮机组是否存在热致振动或热致振动是否由轴封系统缺陷引起的，可开展此项试验，以进一步确诊机组是否存在热致振动。此项试验可只针对某一特定轴段的汽封来实施。

1. 试验条件

（1）转轴的转速恒定。

（2）机组的有功负荷不超过额定负荷的 80%，且保持稳定。

（3）机组的进汽参数（温度、压力）保持稳定。

（4）回热加热系统保持正常投入。

（5）凝汽器真空保持恒定，非试验轴段的轴封蒸汽参数（压力、温度）保持稳定，试验轴段的轴封蒸汽压力值维持恒定。

2. 试验过程

按照机组运行规程的规定程序和允许的轴封蒸汽温度变化速率，使试验轴段的轴封蒸汽温度分别降低 10℃和 20℃（但不得低于运行规程规定的下限值），每个试验工况维持运行 60min。然后，再将轴封蒸汽温度恢复至试验前的值。在轴封蒸汽温度变化的过程中测量机组的振动参数和相关的过程参数。

3. 测量参数

（1）在试验开始和结束时记录如下数据：

1）主蒸汽、再热蒸汽参数（温度、压力）。

2）机组有功负荷。

3）凝汽器真空值，非试验轴段的轴封蒸汽温度值、压力值。

（2）试验过程中持续记录如下数据：

1）试验轴段轴封蒸汽温度。

2）机组各轴承的垂直振动，疑似有热致振动转轴两端轴承的轴向振动。

3）机组各轴承处的转轴振动（X 方向、Y 方向）。

4）汽缸各监测点的金属温度值。

4. 数据分析方法

根据试验过程检测到的振动数据和过程参数，绘制下列曲线：

（1）轴封蒸汽温度值、汽缸各监测点金属温度、振动信号特征参数与试验时间的关系曲线。这些曲线主要有。

1）转轴（轴承座）宽带振动量值随试验时间的关系曲线。

2）转轴（轴承座）1X 振动（1 倍频振动）量值、相位随试验时间的关系曲线。

3）轴封蒸汽温度随试验时间的关系曲线。

4）汽缸各监测点金属温度随试验时间的关系曲线。

（2）振动信号特征参数与过程参数特征关系曲线。主要包括：

1）转轴（轴承座）宽带振动量值随轴封蒸汽温度的变化关系曲线。

2）转轴（轴承座）1X 振动（1 倍频振动）量值、相位随轴封蒸汽温度的变化关系曲线。

3）转轴（轴承座）宽带振动量值随汽缸各监测点金属温度值的变化关系曲线。

4）转轴（轴承座）1X 振动（1 倍频振动）量值、相位随汽缸各监测点金属温度值的变化关系曲线。

（3）特定状态下的振动信号的图形特征曲线。主要包括：

1）在轴封蒸汽温度变动前后的典型稳定工况下，各轴承处转轴中心运动轨迹曲线。

2）在轴封蒸汽温度变动前后的典型稳定工况下，转轴、轴承座振动信号的时域波形特征、频谱特征等。

5. 综合诊断

（1）从试验轴段轴封蒸汽温度值、汽缸各监测点金属温度、振动信号特征参数与试验时间的关系曲线中查找热致振动故障特征。在轴封蒸汽温度变化试验过程中，机组的转速、负荷和其他参数维持基本恒定，试验轴段和相对应的汽缸的温度场随轴封蒸汽温度的变化而发生持续变化。如果发现机组振动信号特征参数（特别是轴承座的轴向振动参数）随时间的变化规律，与轴封蒸汽温度、汽缸各监测点金属温度值随时间的变化规律，在变化趋势上有明显的相似性（可能有时间上的延迟），可判断试验轴段有热致振动。

（2）从振动信号特征参数与轴封蒸汽温度、汽缸各监测点金属温度关系曲线中查找热致振动故障特征。在试验过程中，若发现振动特征参数（特别是轴承座的轴向振动参数）与轴封蒸汽温度、汽缸各监测点金属温度之间有明显的正相关关系，可判断试验轴段有热致振动。

（3）从特定状态下的振动信号的图形特征曲线中查找热致振动故障特征。在试验过程中，如果发现在几个不同轴封蒸汽温度值的稳定工况下的转子振动的时域波形的幅值、转轴的轴心运动轨迹形状（包括轨迹图长短轴比例、长轴的长度、长轴的方向，等）有明显的差异，可判断试验轴段有热致振动。

（六）热态停机过程振动试验

1. 试验条件

机组所带负荷达到额定负荷 80%及以上，并持续时间达到 8h 以上；机组的各子系统、各设备运行正常，机组的一切状态符合热态停机的条件。

2. 试验过程

按照机组运行规程的规定流程，实施热态停机。对于大型汽轮发电机组而言，正常的热态停机主要采用滑参数停机方式，停机过程分为降负荷过程和解列降速过程。在停机全过程测量机组的振动参数和相关的过程参数。

3. 测量参数

在停机的全过程测量如下参数：

（1）机组转轴转速，键相信号。

（2）机组有功负荷。

(3) 主蒸汽参数（温度、压力）。

(4) 凝汽器真空。

(5) 汽缸各监测点的金属温度值。

(6) 汽轮机转子各轴封蒸汽温度值、压力值。

(7) 机组各轴承的垂直振动，疑似有热致振动转轴的两端轴承的轴向振动。

(8) 机组各轴承处的转轴振动（X 方向、Y 方向）。

4. 试验数据分析

(1) 降负荷阶段振动信号特征与过程参数特征关系曲线。主要包括。

1) 转轴（轴承座）宽带振动量值随机组负荷的变化关系曲线。

2) 转轴（轴承座）1X 振动（1 倍频振动）量值、相位随机组负荷的变化关系曲线。

3) 转轴（轴承座）宽带振动量值随汽缸各监测点温度值的变化关系曲线。

4) 转轴（轴承座）1X 振动（1 倍频振动）量值、相位随汽缸各监测点温度值的变化关系曲线。

5) 转轴（轴承座）宽带振动量值随主蒸汽温度值的变化关系曲线。

6) 转轴（轴承座）1X 振动（1 倍频振动）量值、相位随主蒸汽温度值的变化关系曲线。

7) 转轴（轴承座）宽带振动量值随凝汽器真空值的变化关系曲线。

8) 转轴（轴承座）1X 振动（1 倍频振动）量值、相位随凝汽器真空值的变化关系曲线。

(2) 降负荷阶段，特定负荷状态下的振动信号的图形特征曲线。主要包括：

1) 在若干典型负荷工况下，各轴承处转轴中心运动轨迹曲线。

2) 若干典型负荷工况下，转轴、轴承座振动信号的时域波形特征、频谱特征等。

(3) 降速阶段，振动信号特征与转速的关系曲线。这些曲线主要有：

1) 转轴（轴承座）宽带振动量值随转速的变化关系曲线。

2) 转轴（轴承座）1X 振动（1 倍频振动）量值、相位随转速变化关系曲线。

5. 综合诊断

(1) 从降负荷过程中的振动信号特征及其变化规律中查找热致振动故障特征。

1) 如果发现振动特征参数（特别是轴承座轴向振动特征参数）与某一些温度类过程参数（主蒸汽温度、再热蒸汽温度、轴封蒸汽温度、汽缸金属温度、凝汽器真空）的关系曲线呈明显的正相关变化趋势，可判断转子有热致振动。

2) 在降负荷过程中，如果发现在若干典型负荷工况下的转子振动信号的时域波形的幅值、转轴的轴心运动轨迹形状（包括轨迹图长短轴比例、长轴的长度、长轴的方向等）发生明显的变化，可判断转子有热致振动。

(2) 从降转速过程中的振动信号特征及其变化规律中查找热致振动故障特征。如果汽轮机转子存在热变形，通过对比同一转子的同一振动测点的振动信号变化规律，就会发现：在热态停机的降速过程中检测到的振动-转速特性曲线与冷态开机过程检测到的振动-转速特性曲线之间存在很大差异（见图 4-9）。这种差异越大，说明转子存在的热致振动量值越大。这种差异主要体现在如下几个方面：

1) 在 3000r/min 转速下，振动量值有较大差异。热态停机时 3000r/min 下的振动量值远大于冷态启机刚并网时的振动量值。

2）第一阶临界转速附近，振动量值有较大差异。热态停机过程的振动量值远大于冷态启机过程同一转速下的振动量值。

3）低转速和盘车转速附近，振动量值有较大差异。热态停机过程的振动量值远大于冷态启机冲转时同一转速下的振动量值。实际上，热态停机达到盘车转速检测到的转子振动为转子弯曲值。

4）同一测点获得的热态停机降速过程振动特性曲线位于冷态启机升速过程振动特性曲线之上，如图 4-9 所示。

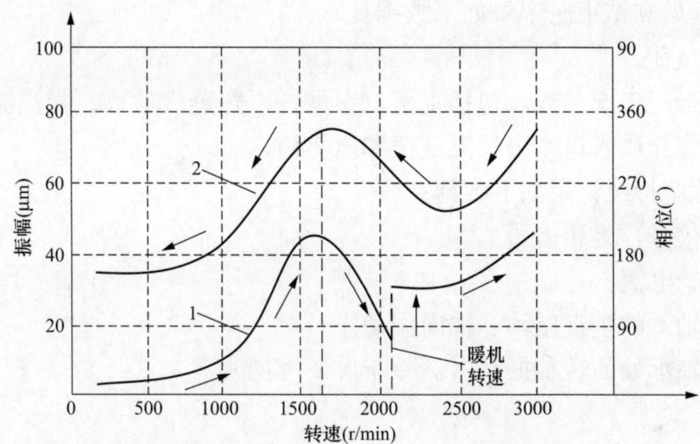

图 4-9　有显著热变形的转子升、降速特性曲线示意

1—冷态启机过程通频振动转速曲线；2—热态停机过程通频振动转速曲线

为了定量度量转轴热不平衡的严重程度，定义一个热不平衡严重程度指标，则

$$d_2=\frac{S_2-S_1}{S_1}=\frac{\Delta S}{S_1} \tag{4-39}$$

式中　S_1——图 4-9 中升速曲线与转速轴围成的面积；

S_2——图 4-9 中降速曲线与转速轴围成的面积；

ΔS——表示增量。

d_2 值越大，转轴热不平衡的严重程度越大。

二、发电机热致振动故障诊断基本试验项目

通过大量工程实例分析发现，在汽轮发电机组中，汽轮机转子的热致振动与发电机转子的热致振动在振动信号的特征方面有许多类似之处。但是，与汽轮机转子热致振动故障不同的是，几乎全部的发电机转子热致振动故障都发生在机组的带负荷运行阶段，机组并网前，发电机转子热致振动故障发生案例非常少。

下面分析如何通过一些现场试验来诊断发电机转子热致振动的原因。

（一）发电机励磁电流变化过程振动试验

1. 试验条件

（1）机组带负荷运行，有功负荷大于 50％额定负荷，且有功负荷维持基本稳定。

（2）发电机冷却介质入口温度、压力维持恒定。

（3）汽轮机的运行工况维持稳定，包括主蒸汽参数、再热蒸汽参数维持稳定，凝汽器

真空维持稳定，回热系统正常投入等。

2. 试验过程

按照机组运行规程的要求进行操作，在机组当前励磁电流大小的基础上，分别增加10%的励磁电流和20%的励磁电流（励磁电流值不得大于运行规程规定的限值）。每增加一次励磁电流值后，维持机组稳定运行60min。然后，按照相反的流程，依次减少相同的量值的励磁电流，每减少一次励磁电流后，维持机组稳定运行60min。试验结束时，励磁电流恢复到初始值。在上述改变励磁电流的全过程测量机组的振动参数和相关的过程参数。

3. 测量参数

(1) 在试验开始和结束时记录如下数据：

1) 机组有功负荷。

2) 汽轮机的运行工况参数，包括主蒸汽参数、再热蒸汽参数、凝汽器真空。

3) 发电机冷却介质入口、出口温度值和压力值。

(2) 试验过程中持续记录如下数据：

1) 机组转速信号，键相信号。

2) 发电机转子电流。

3) 发电机各轴承的垂直振动、轴向振动。

4) 发电机各轴承处的转轴振动（X 方向、Y 方向）。

4. 数据分析方法

根据试验过程检测到的振动数据和过程参数，绘制下列曲线（将试验开始时的稳定工况视为一个试验工况）：

(1) 发电机转子电流值、振动信号特征参数与试验时间的关系曲线。由于该试验分转子电流增加和转子电流减小两个变化方向进行的，所以要分开绘制下列曲线（但可在同一张图上绘制）：

1) 发电机转子电流值与试验时间的关系曲线。

2) 发电机转轴（轴承座）宽带振动量值随试验时间的关系曲线。

3) 发电机转轴（轴承座）1X 振动（1 倍频振动）量值、相位随试验时间的关系曲线。

(2) 振动信号特征参数与过程参数关系曲线。在每一个特定的转子电流工况下，检测振动趋于稳定时间段的振动量值，绘制下列曲线（同理，分转子电流增加和转子电流减小两个变化方向进行绘制，可绘制在同一张图上）：

1) 发电机转轴（轴承座）宽带振动量值与转子电流的变化关系曲线。

2) 发电机转轴（轴承座）1X 振动（1 倍频振动）量值、相位与转子电流的变化关系曲线。

（二）发电机转子冷却介质温度变化过程振动试验

1. 试验条件

(1) 机组带负荷运行，有功负荷大于50%额定负荷，且有功负荷维持基本稳定。

(2) 发电机转子电流维持恒定，发电机转子冷却介质入口压力维持恒定。

(3) 汽轮机的运行工况维持稳定，包括主蒸汽参数、再热蒸汽参数维持稳定，凝汽器真空维持稳定，回热系统正常投入等。

2. 试验过程

按照机组运行规程的要求进行操作，在发电机当前冷却介质入口温度的基础上，分别增加5℃和10℃（如果当前工况下冷却介质出口温度接近上限，可按入口温度降低5℃和10℃进行试验。注意：试验过程应确保冷却介质进、出口温度不得超过运行限值）。每改变一次冷却介质入口温度后，维持机组稳定运行60min。试验结束时，冷却介质入口温度应恢复到初始值。在上述改变冷却介质入口温度的全过程测量机组的振动参数和相关的过程参数。

3. 测量参数

（1）在试验开始和结束时记录如下数据：

1）机组有功负荷。

2）汽轮机的运行工况参数，包括主蒸汽参数、再热蒸汽参数、凝汽器真空。

3）发电机转子电流，发电机转子冷却介质入口和出口压力。

（2）试验过程中持续记录如下数据：

1）机组转速信号、键相信号。

2）发电机转子冷却介质的入口温度和出口温度。

3）发电机各轴承的垂直振动、轴向振动。

4）发电机各轴承处的转轴振动（X方向、Y方向）。

4. 数据分析方法

根据试验过程检测到的振动数据和过程参数，绘制下列曲线（将试验开始时的稳定工况视为一个试验工况）：

（1）发电机转子冷却介质温度、振动信号特征与试验时间的关系曲线。主要包括：

1）发电机转子冷却介质入口温度值与试验时间的关系曲线。

2）发电机转轴（轴承座）宽带振动量值随试验时间的关系曲线。

3）发电机转轴（轴承座）1X振动（1倍频振动）量值、相位随试验时间的关系曲线。

（2）振动信号特征参数与过程参数关系曲线。在每一个特定的冷却介质温度工况下，检测振动趋于稳定时间段的振动量值，绘制下列曲线：

1）发电机转轴（轴承座）宽带振动量值与冷却介质入口温度的变化关系曲线。

2）发电机转轴（轴承座）1X振动（1倍频振动）量值、相位与转子冷却介质温度的变化关系曲线。

（三）热态停机降速过程振动试验

1. 试验条件

同汽轮机热态停机试验的试验条件，见本章第四节一（六）。

2. 试验过程

同汽轮机热态停机试验的试验过程，见本章第四节一（六）。

3. 测量参数

在停机的全过程测量如下参数：

（1）机组转轴转速、键相信号。

（2）发电机各轴承的垂直振动、轴向振动。

（3）发电机各轴承处的转轴振动（X 方向、Y 方向）。

4. 试验数据分析

绘制出机组降速阶段的下列关系曲线：

（1）发电机转轴（轴承座）宽带振动量值随转速的变化关系曲线。

（2）发电机转轴（轴承座）1X 振动（1 倍频振动）量值、相位随转速变化关系曲线。

（四）试验数据综合分析

1. 根据振动与转子电流的关系来诊断

发电机转子热致振动的大小取决于转子热弯曲值的大小，而热弯曲值的大小取决于转子发热量的大小，而转子发热量的大小与转子电流大小密切相关。转子发热量 Q 与转子电流 I 及线圈电阻 R 的关系为

$$Q \propto I^2 R \tag{4-40}$$

如果转子的基频振动与转子电流有关，则发电机转子发生了热弯曲。转子电流变化引起的热致振动与原始不平衡引起的振动合成后，得到合成振动。这种合成振动的变化规律取决于合成前两种振动矢量的夹角及热致振动矢量幅值的变化情况，可用图 4-10 表示。

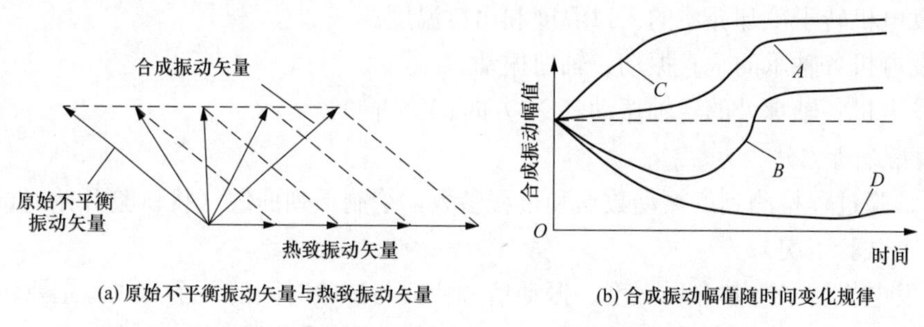

图 4-10　原始不平衡振动与热致振动的合成示意

在工程中观测到的振动，为原始不平衡振动矢量与热致振动矢量的合成振动。合成振动的变化规律取决于原始不平衡振动矢量的大小、原始不平衡振动矢量与热致振动矢量的夹角。

（1）当原始不平衡振动矢量与热致振动矢量的夹角为锐角时，合成振动的幅值持续增加［见图 4-10（b）中的 A 曲线］，相位角持续增加（或减小）。

（2）当原始不平衡振动矢量与热致振动矢量的夹角为钝角时，合成振动的幅值先下降，一段时间后再持续增加［见图 4-10（b）中的 B 曲线］，相位角持续增加（或减小）。

（3）当原始不平衡振动矢量与热致振动矢量同向时，合成振动的幅值快速增加［见图 4-10（b）中的 C 曲线］，相位角基本不变。

（4）当原始不平衡振动矢量与热致振动矢量反向时，合成振动的幅值快速减小［见图 4-10（b）中的 D 曲线］，相位角基本不变；当热致振动幅值大于原始不平衡振动幅值时，合成振动幅值继续增加，而合成振动的相位角反相。

2. 根据热致振动的可逆性来进行诊断

根据发电机转子热弯曲的可逆性可分为可逆与不可逆两种类型。两者都与转子电流的变化密切相关，见图 4-11。发电机转子热变曲可逆引起的热致振动随转子电流的增加而增加（图 4-11 中的 a-b-c-d-e 曲线），随转子电流的减小而减小（图 4-11 中的 e-d-c-b-a 曲

线），转子材质不均匀、匝间短路、冷却系统故障等原因引起的热致振动属于这种情况；发电机转子热弯曲不可逆引起的热致振动随转子电流的增加而增加（图 4-11 中的 *a-b-c-d-e* 曲线），但转子电流减小时振动并不降低或恢复到原始值，而是维持在较高的水平（图 4-11 中的 *e-f-g-h-i* 曲线），转子线圈膨胀受阻引起的热弯曲导致的热致振动属于这种情况。

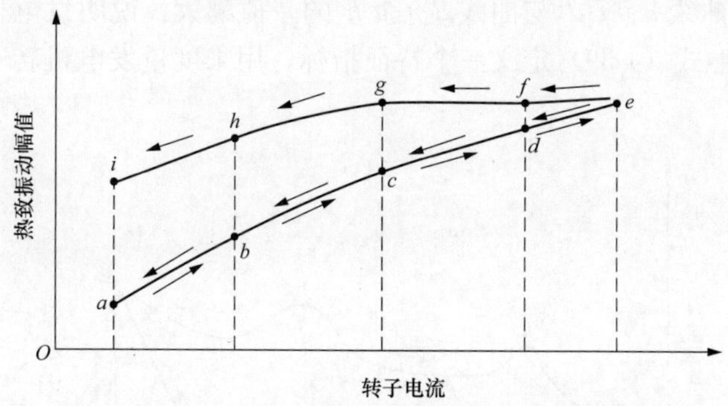

图 4-11　热致振动幅值与励磁电流大小的关系示意

3. 根据振动故障特征差异性来进行诊断

（1）冷却系统故障。冷却系统出现故障对冷却系统的对称性造成破坏，导致转子径向出现温度不对称，引起转子热弯曲。这种原因引起的振动与转子电流以及冷却介质的温度有关。这类故障的主要特征有：

1）热致振动与转子电流的关系。见图 4-11 中的 *a-b-c-d-e* 曲线。转子电流在稳定工况下，热致振动的量值与转子电流的量值有良好的对应关系。

2）热致振动与冷却介质温度的关系。热致振动矢量的幅值与冷却介质温度的关系见图 4-12。当转子存在不均匀冷却时，随着冷却介质温度的升高（图 4-12 中的 *a-b-c* 过程），虽然转子的温度也会升高，但是转子的径向温差却会减小，而转子的热弯曲取决于温差的大小。当冷却介质温度提高到与转子温度相同时，即相当于冷却系统退出运行。此时即使存在冷却通道堵塞，转子也不会出现温度不对称，热致振动矢量的幅值减小至零。图 4-12 中，t_1 表示冷却介质的最低温度（环境温度），t_2 表示冷却系统停运时发电机转子达到的温度。

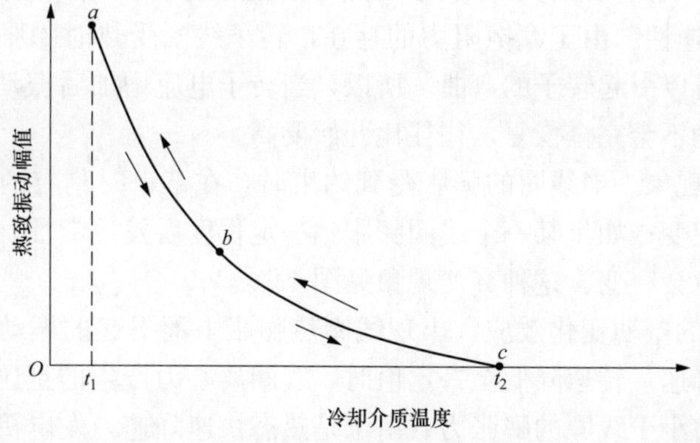

图 4-12　发电机冷却介质温度与热致振动矢量幅值的关系示意

3）升降速过程的振动差异。发电机转子振动转速特性见图 4-13。图 4-13 中，n_0 为机组的额定转速，n_1、n_2 分别为发电机转子的第一阶、第二阶临界转速。a-b-c-d 过程为机组冷态启机过程中的发电机转子振动与转速关系曲线；当发电机转子存在明显的热致振动时，其热态停机降速过程中的振动与转速关系曲线为 d-f-g-h 过程，由于转子热弯曲的存在，经过临界转速时的振动比冷态启机时大很多，停机后立即测量转子弯曲值也比冷态开机时的弯曲值大。曲线 a-b-c-d 与曲线 d-f-g-h 的差值越大，说明发电机转子的热致振动量值越大。可以参照式（4-39）定义一个特征指标，用来度量发电机转子热不平衡故障的严重程度。

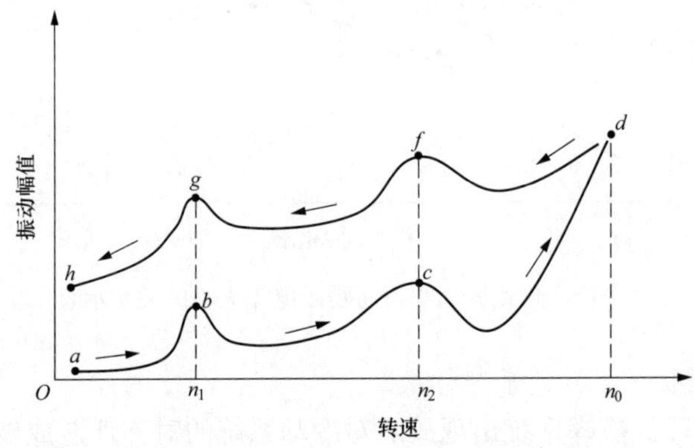

图 4-13　发电机转子振动转速特性示意

（2）线圈膨胀受阻故障。发电机转子电流越大，则线圈的膨胀量越大。因此，如果发电机转子存在线圈膨胀受阻故障而引起转子热态弯曲，这种热致振动的量值总体上与转子电流大小有关。但与冷却系统故障引起的热致振动特征又有不同之处。

1）振动的量值与转子电流之间的对应性不强。如果线圈在膨胀过程中受到约束（即膨胀不畅通），转子的弯曲值迅速增加，热致振动的量值也迅速增加。但是，随着转子电流的继续增加，线圈膨胀不畅产生的力足够大且足以克服阻力时，线圈能克服阻力迅速膨胀出来，此时应力得到释放，振动随之反而降低。这种关系可用图 4-14 来表示。图 4-14 中，转子电流按曲线 1（a-b-c-d-e-f-g-h 过程）变化，转子的热致振动量值按曲线 2 变化，在某一时刻 t_0，受阻线圈突然膨胀，转子的热弯曲值迅速减小，热致振动量值突然减小。

2）振动的不可逆性。由于摩擦阻力的存在，转子线圈受热时膨胀受阻，线圈冷却时收缩受阻，两者都可以引起转子的弯曲。所以，当转子电流增加后振动上升；如果电流恢复到初始状态，振动不会完全恢复，往往比开始要高。

3）振动的突变现象。当线圈的膨胀受到约束时，在某一时刻有的线圈冲破约束使应力释放，振动发生突变；如果某一个线圈膨胀到一定程度后发生卡涩，而其他线圈仍能自由膨胀，这时振动也会突变。这种突变现象见图 4-14。

4）降低转速后的振动变化效应。出现线圈热膨胀卡涩引起的振动故障的转子，如果将机组解列并热态降速，转速降低至一定值时，线圈离心力产生的正压力小于临界值，此时线圈受到的摩擦力小于线圈的膨胀力（由于是热态快速降速，发电机转子的温度值变化很小），线圈就可以膨胀出来。再次升速、并网、带负荷后，转子的整体振动情况将有明显改善。

（3）匝间短路故障。发电机转子线圈出现匝间短路时，转子局部的温度可以达到近千

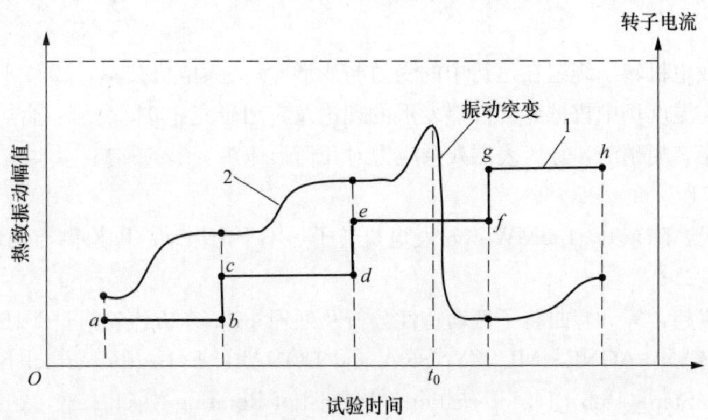

图 4-14　热致振动幅值与励磁电流大小的关系示意

1—转子电流时间曲线；2—转子热值振动量值时间曲线

摄氏度，这将破坏转子温度分布的对称性。另外，短路产生的高温使线圈的滑动层受到损坏，影响线圈的膨胀。因此，存在匝间短路时，振动有时还会表现线圈膨胀受阻的特点。匝间短路还会产生不均匀的磁拉力，引起机组的电磁振动。

一般来说，匝间短路只有在比较严重的情况下才会在振动上反映出来，轻微的短路不一定影响到振动。有的发电机在检修时发现转子匝间短路，但运行中并没有发现明显的振动异常。

参 考 文 献

[1] 徐宁，刘占生，董延阳，等．转子热致振动现象的瞬态响应特性研究［J］．振动与冲击，2015，34（19）：163-170.

[2] 黄浩伟．汽轮发电机组热弯曲故障预警方法研究［D］．北京：华北电力大学，2016.

[3] 李鹏．汽轮发电机组转子热弯曲故障风险评价与诊断方法研究［D］．北京：华北电力大学，2015.

[4] 黄葆华．汽轮发电机转子热效应导致振动的分析［J］．华北电力技术，2004（11）：52-54.

[5] 渡边孝（日）等．汽轮发电机轴的热振动预测、诊断与控制［J］．国外大电机，1999（3）：5-9.

[6] 寇胜利．汽轮发电机的热不平衡振动［J］．大电机技术，1998（5）：12-18.

[7] 茆秋华．核电汽轮发电机组振动热变量分析及处理［J］．电工技术，2017（2A）：99-101.

[8] 方城君．大型汽轮发电机的温升计算研究［D］．上海：上海交通大学，2012.

[9] 张学延，杨寿敏，张卫军，等．汽轮发电机组转子材质缺陷引起的振动问题［J］．中国电力，2010，43（5）：38-42.

[10] 何国安，张世军，张学延．大型汽轮发电机组渐变式弯曲转子的动平衡方法研究［J］．汽轮机技术，2014，56（6）：439-442.

[11] 田成国，陈会平，柳洪涛．超临界汽轮机高中压转子弯曲及异常振动的分析与处理［J］．动力工程，2009，29（10）：909-913.

[12] 何国安，陈强，甘文亮，等．1000MW 机组振动特性及案例分析［J］．中国电力，2013，46（10）：18-22.

[13] 苗恩铭．表面残余应力对轴类零件热变形的影响［J］．黑龙江科技学院学报，2004，14（1）：6-10.

[14] 朱向哲，袁惠群，贺威．稳态热度场对转子系统临界转速的影响［J］．振动与冲击，2007，26（12）：113-116.

[15] 朱向哲，袁惠群，张连祥．汽轮机转子系统稳态热振动特性的研究 [J]. 动力工程，2008，28（3）：377-380+352.

[16] 熊东旭．汽轮发电机转子绕组在运行中的受力与变形 [J]. 大电机技术，1984（3）：1-8.

[17] 胡鹏浩．非均匀温度场中机械零部件热变形的理论及应用研究 [D]. 合肥：合肥工业大学，2001.

[18] 黄其圣，费业泰，胡鹏浩，等．表层残余应力对几何形体热变形的影响 [J]. 应用科学学报，1998，16（3）：366-371.

[19] 暴广勤，高德民，陈东升．135MW 汽轮发电机转子热不平衡振动故障检测与处理 [J]. 东北电力技术，2012（5）：21-24.

[20] 黄琪，何东，袁超，等．弯曲转子振动特性分析及处理 [J]. 东方汽轮机，2016（3）：14-18.

[21] PAUL GOLDMAN，AGNES MUSZYNSKA and DONALD E. Bentlythermal Bending of the Rotor Due to Rotor-to-Stator Rub [J]. International Journal of Rotating Machinery，2000，6（2）：91-100.

第五章　动静碰磨振动故障的理论描述与试验诊断策略

第一节　概　述

一、汽轮发电机组转子碰磨的概念

汽轮发电机组碰磨是指机组的转轴旋转过程中转动部件与静止部件之间的间隙消失，从而发生接触、碰撞的现象。汽轮发电机组转动部件与静止部件的碰磨是运行中常见故障。随着大型机组对效率要求的不断提高，动静间隙变小，碰磨可能性增加。当前，国内机组碰磨故障的发生率仅次于质量不平衡，成为大机组的第二大类振动故障。根据国内汽轮机弯轴事故统计数据表明，其中的86%是由转轴碰磨引起的，转轴碰磨严重时还会引起机组剧烈振动甚至轴系破坏事故。

每年全国都会有数台大型汽轮发电机组发生严重动静碰磨故障，而轻微的碰磨故障则更加普遍。在动静碰磨故障处理过程中往往要走一些弯路，或疑为质量不平衡，或疑为支撑刚度不足或其他故障，需要进行多次开机，平衡加重或支承加固，为此延误数周已是常事。最终开缸检查，方发现汽封或通流部分已严重摩擦，这样的实例已有多起。对机组碰磨故障的误诊所导致的直接经济损失往往是十分可观的。

国内外从理论上和实验室对转子碰磨已做过相当多的研究，其结果可以作为诊断的参考依据。但是，这些研究结论和现场实际情况还有一定的距离，因为碰磨现象十分复杂，不同部位、不同程度的碰磨具有不同的振动特征，这些特征又对应着许多其他故障。有相当一部分现场案例说明，碰磨故障的诊断比质量不平衡故障的诊断要困难得多，这也是为什么至今现场对碰磨诊断还没有一个行之有效方法的原因所在。

本章在国内外同行专家所做的理论研究、实验研究、现场试验检测结果的基础上，根据作者所在团队的研究实践，通过现场试验方法全面掌握机组碰磨振动的故障特征，从而探索出一套确诊汽轮发电机组转子碰磨振动故障的技术方案，为现场处理碰磨故障提供诊断依据。

二、汽轮发电机组转子碰磨的原因及其产生的效应

（一）转子碰磨的基本原因

随着汽轮发电机组单机容量的不断增大，一方面为了减小漏汽损失，机组动静部件间隙不断减小；另一方面轴系的结构越来越复杂，并朝着柔性、多支承、大跨距、高功率密度等特征方向发展，增加振动诱发因素。这两方面的变化，促使转子系统发生碰磨的概率增大。大容量机组碰磨振动问题增多，主要基于下列原因：

（1）为了提高汽轮机组的效率，有些型号的汽轮机（如英制362.5MW机组）在设计制造时预留的通流部分间隙小，高压转子通流部分靠首次启动碰磨产生间隙。这些型号的汽轮机在新机组投产的初始阶段就会存在碰磨产生的振动的问题。

（2）为提高机组运行的经济性，国内陆续对300、600MW等型号的汽轮机组进行了

技术改造，其中缩小通流部分间隙是一项主要的技术措施。汽轮机组通流部分间隙缩小后容易产生碰磨，如多数机组在改造后首次启动，在升速过程中就会出现碰磨，布莱登汽封在带上一定负荷开始闭合时出现碰磨；刷式汽封必须碰磨多次才能投入正常运行；在机组技术改造中注重于缩小间隙而对转子的平衡工艺重视不够，在启停和运行中由于油膜压力、轴承标高变化等引起的动静间隙变化规律缺乏研究，当参数变化或操作不慎时，机组频繁出现碰磨。

（3）汽轮机低压缸在抽真空后承受较大的大气压力，在真空较高时，缸体容易产生变形，使动静间隙变化导致碰磨，特别是在冷态启动时，进汽量小，若真空偏高更容易产生碰磨；某些机组由于缸体变形、偏移，在升、降负荷或蒸汽参数发生变化时也容易发生碰磨。

（4）运行中特别是在启动过程中，对汽轮机组的膨胀、差胀、缸温差等控制要求严格，稍有不当就容易发生碰磨。例如，国产600MW机组中压缸启动切换到高压缸时曾多次出现碰磨故障。

（5）因转子质量不平衡或中心不正等使转子动挠度增大导致碰磨，尤其是在开停机通过临界区时更容易出现，从多台国产300MW汽轮机组的情况看，若高中压转子不平衡量大，在热态下容易产生变形，使得转子的临界转速区域拓宽，振动剧增，甚至在通过临界后振动还有继续增大的趋势。

（6）汽轮机的汽封、轴封等退让性能较好，不易摩掉，当工况等发生变化时出现反复碰磨，有些机组已运行多年仍有碰磨发生，甚至还有越来越严重的倾向。

（7）汽轮发电机的双流环密封瓦因间隙小或密封油温偏低等在启动或在运行中容易出现碰磨，由于有密封油冷却及不平衡响应较小等，所以这种摩擦可以维持较长的时间，有的可达一年以上。

（8）机组的轴承在润滑状态不良工况下运行时，轴瓦与轴颈产生碰磨；滑动轴承的油挡在间隙消失时会与转轴表面产生碰磨。

（二）转子碰磨产生的基本效应

碰磨力在接触点可分解为指向轴心的径向力和与之相垂直的切向力，两者带有强烈的非线性特性，如不及时处理，发展到后期可使转子的振动变得更加剧烈，轻者引起转子系统部件磨损，影响系统寿命；严重时可导致转子裂纹、叶片断裂、转子永久弯曲，甚至最终可能导致转子报废、机组停机，威胁机组安全。

通常来说，转子系统碰磨主要分为两种类型，即局部碰磨和整周碰磨。在局部碰磨中，碰磨产生的激励值不大，转子在一个进动周期内接触定子若干次或保持接触一段时间。一般而言，这种碰磨以脉冲形式对转子进行激励，发生初期对于转子系统造成的危害不大；另一种是整周碰磨，转子与定子保持长时间接触，定子对转子产生一个较强的扭矩激励，该种碰磨对系统的危害很大，通常发生在轴承部位。由此，碰磨对转子系统产生的主要效应如下：

（1）径向冲击效应：一方面撞击使转子承受一个径向的脉冲激励，激发转子做自由振动，尽管由于系统阻尼的存在，自由振动呈衰减趋势，但是连续的撞击有可能导致振动加剧，反过来进一步加剧碰磨；另一方面，动静部件的接触，相当于转子系统多了一个支承条件，加大了系统的刚度（非线性刚度），改变了转子系统的固有频率及振型。

（2）摩擦效应：摩擦给转子系统加载了一个扭矩，在局部碰磨中以脉冲形式存在，在整周碰磨中以持续力矩的形式存在，扭矩激励一方面使转子转速发生波动，另一方面可使转子发生扭转振动。

（3）热效应：由于转子圆周上的摩擦均匀程度不同，导致温度分布不均匀，可致使转子各部分膨胀不均匀，因而产生热变形，改变偏心量，严重时可造成转子发生热弯曲，加大不平衡量。

（4）损伤效应：较强的碰磨可直接对转子造成裂纹、质量损失、甚至叶片断裂等破坏性损伤。

第二节　汽轮发电机组转子碰磨振动故障诊断的理论依据

在实际转子系统中，都会存在不同程度的质量不平衡分布。在转子发生动静碰磨时，由于同时受到切向力和径向力的作用，转子会同时存在着弯曲振动和扭转振动。这种耦合振动与系统的参数、状态（质量偏心、旋转速度）有关。因此，在进行转子动静碰磨分析时，仅考虑到弯曲振动响应而忽略扭转振动响应，多少都会与实际系统产生一定的偏差。本节主要论述转子、静子碰磨时的弯曲、扭转耦合振动数学模型，碰磨引起的转子振动时变特征描述模型，为工程实际中诊断碰磨故障提供理论依据。

一、偏心转子碰磨产生的弯扭耦合振动特性描述模型

（一）转子运动坐标的建立

现研究图 5-1 所示的单圆盘转子系统。该转子系统由一根无质量的转轴，一个集中质量为 m_1 的偏心圆盘，一个具有弹性、质量为 m_2 的静子组成，转轴刚性安装在两个轴承上。x、y 方向分别表示水平方向和垂直方向，z 为轴向方向，原点 O 为转盘静止时的形心位置，x-O-y 为固定坐标系。转子初始质量偏心距为 e，初相位为 α（即与 y 方向的夹角），且静子、转子所有组成部件均各向同性。用动坐标 x_1、y_1 分别表示转盘（原点为其形心 O_1）在水平、垂直方向的振动量，盘的扭转振动量用 $\varphi(t)$ 来表示；静子形心 O_2（x_2，y_2），碰磨时静子沿径向局部变形，假设静子形心不变。系统静止时，转子、静子形心存在一定的不对中量（对应图中的 OO_2），其值为 δ_0。转子模型和坐标系及碰磨模型如图 5-1 所示。

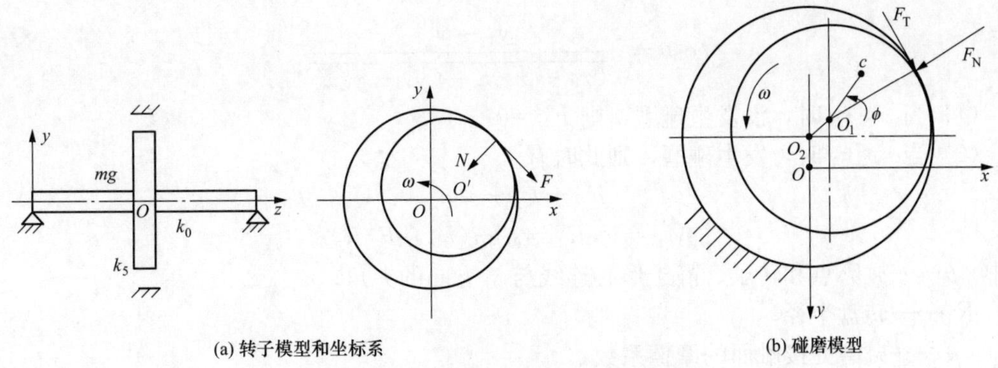

图 5-1　转子模型和坐标系及碰磨模型

k_0—轴的刚度系数；k_5—圆盘的刚度系数

当转子相对振动超过转子与静子之间的径向最小间隙时，转子、静子碰磨相互作用发生，碰磨接触点产生的正向碰撞力和切向摩擦力同时作用在转子和静子上，碰磨时转子与静子在碰磨点的受力如图 5-2 所示。

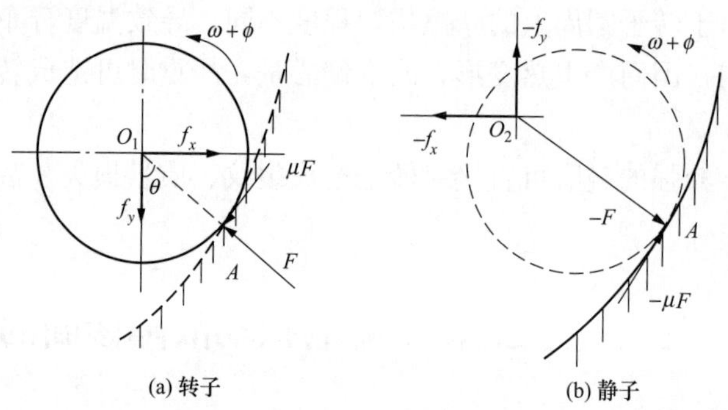

图 5-2　碰磨力分析

F—正压力；μ—摩擦系数；μF—摩擦力；f_x、f_y—摩擦力在水平方向和垂直方向的分量

（二）转子碰磨振动数学模型

转子的受力情况可根据静子和转子是否碰撞分为两个阶段：碰撞前，由于转盘质量偏心引起转轴弯曲，从而对转子产生弹性恢复力作用和偏心惯性力；碰撞时，系统除在碰撞面的法向受到转轴的弹性恢复力和碰撞时静子变形所产生的弹性恢复力作用外，转子还受到一切向摩擦力作用。

由前面建立的固定直角坐标系和动坐标，动静碰磨的发生可由转静子形心的距离临界条件来判断，转子、静子形心的距离为

$$r=\sqrt{x_1^2+(y_1+\delta_0)^2} \tag{5-1}$$

切向摩擦力的方向取决于碰磨接触点 A 的瞬时相对切向速度，且与瞬时相对切向速度反向。由图 5-2 可分别计算碰磨点相对速度 v_{re}、f_x、f_y，即

$$v_{re}=\dot{x}_1\cos\theta-\dot{y}_1\sin\theta+\omega R_1 \tag{5-2}$$

$$\begin{cases}f_x=-F_N\sin\theta-sign(v_{re})\mu F_N\cos\theta\\ f_y=-F_N\cos\theta+sign(v_{re})\mu F_N\sin\theta\end{cases} \tag{5-3}$$

$$\sin\theta=\frac{x_1-x_2}{\sqrt{(x_1-x_2)^2+(y_1-y_2)^2}} \tag{5-4}$$

$$\cos\theta=\frac{y_1-y_2}{\sqrt{(x_1-x_2)^2+(y_1-y_2)^2}} \tag{5-5}$$

（1）当 $r<r_0$ 时，没发生碰磨，则 $F_N=0$；

（2）当 $r>r_0$ 时，发生碰磨，则此时有

$$F_N=k_2(r-r_0)$$

$$M_F=F_TR_1=sign(v_{re})\mu F_NR_1$$

式中　θ——碰磨点和转子、静子形心连线与 y 方向的夹角；

R_1——转盘半径；

μ——碰磨处接触面的摩擦系数；

F_N——碰磨点处的正压力；

k_2——静子径向刚度系数；

r_0——转子、静子半径差（间隙）。

由质心运动定理和动量矩定律，整理则得转子的运动微分方程为

$$\begin{cases} m_1\ddot{x}_1 + c_1\dot{x}_1 + k_1x_1 = m_1e[(\omega+\dot{\varphi})2\sin\varphi - \ddot{\varphi}\cos\varphi] + f_x \\ m_1\ddot{y}_1 + c_1\dot{y}_1 + k_1y_1 = m_1e[(\omega+\dot{\varphi})2\cos\phi + \ddot{\varphi}\sin\varphi] + m_1g + f_y \\ J_p\ddot{\varphi} + c_{1t}\dot{\varphi} + k_{1t}\varphi = -m_1e^2\ddot{\varphi} - M_F \end{cases} \tag{5-6}$$

$$\phi = \alpha + \omega t + \varphi(t) \tag{5-7}$$

$$M_F = F_TR_1 = sign(v_{re})\mu F_NR_1$$

式中　m_1——转盘的质量；

e——偏心距；

c_1、c_{1t}——转轴的弯曲、扭转阻尼系数；

k_1、k_{1t}——转轴的弯曲、扭转刚度系数；

ω——轴的旋转角速度；

J_p——转盘的转动惯量；

g——重力加速度；

α——转子的初相位角；

φ——转子轮盘的扭转振动角位移；

ϕ——转子的初相位角、旋转角度、转子轮盘扭转振动角位移 3 个变量之和；

F_T——碰摩时作用在转轴上的切向摩擦力；

F_N——碰摩点正压力；

μ——摩擦系数；

v_{re}——碰摩点相对速度；

$sign(v_{re})$——相对速度 v_{re} 的符号函数。

上述方程组中，转子的运动为非线性的，方程组的等式右边有相互耦合的项作用，并且这种耦合作用是通过质量偏心来建立起来的，即耦合作用的程度与质量偏心距密切相关，不同于纯弯曲振动和扭转振动的方程，它们之间的耦合关系，既会影响弯曲振动也会影响扭转振动。

（三）碰磨转子弯扭耦合振动特性仿真计算

对上述弯扭耦合振动数学模型，用四阶龙格库塔法进行数值分析。模型中的有关参数分别取为 $m=10\text{kg}$，$E=200\text{GPa}$，$G=80\text{GPa}$，$r_0=0.0005\text{m}$，$R_1=0.15\text{m}$，$\mu=0.1$，$\delta_0=0.00001\text{m}$，$\omega_n=\sqrt{k_1/m}$（弯振固有频率），$\lambda=\omega/\omega_n$（频率比），$\beta=k_1/k_2$（动静刚度比），$\zeta=c/2\sqrt{k_1\times m}$、$\zeta_t=c_t/2\sqrt{k_t\times J}$（弯振、扭振阻尼比），$\zeta=0.05$，$\zeta_t=0.05$，$\beta=0.8$，转轴长度及直径分别为 1m 和 0.03m。

（1）偏心距（不平衡量）一定时（$e=0.2\text{mm}$），耦合振动随转速的变化关系。

偏心距 $e=0.2\text{mm}$，在转子升速的过程中，得到不同转速（频率比 λ）时转子运动轴心轨迹和振动频谱图，如图 5-3～图 5-6 所示。图 5-3～图 5-6 分别为频率比 $\lambda=0.5$、0.75、0.8、1.1 时转子轴心轨迹及振动频谱，从图 5-3～图 5-6 中可看出其轴心轨迹随转速的增加而变大，从没有碰磨到部分碰磨，再发展到整周碰磨。在频率比 $\lambda=0.75$ 时，发生部分碰磨，倍频成分增加较快，此时的频谱图中，谐波成分很丰富；在 $\lambda=0.8$ 时，倍频成分更有明显的增加，倍频成分的变化可作为判别碰磨故障的特征信息。扭振中有一零

频成分，这是因为扭振发生在偏离平衡位置，这一零频分量表征扭振偏离平衡位置的程度，且随着转速的增加，扭振偏离平衡位置的程度在增加，扭振零频成分先增加后又减小，倍频减小，弯扭耦合作用更强，此时振动为工频成分。弯扭耦合作用及碰磨程度随转速的增加而增强，弯振倍频成分（即 1X 振动成分）随耦合作用（碰磨程度）的增强先增加再减小，在某一耦合作用时，弯振 2 倍频成分（即 2X 振动成分）才是最大的，扭振倍频成分减小；达到整周碰磨时，倍频成分几乎为零，如 $\lambda=1.1$ 时的频谱图（见图 5-6）。

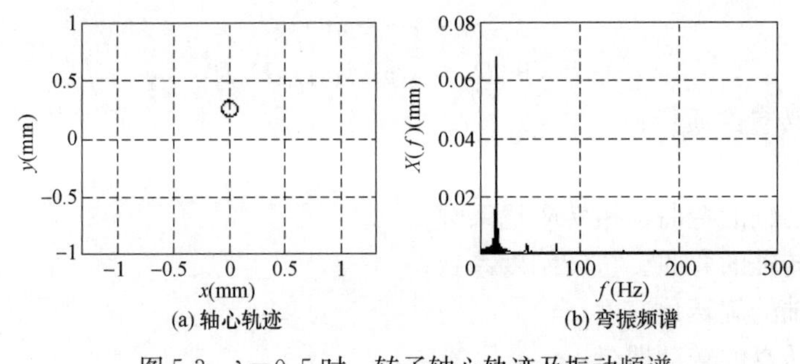

图 5-3　$\lambda=0.5$ 时，转子轴心轨迹及振动频谱

(a) 轴心轨迹　(b) 弯振频谱　(c) 扭振频谱

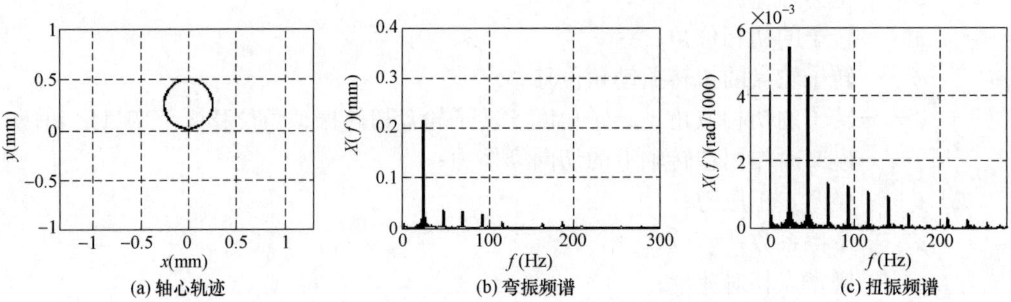

图 5-4　$\lambda=0.75$ 时，转子轴心轨迹及振动频谱

(a) 轴心轨迹　(b) 弯振频谱　(c) 扭振频谱

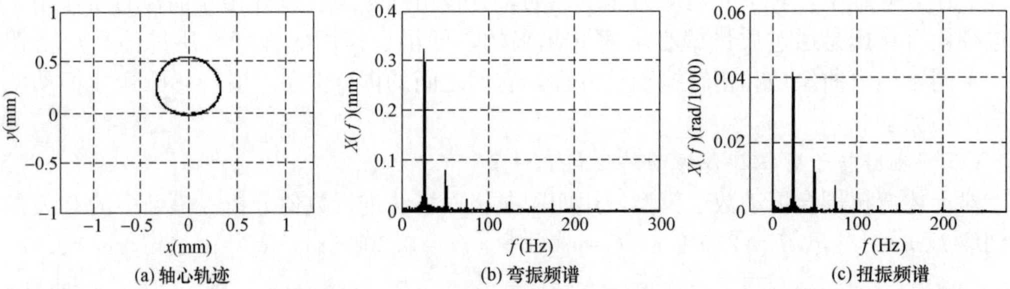

图 5-5　$\lambda=0.8$ 时，转子轴心轨迹及振动频谱

(a) 轴心轨迹　(b) 弯振频谱　(c) 扭振频谱

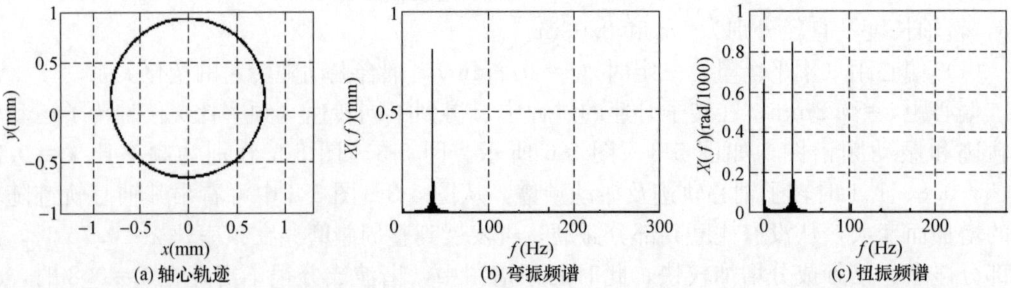

图 5-6　$\lambda=1.1$ 时，转子轴心轨迹及振动频谱

图 5-7～图 5-9 分别为 $\lambda=1.5$、2.0、2.1 时转子轴心轨迹及振动频谱。越过第一临界转速后，随着转速的增加，整周碰磨发展为部分碰磨，弯扭耦合作用减小，倍频成分增加，并且有较多的谐波成分。$\lambda=2.1$ 时，弯振中主要是倍频（$1X$）和半倍频成分（$0.5X$），倍频成分大于半倍频，并有少量的 3/2 倍频（$1.5X$）和 2 倍频（$2X$）成分。扭振主要是半倍频成分，倍频成分较少。并且，转子的轴心轨迹为“8”字形。

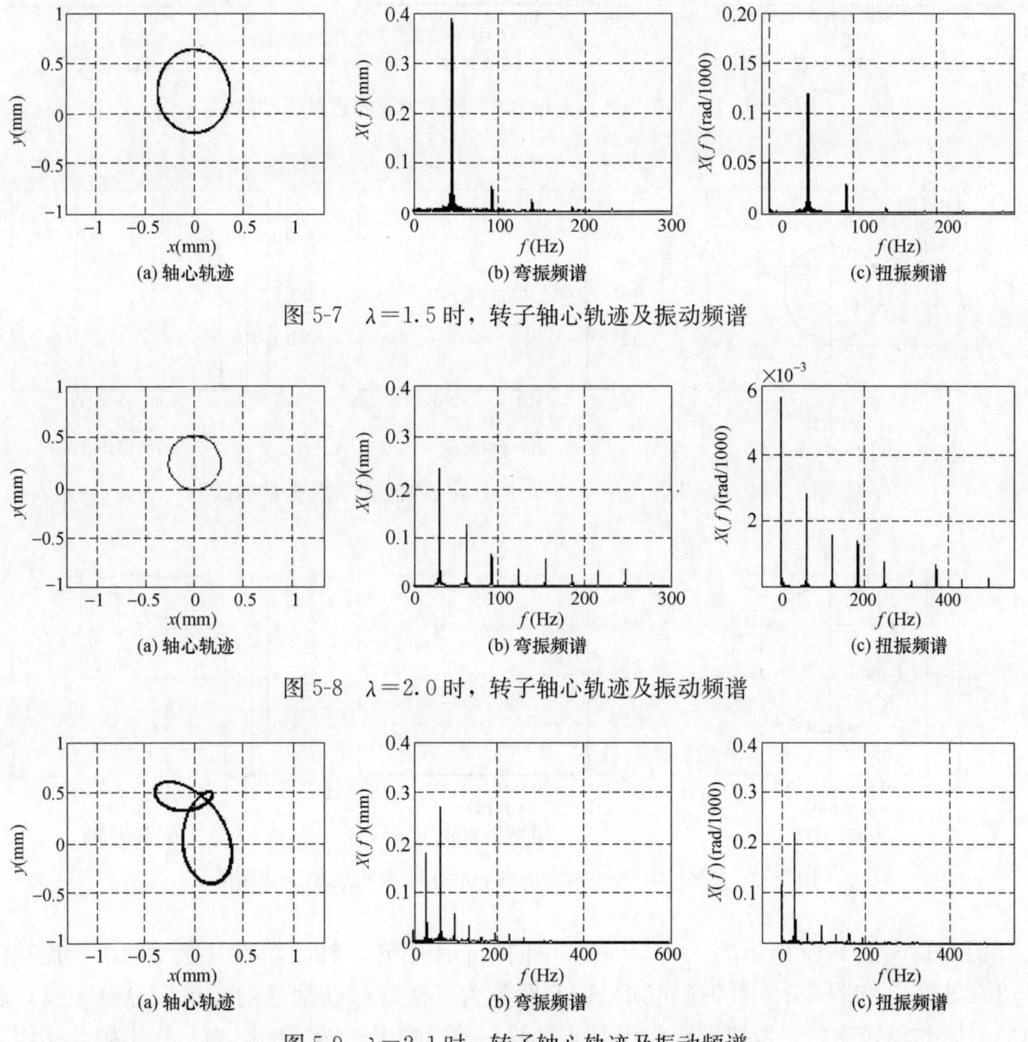

(a) 轴心轨迹　(b) 弯振频谱　(c) 扭振频谱

图 5-7　$\lambda=1.5$ 时，转子轴心轨迹及振动频谱

(a) 轴心轨迹　(b) 弯振频谱　(c) 扭振频谱

图 5-8　$\lambda=2.0$ 时，转子轴心轨迹及振动频谱

(a) 轴心轨迹　(b) 弯振频谱　(c) 扭振频谱

图 5-9　$\lambda=2.1$ 时，转子轴心轨迹及振动频谱

（2）转速一定时，耦合振动随偏心距的变化关系。

在转速一定时，改变偏心距的大小，得到转子弯扭耦合振动随偏心距大小的关系。图 5-10～图 5-12 所示为 $\lambda=1.0$ 时（在 1 阶共振转速下运转），不同偏心距下转子轴心轨迹及振动频谱。

转速一定时，轴心轨迹随偏心距 e 的增加而变大，弯扭耦合作用随着 e 的增加而增强，倍频成分随着耦合作用的增强而减小，图 5-11 中 $e=0.2\text{mm}$ 时的轴心轨迹与图 5-6 中 $\lambda=1.1$ 的轴心轨迹相比，$\lambda=1.1$ 时的轴心轨迹要大，这个现象说明：转子的临界转速因动静接触作用而变大了。

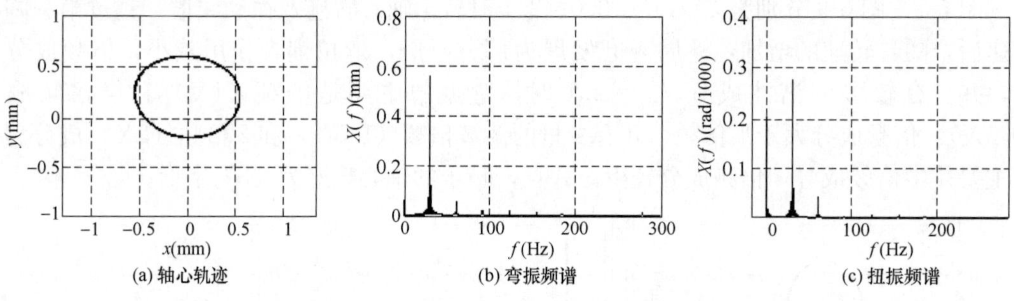

图 5-10 λ=1.0、e=0.1mm 时，转子轴心轨迹及振动频谱

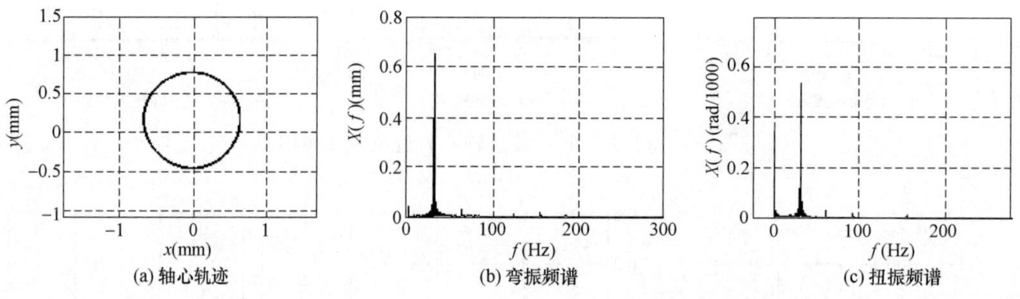

图 5-11 λ=1.0、e=0.2mm 时，转子轴心轨迹及振动频谱

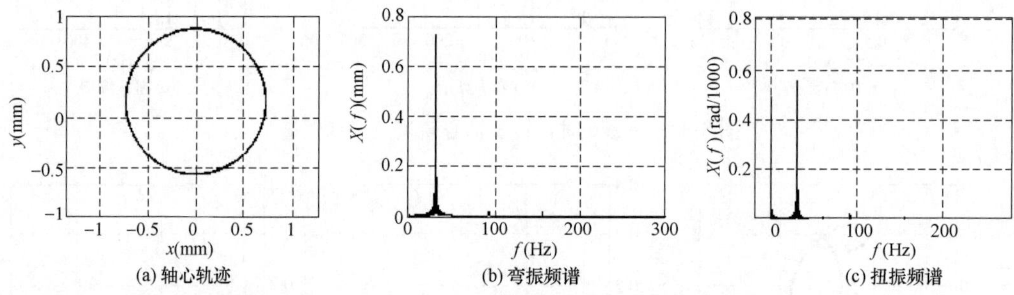

图 5-12 λ=1.0、e=0.3mm 时，转子轴心轨迹及振动频谱

图 5-13～图 5-15 所示为λ=1.5 时，不同偏心距下转子轴心轨迹及振动频谱。比较图 5-13～图 5-15 和图 5-3～图 5-7 可知，偏心距越大，碰磨振动信号的频率成分越丰富；越过第一阶临界转速后，弯扭耦合作用受质量偏心的影响大于转速的影响，弯扭耦合作用随偏心距的减小迅速减弱。

（四）几点主要结论

根据对碰磨转子弯扭耦合运动微分方程的仿真实验研究结果，可得出如下结论：

(1) 因碰磨而引起弯扭耦合作用时，在碰磨初期，振动的谐波分量甚为丰富。

(2) 碰磨程度越严重，弯扭耦合作用越大。碰磨使转子临界转速增加，且随偏心距的增加，临界转速增加得越多。在一阶临界转速前，弯扭耦合作用随转速的增加而增强；在一阶临界转速后，弯扭耦合作用随转速的增加而减弱。

(3) 在转速一定时，弯扭耦合作用随质量偏心的增加而增强。

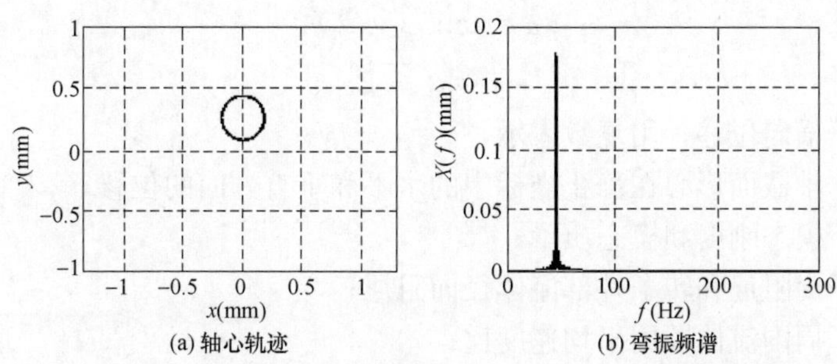

(a) 轴心轨迹　(b) 弯振频谱

图 5-13　$\lambda=1.5$、$e=0.1$mm 时，转子轴心轨迹及振动频谱

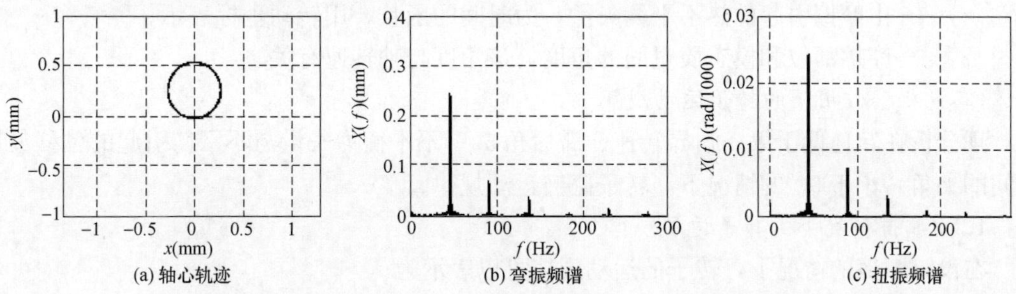

(a) 轴心轨迹　(b) 弯振频谱　(c) 扭振频谱

图 5-14　$\lambda=1.5$、$e=0.15$mm 时，转子轴心轨迹及振动频谱

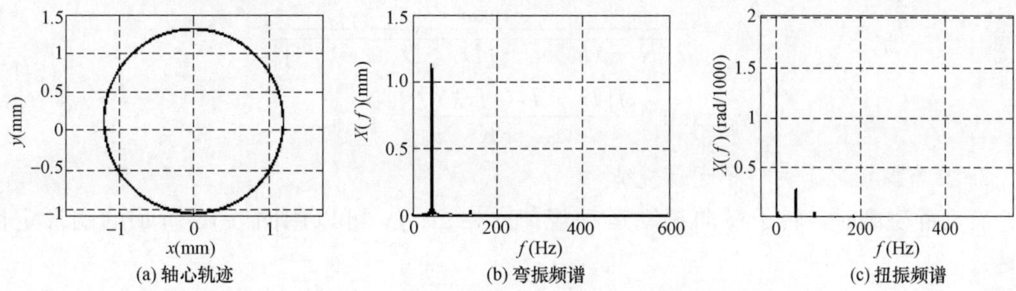

(a) 轴心轨迹　(b) 弯振频谱　(c) 扭振频谱

图 5-15　$\lambda=1.5$、$e=0.3$mm 时，转子轴心轨迹及振动频谱

二、偏心转子碰磨产生的工频旋转振动特性描述模型

（一）摩擦热效应作用下的转子运动方程

当转子与静止部分发生摩擦时，在接触部位（转子位移高点）发热，使转子产生热弯曲，从而产生一个热不平衡矢量，与转子上原有的不平衡矢量（称原始不平衡）合成后使振动发生变化。

在一个有阻尼的振动系统中，振动位移总是滞后于激振力（此处为转子不平衡力）一个角度，这就是滞后角。当不平衡力发生变化时，滞后角也要发生变化，这意味着位移高点即摩擦的部位也要发生变化，摩擦部位变化后反过来又要影响到转子上不平衡力的大小和位置，又会使摩擦部位再次发生变化……，使在摩擦过程中振动信号幅值和相位总是不断变化。这一过程可以用解析的形式表达，假设一根均质转轴在某一轴段处发生径向碰磨，则在摩擦过程中转子的运动方程可写为

$$M\ddot{z}+D_s\dot{z}+Kz+D(\dot{z}-j\lambda\omega z)=mr\omega^2 e^{j(\omega t+\delta)}+R_T(t)e^{j(\alpha-\alpha_s)} \tag{5-8}$$

$$\alpha = \tan^{-1}(y/x)$$

$$j = \sqrt{-1}$$

式中　z——转子横向位移，用复数表示，$z = x + jy$；

x 和 y——转子轴截面形心在静止坐标中的水平和垂直方向的位移；

K、M——转子模态刚度和模态质量；

D_s、D——转子内阻尼和转子外部流体径向阻尼；

λ——转子周围流体圆周平均速度比；

ω——转子旋转角速度；

m、r、δ——不平衡质量大小、不平衡质量所处半径和初相位角；

$R_T(t)$——由摩擦引起的热不平衡矢量，为时间的函数，用转动坐标表示；

α_s——摩擦部位和模态质量间的角度，该角度与轴转速有关。

（二）碰磨作用下的转子运动规律

现分析在转速低于第一临界转速、滞后角 α_0（不平衡力矢量与不平衡引起的位移矢量之间的夹角）小于 90°的情况下，转子碰磨运动规律。

1. 无摩擦情况下的转子运动规律

在没有摩擦的情况下，转子的运动规律可以表示为

$$z(t)\big|_0 = A_0 e^{i(\omega t + \delta + \alpha_0)} \tag{5-9}$$

幅值和相位为

$$\begin{cases} A_0 = \dfrac{mr\omega^2}{\sqrt{(K - M\omega^2)^2 + [D_s + D\ (1-\lambda)^2]^2}} \\ \alpha_0 = \tan^{-1}\dfrac{\omega[D_s + D(1-\lambda)]}{M\omega^2 - K} \end{cases} \tag{5-10}$$

2. 有摩擦情况下的转子运动规律

有动静碰磨时，转子横向振动运动规律 $z = x + jy$ 可以用图 5-16 所示的图形定性表达。

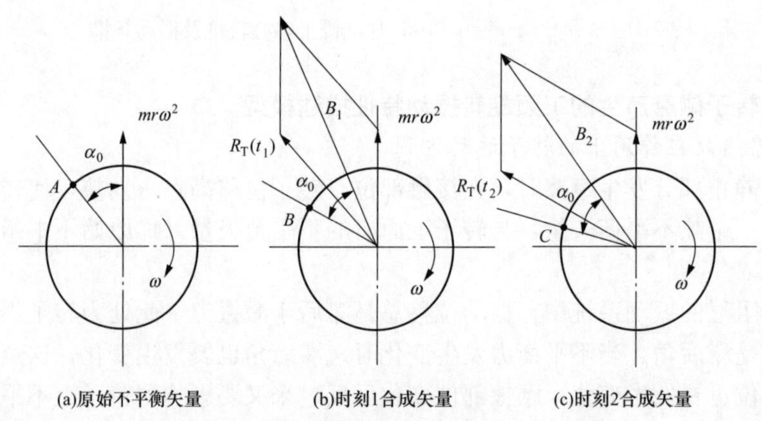

图 5-16　转子碰磨振动位移旋转矢量图解

（1）碰磨起始时刻，转子位移响应计算。根据假设，滞后角 α_0 为定值，根据滞后角的定义，在位移高点位置［见图 5-16（a）中的 A 点］发生摩擦时，由摩擦引起的热不平

衡矢量为

$$F = R_{\mathrm{T}}(t)e^{j}(\omega t + \alpha_0 + \delta - \alpha_{\mathrm{s}}) \tag{5-11}$$

转子响应为

$$z(t)\big|_1 = A_0 e^{i(\omega t+\delta+\alpha_0)} + (A_1\big|_1)e^{j}(\omega t + \delta - \alpha_{\mathrm{s}} + 2\alpha_0) \tag{5-12}$$

$$A_1\big|_1 = \frac{R_{\mathrm{T}}\big|_1}{\sqrt{(k - M\omega^2)^2 + \omega^2[D_{\mathrm{s}} + D(1-\lambda)]^2}} \tag{5-13}$$

式中 $A_1|_1$——热不平衡矢量引起的幅值。

将式（5-12）式右边两项相加，得

$$z(t)\big|_1 = B_1 e^{j}(\omega t + \delta + \alpha_0 + \beta_1) \tag{5-14}$$

式（5-14）中幅值 B_1 为

$$B_1 = \sqrt{A_0^2 + (A_1\big|_1)^2 + 2(A_1\big|_1)A_0\cos(\alpha_0 - \alpha_{\mathrm{s}})} \tag{5-15}$$

式（5-14）中的相位 β_1 为

$$\beta_1 = \tan^{-1}\frac{\tan(\alpha_0 - \alpha_{\mathrm{s}})}{1 + A_0/(A_1\big|_1)\omega s(\alpha_0 - \alpha_{\mathrm{s}})} \tag{5-16}$$

由式（5-15）、式（5-16）表示的转子位移矢量见图 5-16（b）中的 B_1 矢量。

（2）时刻 2 时转子位移响应计算。由式（5-15）和式（5-16）可见，转子的合成振动幅值和相位都增加了，见图 5-16（b）中的 B_1 矢量。随着摩擦的继续，下一时刻的转子摩擦点为图 5-16（b）中的 B 点。此时，转子的位移响应为

$$\begin{aligned} z(t)\big|_2 &= A_0 e^{i(\omega t+\delta+\alpha_0)} + (A_1\big|_2)e^{j}(\omega t + \delta - \alpha_{\mathrm{s}} + 2\alpha_0 + \beta_1) \\ &= B_2 e^{j(\omega t+\delta+\alpha_0+\beta_2)} \end{aligned} \tag{5-17}$$

合成后的位移矢量在幅值和相位方面都有增加，见图 5-16（c）中的 B_2 矢量。其中，合成振动的幅值为

$$B_2 = \sqrt{A_0^2 + (A_1\big|_2)^2 + 2A_0(A_1\big|_2)\cos(\alpha_0 - \alpha_{\mathrm{s}} + \beta_1)} \tag{5-18}$$

合成振动的相位为

$$\beta_2 = \tan^{-1}\frac{\tan(\alpha_0 - \alpha_{\mathrm{s}} + \beta_1)}{1 + \dfrac{A_0}{(A_1\big|_2)\cos(\alpha_0 - \alpha_{\mathrm{s}} + \beta_1)}} \tag{5-19}$$

由式（5-18）、式（5-19）表示的转子位移矢量见图 5-16（c）中的 B_2 矢量。

（3）时刻 i 时转子位移响应计算。摩擦再继续下去，合成振动可表达为

$$\begin{aligned} z(t)\big|_i &= A_0 e^{i(\omega t+\delta+\alpha_0)} + (A_1\big|_i)e^{j\ (\omega t+\delta-\alpha_{\mathrm{s}}+2\alpha_0+\beta_{i-1})} \\ &= B_i e^{j(\omega t+\delta+\alpha_0+\beta_i)}\ (i = 1,\ 2,\ 3,\ \cdots) \end{aligned} \tag{5-20}$$

式中：

$$A_1\big|_i = \frac{R_{T(t)}\big|_i}{\sqrt{(K - M\omega^2)^2 + \omega^2[D_{\mathrm{s}} + D(1-\lambda)]^2}} \tag{5-21}$$

$$B_i = \sqrt{A_0^2 + (A_1\big|_i)^2 + 2A_0(A_1\big|_i)\cos(\alpha_0 - \alpha_{\mathrm{s}} + \beta_{i-1})} \tag{5-22}$$

$$\beta_i = \frac{\tan(\alpha_0 - \alpha_{\mathrm{s}} + \beta_{i-1})}{1 + \dfrac{A_0}{(A_1\big|_i)\cos(\alpha_0 - \alpha_{\mathrm{s}} + \beta_{i-1})}} \tag{5-23}$$

（三）转子摩擦振动的特征分析

从式（5-20）和图 5-16 可知，摩擦振动具有如下基本特征：

（1）摩擦振动是由两部分合成的，一是原始不平衡引起的振动，二是由摩擦产生的热不平衡引起的振动。由于热不平衡是随时间变化的，合成后的振动也随时间发生变化。

（2）摩擦振动变化规律是幅值随着相位的旋转起伏变化。当热不平衡与原始不平衡同相时，振动幅值最大；两者反相时，振动幅值最小。

（3）当摩擦热不平衡大于原始不平衡时，相位逆转向旋转超过 360°，等于原始不平衡时相位旋转 180°；当摩擦热不平衡小于原始不平衡时，相位旋转角度小于 180°。

（4）相位旋转的快慢取决于滞后角的大小，滞后角越大旋转得越快。滞后角的大小取决于转子实际转速接近临界转速的程度，越接近临界转速，滞后角越大。

（5）上述分析未涉及第一临界转速后的摩擦振动，由于第一阶临界转速以后滞后角大于 90°，由摩擦产生的热不平衡与原始不平衡有抵消作用，使振动减小，摩擦不再持续。由于转轴为连续弹性体，为多自由度系统，所以必须考虑二阶不平衡的影响，原因是对于二阶来说，滞后角仍然小于 90°，摩擦会使二阶不平衡分量增大，从而使合成后的振动增大，摩擦仍然能继续下去。

（6）若由摩擦产生的热不平衡随时间有增大的趋势，合成后的振动也将会随时间而不断增大，显然这种振动会危及到机组的安全。

第三节　转子碰磨振动故障试验诊断基本方案

一、转子碰磨振动故障试验诊断基本流程

汽轮发电机组转子碰磨振动故障的原因复杂，振动参数随工况、时间变化，工程实际中准确诊断此类故障的难度大。本书基于工程实际需要，提出一个汽轮发电机组转子碰磨振动故障现场诊断的基本流程，见图 5-17。

汽轮发电机组转子碰磨振动故障诊断的基本流程主要包括：

（1）转子碰磨振动故障的基本特征检验。

（2）碰磨振动故障的轴段定位。

（3）专项试验方案制定及实施。

（4）试验数据的综合分析。

（5）轴系振动全面诊断、评价。

（6）碰磨振动故障的进一步确诊，碰磨振动的故障原因确定。

二、转子碰磨振动故障的基本特征检验

若需要诊断汽轮发电机组转子是否存在碰磨，从振动信号地的基本特征上可做出初步判断。根据本节一（三）（四）和二（二）（三）的分析结果，参照工程中检测到的碰磨故障的振动信号特征规律，经总结发现转子碰磨振动信号具有如下的基本特征：

（一）振动信号的时域波形特征

图 5-18 所示为转子正常状态下的振动信号波形与转子碰磨振动信号波形示意图。当转子未发生碰磨故障时，振动的时域波形为正弦波［见图 5-18（a）］；当转子发生碰磨故障时，振动的时域波形发生畸变，出现“削波”现象［见图 5-18（b）］。所谓“削波”现象，是指振动的时域信号的波峰被削去一部分。从理论上讲，这种现象的本质是在基频信号上叠加了不同频率的高频信号。

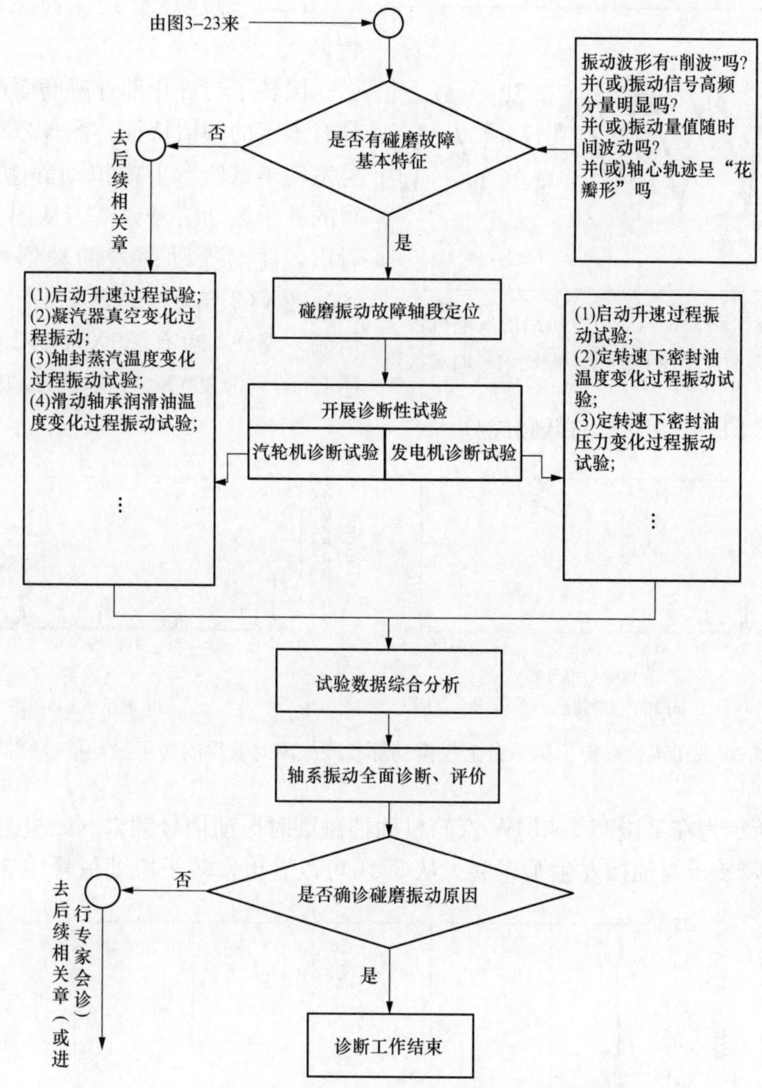

图 5-17　转子动静碰磨振动故障试验诊断工作流程

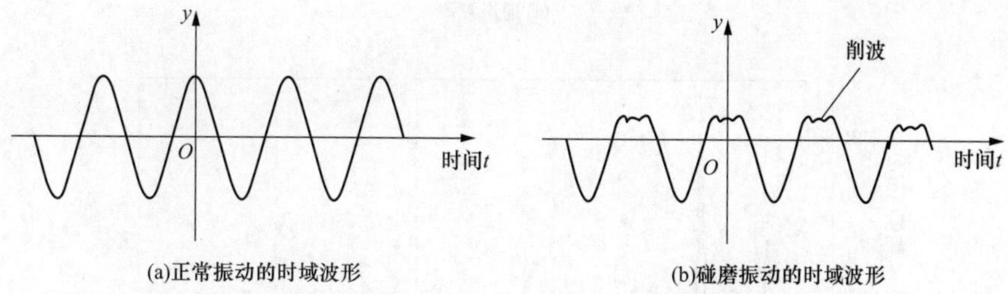

图 5-18　转子正常状态下的振动信号波形与转子碰磨振动信号波形示意图

图 5-19 所示为某国产 300MW 汽轮发电机组的发电机转子与密封环发生碰磨时检测到的转子振动信号时域波形。从图 5-19 可以明显的看出，发电机转子振动信号时域波形发生了严重的“畸变”（波形的形状严重偏离正弦波的形状），并伴有明显的削波现象。

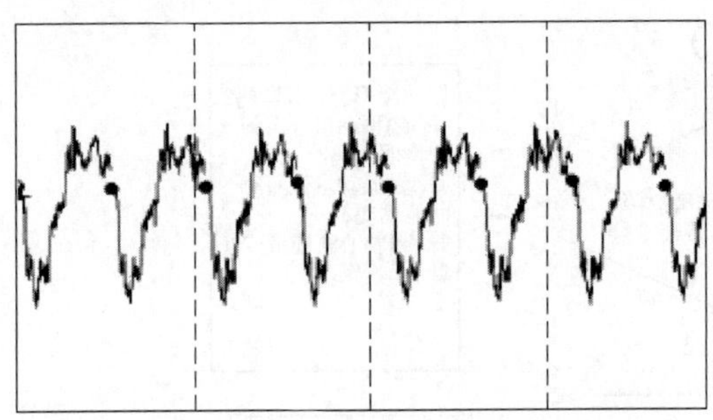

图 5-19　某国产 300MW 汽轮发电机组的发电机转子与密封环发生碰磨时检测到的转子振动信号时域波形

（二）动静碰磨故障的振动信号频谱特征

因转子与静止部件碰磨而产生的振动，具有丰富的频谱特征。图 5-20 所示为在实验室转子试验台上模拟动静碰磨故障时获得的转子振动信号频谱。从图 5-20 中可以看出，碰磨振动信号的频谱中有 $1X$（工频）、$2X$（2 倍频）、$3X$（3 倍频）、$4X$（4 倍频）成分，也有 $\geqslant 5X$ 的高频成分，同时还有 $(0\sim0.39)X$、$(0.4\sim0.49)X$、$0.5X$（半频）和 $(0.51\sim0.99)X$ 的低频成分。

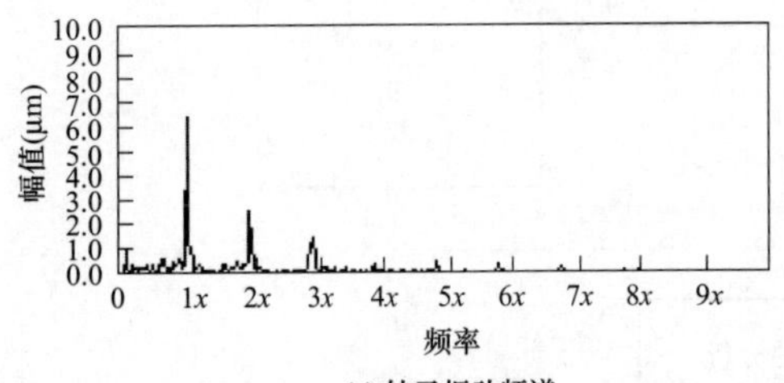

(a) 转子振动频谱

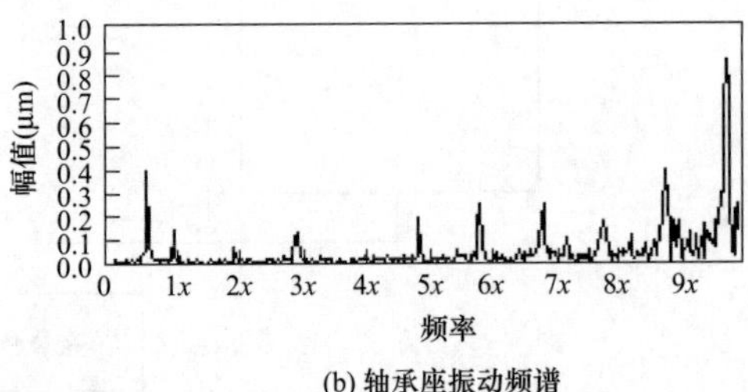

(b) 轴承座振动频谱

图 5-20　在实验室转子试验台上模拟动静碰磨故障时获得的转子振动信号频谱

图 5-21 所示为在某国产 200MW 汽轮机油挡碰磨时振动信号频谱。该机组当时的转速为 2950r/min，转子与油挡发生了碰磨。从 5-21 可以看出，转子振动信号中 $2X$ 成分非常

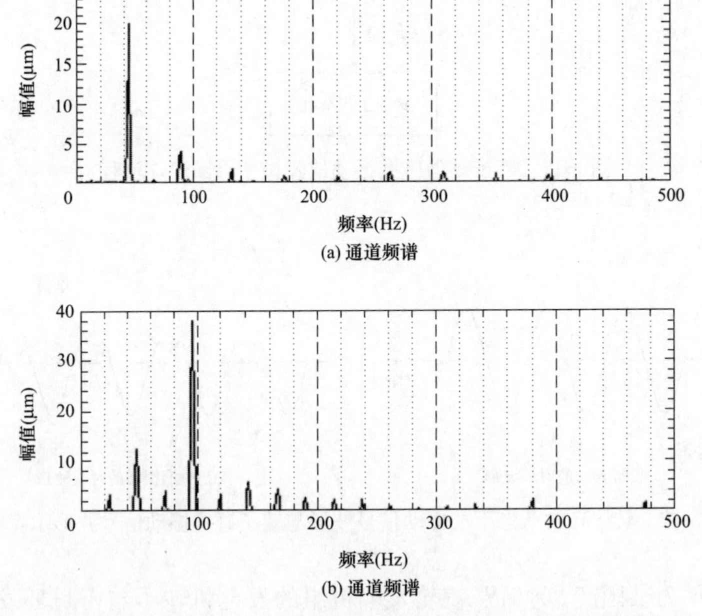

图 5-21　某国产 200MW 汽轮机油挡碰磨时振动信号频谱

（转速：2950r/min）

大，倍频成分也比较明显，同时还存在分数倍振动分量。

（三）动静碰磨故障的轴心运动轨迹特征

当发生动静碰磨故障时，根据碰磨情况的不同，轴心运动轨迹有如下特征：

(1) 若发生的是整周碰磨故障，则轴心运动轨迹为圆形或椭圆形，且轴心轨迹比较紊乱。

(2) 若发生的是单点局部碰磨故障，则轴心运动轨迹呈内“8”字形，见图 5-22 (a)。

(3) 若发生的是多点局部碰磨故障，则轴心运动轨迹呈花瓣形，见图 5-22 (b)。

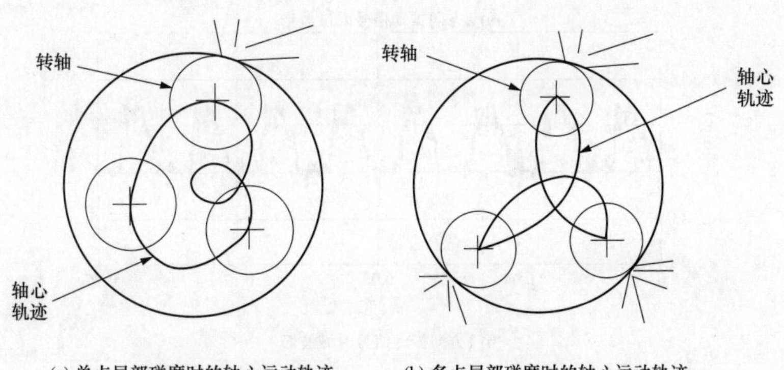

图 5-22　发生碰磨故障时的轴心运动轨迹示意

图 5-23 所示为某国产 300MW 汽轮发电机组的发电机转子与密封环发生碰磨时检测到的转子轴心运动轨迹。从图 5-23 可以看出，发电机转子的轴心运动轨迹偏离圆形或椭圆形，轨迹的边界形状不规则，说明转子在旋转一周的过程中多次与静止部件发生碰撞。

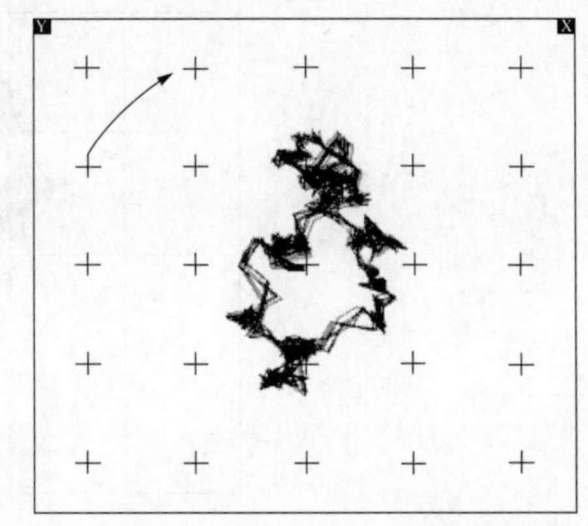

图 5-23　某 300MW 汽轮发电机组的发电机转子与密封环发生碰磨时检测到的转子轴心运动轨迹

图 5-24 所示为某国产 600MW 超临界汽轮机组 6 号轴承处检测到的转轴碰磨振动信号时域波形与轴心轨迹。从图 5-24 可以看出，发生转子碰磨时，振动信号的时域波形（无论是 X 方向还是 Y 方向）均发生了严重的畸变，轴心运动轨迹偏离椭圆或圆形，产生多个“花瓣”。

（四）动静碰磨故障的振动信号时变特征

根据本节二（三）的理论分析结果，当转轴与静子部件发生碰磨时，会使转子产生振幅时大时小、振动相位也时大时小的旋转振动。这种振动的时变特征，在 25、125、300、362MW（进口机组）和 600MW 等一系列机组上发生过。各种不同类型的机组（或在同一机组的不同部位）发生动静碰磨故障时的振动信号时变特征不完全相同，但时变特征的趋势是基本相同的。图 5-25 所示为从理论上计算获得的转子碰磨振动状态下的振动 $1X$ 信号幅值、相位随时间变化规律的示意图（注：若发生的是轴向碰磨或碰磨位置在汽轮机叶片的叶顶汽封处，不一定出现这种变化规律）。当在转轴表面发生径向碰磨时，转子 $1X$ 振

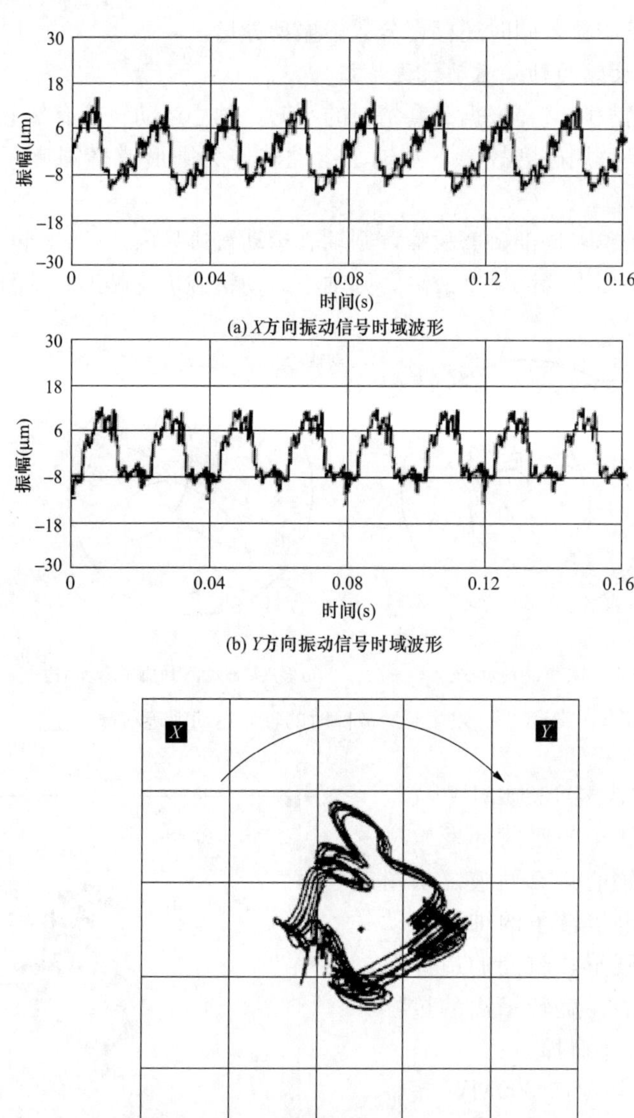

图 5-24　某国产 600MW 超临界机组 6 号轴承处检测到的转轴碰磨振动信号时域波形与轴心轨迹

动信号的幅值时变规律为缓慢地爬升，然后快速减小，转子的通频振动信号幅值呈现类似的变化规律；转子 1X 振动信号相位时变规律为在 1X 振动信号的幅值缓慢爬升过程中相位缓慢减小，在 1X 振动信号的幅值快速减小过程中相位快速增加。

图 5-26 所示为某国产 330MW 汽轮机带 230MW 负荷过程低压转子碰摩振动信号幅值随时间变化规律。从图 5-26 可以看出，转子发生碰磨故障时，振动信号幅值发生波动，波动的规律呈现如下特征：

（1）波动的周期不够稳定，波动一次的时间长度为 1.5～2.0h。

（2）振动信号幅值的平均值成不断增加趋势，说明碰磨越来越严重。

（3）振动幅值波动的频度有越来越快的趋势，但波动的幅度有减小的趋势。

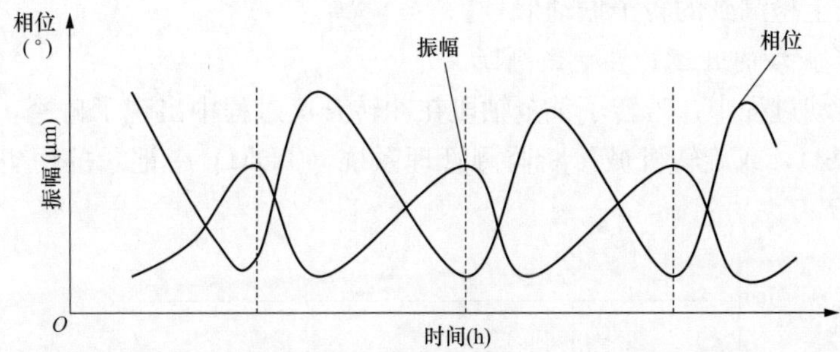

图 5-25　从理论上计算获得的转子碰磨振动状态下的振动 1X 信号幅值、相位随时间变化规律的示意图

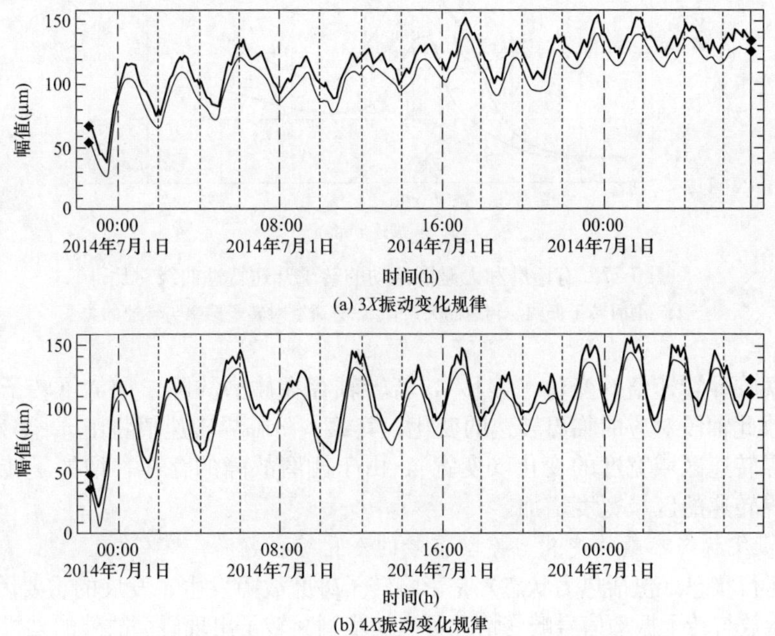

图 5-26　某国产 330MW 汽轮机带 230MW 负荷过程低压
转子碰磨振动信号幅值随时间变化规律

三、转子碰磨区域轴向定位

（一）转子碰磨区域的轴段定位

汽轮发电机组由汽轮机和发电机构成，汽轮机和发电机无论是从结构还是从工作原理来看，均有很大差异；汽轮机转子的动力学特性与发电机转子的动力学特性，也有定量上的差别。因此，可以根据这些差异，再综合已经掌握的机组振动信号特征，来对机组轴系碰磨故障点的大致位置（即碰磨区域所处的轴段）进行判断。

判断转子碰磨故障所处轴段的主要规则有：

1. 根据转子振动信号的畸变程度判断

当汽轮发电机组轴系在某个区域发生动静碰磨时，从理论上讲，整个轴系的振动信号都会发生不同程度的畸变。但是，在发生碰磨的转子轴段，由于此轴段受到很大的碰磨力（碰撞力、摩擦力、附加约束等）作用，在此轴段检测到的转子振动信号的畸变程度大于无碰磨故障轴段上检测到的转子振动信号。

2. 根据转子振动的升速特性曲线判断

机组冷态启动过程中，若转子某个轴段在冲转升速过程中出现了碰磨，可以调用汽轮机监视系统（TSI），或旋转机械诊断监测管理系统（TDM）中记录的历史数据进行判断（见图 5-27）。

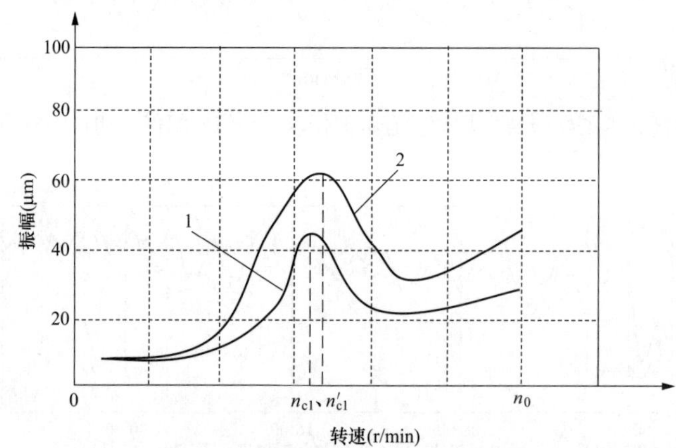

图 5-27　有碰磨和无碰磨振动的转子升速特性曲线对比

1—无碰磨时转子振幅与转速的关系；2—有碰磨时转子振幅与转速的关系

（1）观察临界转速值的变化（偏移），若转轴存在碰磨故障，增加了转子系统约束刚度，从而导致此轴段对应的临界转速的变化，其第一阶临界转速值将由 n_{c1} 变为 n'_{c1}。

（2）临界转速区域宽度的变化（变宽），由于碰磨故障的存在，增加了转子系统的阻尼，导致临界转速的区域宽度增加。

3. 根据机组状态参数的变化与振动信号的变化综合判断

机组的运行状态（包括热力状态）是影响转子碰磨故障发生、发展的重要因素之一。根据机组状态参数与转子振动信号畸变情况可以初步判断转子出现碰磨故障的轴段。例如：

（1）汽轮机某一个汽缸的上下缸温差超限，且对应转轴振动信号畸变严重，可初步判断该汽缸与对应轴段发生了碰磨。

（2）汽轮机某一个汽缸的膨胀对称性差，且对应转轴振动信号畸变严重，可初步判断该汽缸与对应轴段发生了碰磨。

（3）汽轮机某一个汽缸的轴封蒸汽温度异常，且对应转轴振动信号畸变严重，可初步判断该汽缸的轴封与对应轴段发生了碰磨。

（4）发电机的密封油温度或压力异常，且发电机转轴振动信号畸变严重，可初步判断发电机转轴与密封环发生了碰磨。

（5）汽轮机的凝汽器真空度变化与汽轮机低压转轴振动有明显的关联性，且汽轮机低压转轴的振动信号严重畸变，可初步判断汽轮机低压缸与对应的转轴发生了碰磨。

（6）转子某轴段的振动信号严重畸变，且该轴段端部的轴承座振动偏大，回油温度明显偏高，可初步判断该段转轴与轴瓦或油挡发生了碰磨。

（二）转子碰磨区域的轴段内定位

1. 基于振动矢量分解的碰磨点定位原理

在诊断转子碰磨故障原因时，还需要确定碰磨发生在该轴段的哪个区域（即碰磨点的轴向位置）。由于碰磨故障的复杂性，目前在不停机的情况下（或设备不解体的情况下）诊断碰磨点的具体位置仍有很大的难度。下面针对在转轴表面发生的径向碰磨点的轴向定位问题进行讨论。

由前面的分析可知，不稳定碰磨振动的主要特征是振幅波动，振动相位逆转向或顺转向旋转。这种现象的本质就是，在转轴表面发生碰磨时，合成振动矢量发生旋转。因此，可以利用振动矢量的变化关系来实现碰磨点的轴向定位。

设一根转轴两端轴承（A 和 B）的轴向距离为 L（见图 5-28）。摩擦点与轴承 A 和 B 的距离分别为 L_A 和 L_B。转轴在初始不平衡力的作用下产生的动挠度为 y，y 为一连续曲线。设原始不平衡在 A 轴承和 B 轴承引起的振动分别为$\overrightarrow{X}_{A0}$和$\overrightarrow{X}_{B0}$，由于摩擦使转子产生热弯曲，使转子在 A 轴承和 B 轴承产生新的合成振动，分别为$\overrightarrow{X}_{A1}$和$\overrightarrow{X}_{B1}$。摩擦热弯曲在 A 轴承和 B 轴承上产生的振动分别为$\overrightarrow{X}_A$ 和$\overrightarrow{X}_B$，则

$$\begin{cases}\overrightarrow{X}_A=\overrightarrow{X}_{A1}-\overrightarrow{X}_{A0}\\ \overrightarrow{X}_B=\overrightarrow{X}_{B1}-\overrightarrow{X}_{B0}\end{cases} \tag{5-24}$$

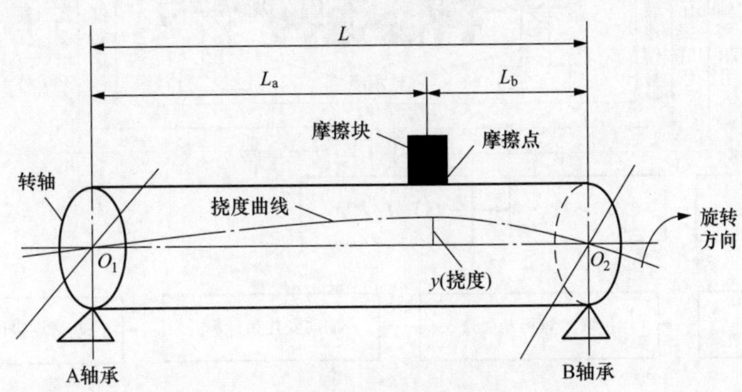

图 5-28　转轴碰磨点轴向定位示意图

当转子的摩擦热弯曲变形量很小、振动的幅值很小的情况下，振动力与其产生的位移之间满足线性关系，即振动位移的大小正比于振动激振力的大小。而摩擦热弯曲产生的激振力分解到两个轴承座上后，得到的分力分别为$\overrightarrow{F}_A$ 和$\overrightarrow{F}_B$。则

$$\begin{cases}|\overrightarrow{F}_A|=\dfrac{L_b}{L_A+L_B}|\overrightarrow{F}|\\ |\overrightarrow{F}_B|=\dfrac{L_A}{L_A+L_B}|\overrightarrow{F}|\end{cases} \tag{5-25}$$

式中　$\overrightarrow{F}$——摩擦热弯曲产生的离心力。

而

$$\begin{cases}|\overrightarrow{X}_A|=\dfrac{1}{K_{da}}|\overrightarrow{F}_A|\\ |\overrightarrow{X}_B|=\dfrac{1}{K_{db}}|\overrightarrow{F}_B|\end{cases} \tag{5-26}$$

式中　K_{da}和 K_{db}——A 轴承座和 B 轴承座的动刚度。

在转子两端轴承动刚度特性一致的情况下，$K_{da}=K_{db}$。因此，摩擦点的轴向位置可用

下式来确定，即

$$\frac{L_{\mathrm{A}}}{L_{\mathrm{B}}}=\frac{|\overrightarrow{X}_{\mathrm{B}}|}{|\overrightarrow{X}_{\mathrm{A}}|} \tag{5-27}$$

即

$$L_{\mathrm{A}}=\frac{|\overrightarrow{X}_{\mathrm{B}}|}{|\overrightarrow{X}_{\mathrm{A}}|+|\overrightarrow{X}_{\mathrm{B}}|}\times L \tag{5-28}$$

2. 转子碰磨点定位技术现场实施策略

为了确定碰磨点在转子的轴向位置，选择该转子的两端轴承安装传感器（也可以同时检测轴振信号和瓦振信号）。两个轴承处传感器的安装方向应相互对应。每两个相互对应的传感器信号为一组，至少应有两组传感器。摩擦点轴向定位的信号检测与处理过程示意见图 5-29。

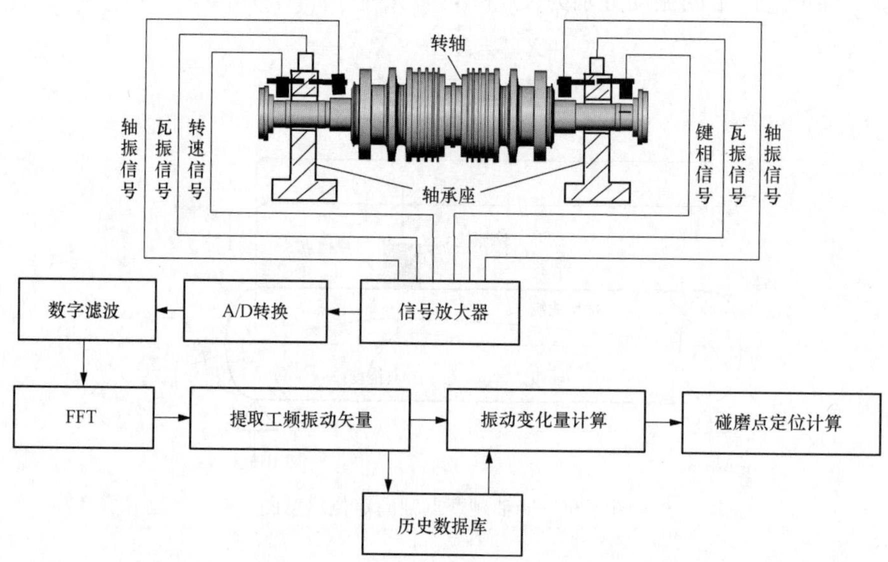

图 5-29　摩擦点轴向定位的信号检测与处理过程示意图

利用位移传感器采集转轴的振动位移通频信号（或瓦振加速度信号），所采集的通频信号经前置放大后进入 A/D 转换，再进行数字滤波，经快速傅里叶变换（FFT）后，提取振动信号的工频振动矢量，然后将当前工频振动矢量与从历史数据库中调出的工频振动矢量进行比较计算，得出摩擦引起的振动变化量的大小，从而确定摩擦点的位置。

3. 转子碰磨点定位举例

国内某发电厂 4 号汽轮机组是引进美国西屋公司技术生产的 N300—16.7/537/537 亚临界、中间再热、单轴、双缸双排汽、凝汽式汽轮机。该机组在新机安装调试期间轴系振动超标，发生了转子摩擦弯轴及轴系与轴子不平衡引起的振动现象。该机组首次启动过程中，按正常开机顺序升速至 2040r/min 暖机，机组振动正常，1、2 号瓦工频振动分别为 49.9μm∠44°和 29.3μm∠106°。但随后 1、2 号瓦振动开始爬升，90 min 后，1、2 号瓦工频振动分别达到 108μm∠44°和 60.9μm∠69°。下面用本节提出的方法判断摩擦点的轴向位置。

由式（5-24）可得

$$\vec{X}_{A}=\vec{X}_{A1}-\vec{X}_{A0}=108\mu m\angle 44^{\circ}-49.9\mu m\angle 44^{\circ}=58.1\mu m\angle 44^{\circ}$$

$$\vec{X}_{B}=\vec{X}_{B1}-\vec{X}_{B0}=60.9\mu m\angle 69^{\circ}-29.3\mu m\angle 106^{\circ}=41.4\mu m\angle 43.8^{\circ}$$

由式（5-28）得

$$L_{a}\frac{|41.4\mu m/\angle 43.8^{\circ}|}{|58.1\mu m/44^{\circ}|+|41.4\mu m/\angle 43.8^{\circ}|}\times L=0.42L$$

也就是说，碰磨的位置发生在高中压转子中部的稍微偏 1 号轴承的位置上。根据实际检查的结果，实际碰磨位置与上述的分析判断结果基本一致。

第四节　转子碰磨振动故障诊断试验

当根据机组已有的运行数据（包括过程参数、振动参数）初步判断出机组存在疑似碰磨振动故障时，并且还不能十分准确地诊断出碰磨振动故障是否存在（或是否具有重现性）、碰磨振动的具体原因是什么时，需要开展一些针对性的现场试验，利用试验结果来实现碰磨振动故障精确诊断。

在开展现场试验时，振动信号的测量方法、选用的仪器设备、振动评价标准应符合 GB/T 11348.1《旋转机械转轴径向振动的测量和评定 第 1 部分：总则》、GB/T 11348.2《机械振动在旋转轴上测量评价机器的振动 第 2 部分：功率大于 50MW，额定工作转速 1500r/min、1800r/min、3000r/min、3600r/min 陆地安装的汽轮机和发电机》、GB/T 6075.1—2012《机械振动 在非旋转部件上测量评价机器的振动 第 1 部分：总则》、GB/T 6075.2—2012《机械振动 在非旋转部件上测量评价机器的振动 第 2 部分：50MW 以上，额定转速 1500r/min、1800r/min、3000r/min、3600r/min 陆地安装的汽轮机和发电机》要求。

一、汽轮机碰磨振动故障诊断基本试验项目

（一）启动升速过程振动试验

1. 试验条件

机组的一切状态符合启动的条件，冷态启动、温态启动和热态启动均可。

2. 试验过程

按照机组运行规程的规定流程，实施机组启动。在启机过程测量机组的振动参数和相关的过程参数。

3. 测量参数与试验数据分析

测量的参数与试验数据分析方法和第四章第四节一（一）（3）和（4）中规定的测量参数项目和分析方法基本相同。在检测的振动信号中，建议重点监测疑似碰磨振动故障发生的转轴两端轴承的垂直振动、转轴的振动。

4. 综合诊断

（1）从振动信号特征的转速特性曲线中查找碰磨振动故障特征。如果获得的转子振动与转速之间的关系曲线形状发生改变，改变规律基本符合图 4-27 描述的特征，说明汽轮机转子存在碰磨故障的可能性大。

（2）从振动信号特征、过程参数特征与启动时间的关系曲线中查找热致振动故障特征。如果发现在转速的停留时间段内（如暖机时间段），机组振动出现类似的周期性波动，说明汽轮机转子存在碰磨故障的可能性大。

(3) 从振动信号特征与过程参数特征关系曲线中查找碰磨振动故障特征。如果发现在转速的停留时间段内（如暖机时间段），振动参数与某一些过程参数（如上下汽缸温差、汽缸两侧的膨胀差、轴封蒸汽温度）之间呈近似线性（或高次）变化关系，说明汽轮机转子存在碰磨故障的可能性大。

(4) 从特定状态下的振动信号的图形特征曲线中查找碰磨振动故障特征。在启机过程中，如果发现在转速的停留时间段内（如暖机时间段），转子振动的时域波形、振动信号的频谱分布、转轴的轴心运动轨迹形状符合本章第三节二（一）～（三）节描述的基本特征，说明汽轮机转子存在碰磨故障的可能性很大。

（二）凝汽器真空变化过程振动试验

若怀疑汽轮机组的低压转子是否存在碰磨振动故障，可开展此项试验，以进一步确证机组是否存在低压转子碰磨振动。

1. 试验条件与试验过程

试验条件与试验过程与第四章第四节一（四）(1) 和 (2) 中规定的基本相同。

2. 测量参数与数据分析方法

测量的参数与试验数据分析方法和第四章第四节一（四）(3) 和 (4) 中规定的测量参数项目和分析方法基本相同。在检测的振动信号中，建议重点测量与分析汽轮机低压转子及其轴承的振动。

3. 综合诊断

(1) 从机组凝汽器真空值、汽缸各监测点金属温度、振动信号特征与试验时间的关系曲线中查找碰磨振动故障特征。

如果发现汽轮机组振动信号特征随时间的变化规律，与机组凝汽器真空值、低压汽缸各监测点金属温度值随时间的变化规律，在变化趋势上有明显的相似（可能有时间上的延迟）性，说明汽轮机转子存在碰磨故障的可能性大。

(2) 从振动信号特征与凝汽器真空、汽缸各监测点金属温度、汽缸膨胀差关系曲线中查找热致振动故障特征。在试验过程中，若发现振动参数与凝汽器真空、低压汽缸各监测点金属温度、汽缸膨胀差之间有明显的正相关关系，说明汽轮机转子存在碰磨故障的可能性大。

(3) 从特定状态下的振动信号的图形特征曲线中查找碰磨振动故障特征。在试验过程中，如果发现在几个不同凝汽器真空值的稳定工况下转子振动的时域波形、振动信号的频谱分布、转轴的轴心运动轨迹形状符合本章第三节二描述的基本特征，说明汽轮机转子存在碰磨故障的可能性很大。

（三）轴封蒸汽温度变化过程振动试验

若怀疑汽轮机组是否存在碰磨振动或碰磨振动是否由轴封系统缺陷引起的，可开展此项试验，以进一步确证汽轮机组是否存在碰磨振动。此项试验可只针对某一特定轴段的汽封来实施。

1. 试验条件与试验过程

试验条件与试验过程与第四章第四节一（五）(1) 和 (2) 中规定的基本相同。

2. 测量参数与数据分析方法

测量的参数与试验数据分析方法和第四章第四节一（五）(3) 和 (4) 中规定的测量

参数项目和分析方法基本相同。在检测的振动信号中，建议重点监测有疑似碰磨振动故障转轴的两端轴承垂直振动、转轴振动。

3. 综合诊断

（1）从试验轴段轴封蒸汽温度值、汽缸各监测点金属温度、振动信号特征与试验时间的关系曲线中查找碰磨振动故障特征。

如果发现机组振动信号特征随时间的变化规律，与轴封蒸汽温度、汽缸各监测点金属温度值、汽缸膨胀差值随时间的变化规律，在变化趋势上有明显的相似（可能有时间上的延迟）性，说明汽轮机转子存在碰磨故障的可能性大。

（2）从振动信号特征与轴封蒸汽温度、汽缸各监测点金属温度、汽缸膨胀差值关系曲线中查找热致振动故障特征。在试验数据分析中，若发现振动参数与轴封蒸汽温度、汽缸各监测点金属温度、汽缸膨胀差值之间有明显的正相关关系，说明汽轮机转子存在碰磨故障的可能性大。

（3）从特定状态下的振动信号的图形特征曲线中查找碰磨振动故障特征。在试验数据分析中，如果发现在几个不同轴封蒸汽温度值的稳定工况下，转子振动的时域波形、振动信号的频谱分布、转轴的轴心运动轨迹形状符合本章第三节二（一）～（三）描述的基本特征，说明汽轮机转子存在碰磨振动故障的可能性很大。

（四）滑动轴承润滑油温度、压力变化过程振动试验

若怀疑汽轮机组是否存在碰磨振动或碰磨振动是否由转轴与轴瓦摩擦（或转轴与油挡摩擦）引起的，可开展此项试验，以进一步确证汽轮机组是否存在碰磨振动。此项试验可只针对某一特定轴承来实施。

1. 试验条件

（1）转轴的转速恒定。

（2）机组的有功负荷保持稳定。

（3）机组的进汽参数（温度、压力）保持稳定。

（4）回热加热系统保持正常投入。

（5）凝汽器真空保持恒定，轴封蒸汽参数（压力、温度）保持稳定。

2. 试验过程

此项试验分为轴承进油温度变化试验和进油压力变化试验。

（1）轴承进油温度变化试验。维持轴承进油压力恒定，按照机组运行规程的规定程序和允许的轴承润滑油进油温度限值，进油温度在当前值的基础上分别增加 5、10℃，然后在当前值的基础上分别降低 5、10℃。在每一个进油温度值上，维持进油温度不变约 30min，连续检测机组振动参数和相关的过程参数。

（2）轴承进油压力变化试验。维持轴承进油温度恒定，按照机组运行规程的规定程序和允许的轴承润滑油进油压力限值，进油压力在当前值的基础上分别增加 5%、10%，然后在当前值的基础上分别降低 5%、10%。在每一个进油压力值上，维持进油压力不变约 30min，连续检测机组振动参数和相关的过程参数。

3. 测量参数

（1）在试验开始和结束时记录如下数据：

1）主蒸汽、再热蒸汽参数（温度，压力）。

2）机组有功负荷。

3）凝汽器真空值，轴封蒸汽温度值、压力值。

4）汽缸各监测点的金属温度值、汽缸的膨胀值。

（2）试验过程中持续记录如下数据：

1）试验轴承润滑油温度、压力值。

2）机组各轴承的垂直振动。

3）机组各轴承处的转轴振动（X 方向、Y 方向）。

4. 数据分析方法

根据试验过程检测到的振动数据和过程参数，绘制下列曲线：

（1）试验轴承润滑油进油温度值和压力值、振动信号特征与试验时间的关系曲线。这些曲线主要有：

1）试验轴承及其对应的转轴宽带振动量值随试验时间的关系曲线。

2）试验轴承及其对应的转轴 $1X$ 振动（1 倍频振动）量值、相位随试验时间的关系曲线。

3）试验轴承进油温度随试验时间的关系曲线。

4）试验轴承进油压力随试验时间的关系曲线。

（2）振动信号特征与过程参数特征关系曲线。主要包括：

1）试验轴承及其对应的转轴宽带振动量值随轴承润滑油进油温度（压力）的变化关系曲线。

2）试验轴承及其对应的转轴 $1X$ 振动（1 倍频振动）量值、相位随润滑油进油温度（压力）的变化关系曲线。

（3）特定状态下的振动信号的图形特征曲线。主要包括：

1）在润滑油进油温度（压力）变动前后的典型稳定工况下，试验轴承处转轴中心运动轨迹曲线。

2）在润滑油进油温度（压力）变动前后的典型稳定工况下，转轴、轴承座振动信号的时域波形特征、频谱特征等。

5. 综合诊断

（1）从试验轴承润滑油进油温度值和压力值、振动信号特征参数与试验时间的关系曲线中查找碰磨振动故障特征。

在试验轴承润滑油进油温度（压力）变化试验过程中，转速、机组负荷和其他参数维持基本恒定，机组的热状态基本稳定，试验轴承中润滑油的工作状态随进油温度和压力的变化而变化，轴颈在轴承中的浮起高度、轴颈与油挡之间的间隙与润滑油的温度和压力密切相关。如果发现机组试验轴承及其对应转轴振动信号特征随时间的变化规律，与轴承润滑油温度（压力）随时间的变化规律，在变化趋势上有明显的相似性，可判断试验轴承处存在碰磨振动。

（2）从振动信号特征与轴承润滑油温度（压力）关系曲线中查找碰磨振动故障特征。

在试验数据分析中，若发现试验轴承及其对应转轴振动信号参数与润滑油温度（压力）之间有明显的正相关关系，可判断试验轴承处存在碰磨振动。

（3）从特定状态下的振动信号的图形特征曲线中查找热致振动故障特征。

在试验数据分析中，如果发现在几个不同润滑油温度（压力）值的稳定工况下，试验轴承及其对应的转轴振动的时域波形、振动信号的频谱分布、转轴的轴心运动轨迹形状符合本章第三节二描述的基本特征，说明汽轮机转子与试验轴承（或油挡）存在碰磨的可能性很大。

二、发电机碰磨振动故障诊断基本试验项目

目前，大容量汽轮发电机的转子多数采用氢气冷却。为防止外界气体进入发电机以及机内氢气漏出，所有氢冷发电机组都装有油密封装置。油密封是以压力油注入密封瓦与转轴之间的间隙，在静止部分与转动部分的间隙中形成一层油膜。为了达到密封作用，油压应比氢压高，同时油流也起冷却与润滑密封瓦的作用。

发电机密封瓦有双流环式瓦和单流环式瓦，国产机组主要采用双流环式瓦。密封装置的密封原理为通过差压阀将密封瓦外挡处的空气侧密封油压始终保持在高出发电机内气体压力一定值的水平上，从而防止氢气漏出及空气进入发电机；通过平衡阀，密封瓦内挡处的氢侧密封油始终跟踪空侧油压，从而使空气、氢气侧密封油压相等或油压差保持在一定值以内，防止了空气与潮汽侵入发电机内部，保证了发电机内氢气的纯度。

所谓双流环式密封瓦是指密封瓦的氢气侧与空气侧各自形成独立的循环油路，通过平衡阀的控制使两路油压维持均衡，限制两路油相互窜流，从而达到减少氢气外漏和维持机内纯度的目的。油与空气和氢气之间的隔绝是采用两道迷宫式油挡来实现的，氢侧为了防止油进入发电机内，还有一道迷宫式外油挡阻止油进入发电机。双流环油密封结构如图 5-30 所示，双流环油密封外形见图 5-31。

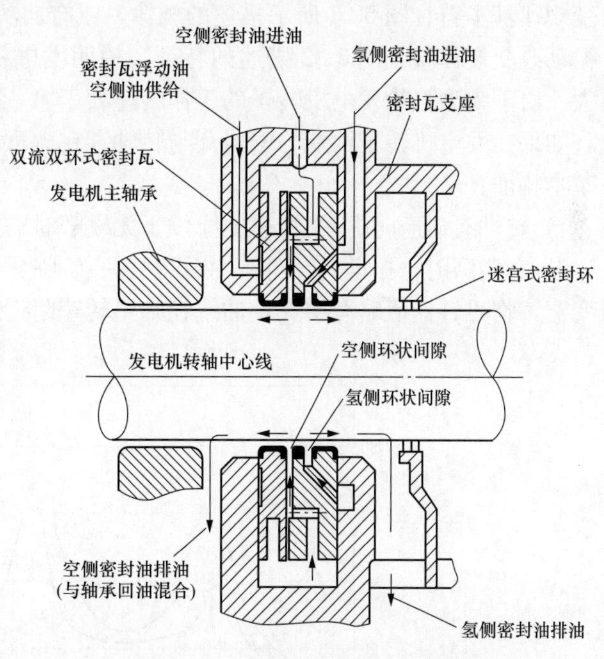

图 5-30　双流环油密封结构示意

发电机油密封装置位于发电机转轴的两端，当油密封装置的密封环浮动性能差时，容易与密封座、转轴发生碰磨，引起发电机转子的异常振动。正因为密封环位于发电机转子的两端，密封环与转轴发生碰磨时，比较容易激起发电机转子的二阶振型。而多数有功功率在 600MW 及以上的大功率汽轮发电机，其转子的第二阶临界转速低于工作转速，因此，密封环碰磨容易在发电机转子第二阶临界转速附近激起异常振动。

下面简单陈述如何用一些常规试验来诊断发电机密封瓦碰磨振动故障。

（一）冷态启动升速过程振动试验

1. 试验条件

机组的金属温度接近环境温度，机组的一切状态符合冷态启动的条件。

图 5-31 双流环油密封外形

2. 试验过程

按照机组运行规程的规定流程，实施机组启动。在启机过程测量机组的振动参数和相关的过程参数。

3. 测量参数与试验数据分析

测量的参数与试验数据分析方法与第四章第四节一（一）3 和 4 中规定的测量参数项目和分析方法基本相同。在检测的振动信号中，建议重点监测发电机转轴两端轴承的垂直振动、发电机转轴的振动。

4. 综合诊断

（1）从振动信号特征的转速特性曲线中查找碰磨振动故障特征。对于有功功率在 300MW 及以下的汽轮发电机，如果获得的转子振动与转速之间的关系曲线形状发生改变，改变规律基本符合图 5-27 所示描述的规律，或有功功率在 600MW 及以上的汽轮发电机转子振动改变规律符合图 5-32 描述的特征，说明发电机转子与密封环存在碰磨故障的可能性大。由于大型汽轮发电机转子的工作转速大于第一阶临界转速，甚至大于第二阶临界转速，如果在发电机转子两端的密封环与转轴存在碰磨故障，启动升速特性曲线可发现有如下基本特征：

1）转轴有碰磨时振动-转速曲线位于无碰磨时的振动-转速曲线之上。

2）有碰磨时，振动-转速特性曲线在第一阶临界转速和第二阶临界转速附近的峰值区域变宽，临界转速值略有增大，曲线在临界转速附近变得更加平坦。

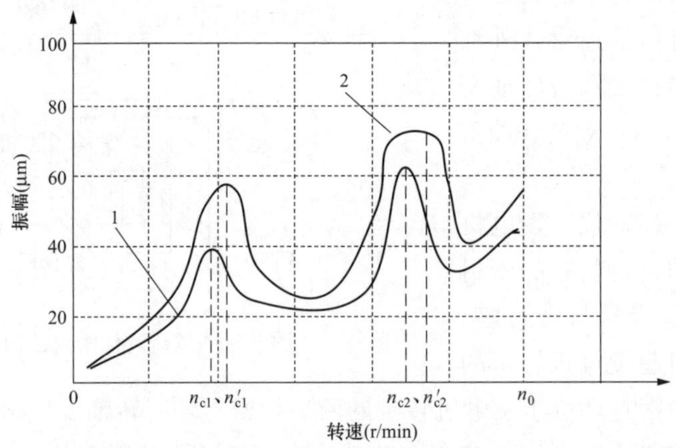

图 5-32 发电转子与密封瓦有碰磨时转子升速特性曲线对比

1—无碰磨时转子振幅与转速的关系；2—有碰磨时转子振幅与转速的关系

（2）从振动信号特征参数、过程参数特征与启动时间的关系曲线中查找碰磨振动故障特征。如果发现在转速的停留时间段内（如暖机时间段），发电机振动出现类似的周期性波动，变化，说明发电机转子在密封环处存在碰磨的可能性大。

（3）从振动信号特征与过程参数特征关系曲线中查找碰磨振动故障特征。如果发现在转速的停留时间段内（如暖机时间段），振动特征参数与某一些过程参数（如密封油温度、密封油压力、空气侧密封油压力与氢侧密封油压力之差）之间呈近似线性（或高次）变化关系，说明发电机转子与密封环存在碰磨的可能性大。

（4）从特定状态下的振动信号的图形特征曲线中查找碰磨振动故障特征。在启机过程中，如果发现在转速的停留时间段内（如暖机时间段），发电机转子振动的时域波形、振动信号的频谱分布、转轴的轴心运动轨迹形状符合本章第三节二（一）～（三）描述的基本特征，说明发电机转子与密封环存在碰磨的可能性很大。

（二）定转速下密封油温度（压力）变化过程振动试验

若怀疑发电机转子与密封环之间是否存在碰磨，可开展此项试验，以进一步确诊发电机转子与密封环是否存在碰磨振动。

1. 试验条件

（1）转轴的转速恒定，试验转速可以选在启机过程的高速暖机转速，也可以定在额定转速。

（2）如在带负荷工况开展试验，则机组的有功负荷保持稳定。

（3）机组的进汽参数（温度、压力）保持稳定。

（4）回热加热系统保持正常投入。

（5）凝汽器真空保持恒定，轴封蒸汽参数（压力、温度）保持稳定。

（6）发电机内氢气温度、压力维持稳定。

（7）支承轴承润滑油温度、压力维持稳定。

2. 试验过程

此项试验分为轴承进油温度变化试验和进油压力变化试验。

（1）密封环进油温度变化试验。维持密封环氢侧进油和空侧进油压力恒定（即密封环两侧的压差恒定），按照机组运行规程的规定程序和允许的密封环进油温度限值，进油温度在当前值的基础上分别增加5、10℃，然后在当前值的基础上分别降低5、10℃。在每一个进油温度值上，维持进油温度不变约30min，连续检测发电机振动参数和相关的过程参数。

（2）密封环进油压力变化试验。维持密封环氢侧和空侧进油温度恒定，按照机组运行规程的规定程序和允许的密封环进油压力限值，两侧进油压力差值在当前值的基础上分别增加5％、10％，然后在当前值的基础上分别降低5％、10％。在每一个进油压力差值上，维持进油压力不变约30min，连续检查检测机组振动参数和相关的过程参数。

3. 测量参数

（1）在试验开始和结束时记录如下数据：

1）主蒸汽、再热蒸汽参数（温度、压力）。

2）机组转速（或机组有功负荷、励磁电流）。

3）发电机内氢气温度、压力值，凝汽器真空值，轴封蒸汽温度值、压力值。

4）汽轮机汽缸各监测点的金属温度值、汽缸的膨胀值。

5）发电机内氢气温度、压力值。

6）机组支承轴承润滑油温度、压力值。

（2）试验过程中持续记录如下数据：

1）发电机密封油温度、压力值。

2）发电机两端支承轴承的垂直振动。

3）发电机转轴振动（X 方向、Y 方向）。

4. 数据分析方法

根据试验过程检测到的振动数据和过程参数，绘制下列曲线：

（1）发电机密封环进油温度值和压力值、振动信号特征与试验时间的关系曲线。这些曲线主要有：

1）发电机轴承、转轴宽带振动量值随试验时间的关系曲线。

2）发电机轴承、转轴 1X 振动（1 倍频振动）量值、相位随试验时间的关系曲线。

3）发电机密封环进油温度随试验时间的关系曲线。

4）发电机密封环进油压力随试验时间的关系曲线。

（2）振动信号特征与过程参数特征关系曲线。主要包括：

1）发电机轴承、转轴宽带振动量值随密封油进油温度（压力）的变化关系曲线。

2）发电机轴承、转轴 1X 振动（1 倍频振动）量值、相位随润滑油进油温度（压力）的变化关系曲线。

（3）特定状态下的振动信号的图形特征曲线。主要包括：

1）在密封油进油温度（压力）变动前后的典型稳定工况下，发电机转轴中心运动轨迹曲线。

2）在密封油进油温度（压力）变动前后的典型稳定工况下，发电机转轴、轴承座振动信号的时域波形特征、频谱特征等。

5. 综合诊断

（1）从发电机密封环进油温度值和压力值、振动信号特征参数与试验时间的关系曲线中查找碰磨振动故障特征。

在发电机密封环进油温度（压力）变化试验过程中，机组转速、负荷和其他参数维持基本恒定，发电机的热状态基本稳定，密封环的工作状态随进油温度和压力的变化而变化，密封环的浮动性能（包括发电机转轴表面与密封环内圆之间的间隙、密封环与密封座之间的间隙、密封环在密封座内的运动阻尼等）与密封油的温度和压力密切相关。如果发现发电机支承轴承和转轴振动信号特征随时间的变化规律，与密封油温度（压力）随时间的变化规律，在变化趋势上有明显的相似性，可判断发电机密封环处存在碰磨。

（2）从振动信号特征与密封油温度（压力）关系曲线中查找碰磨振动故障特征。

在试验数据分析中，若发现发电机支承轴承、转轴振动特征参数与润滑油温度（压力）之间有明显的相关关系，可判断发电机密封环处存在碰磨。

密封油温度对发电机转子振动影响较为复杂。密封瓦空侧和氢侧油温对密封瓦浮动性能有较大的影响，一般规律是油温高，浮动性能好。在机组冷态启动中由于空侧密封油没有加温装置，油温偏低，油的黏度大，使浮动性能降低，导致密封瓦碰磨，已在国内多台机组上发生过类似故障，但一般是在发电机通过临界转速前。例如，在某国产 300MW 汽轮发电机经过多次试验中发现，启动时密封油温低于 40℃时容易出现密封瓦碰磨而使振动增大。除密封油温外，还应注意氢气侧和空气侧密封油温的温差，油温偏低和温差大容易出现振动，上述 300MW 汽轮发电机在某次启动中空气侧密封油温为 43℃，氢气侧油温为

37℃，两侧密封油温差为6℃，由于密封油温偏低和温差偏大，当转速升至2140r/min时，瓦振6号垂直方向已达74μm，不得不打闸停机；还可以观察到，在2140r/min左右，瓦振6号垂直方向、5号垂直方向多次出现起伏变化，且两者几乎有完全相同的变化规律，出现了典型的碰磨振动故障特征。

密封油的压力（或者空气侧密封油压与氢气侧密封油压之差）对发电机转子与密封环碰磨的影响的机理为氢气侧密封油压力比空气侧密封油压力略高，由于密封装置的结构特点，经计算，密封油作用在密封环上有一个净轴向力，该力指向空气侧（见图5-33）。当密封环在密封座中的浮动性能恶化时，密封环紧紧贴在密封座上，而转子表面与密封环内圆就发生碰磨。

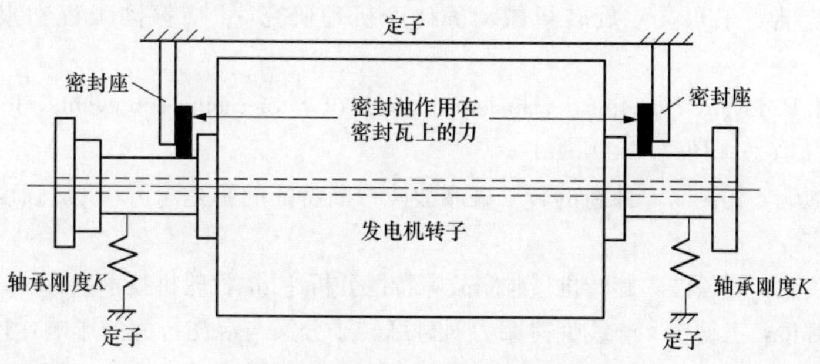

图5-33　作用在密封瓦上的净轴向力

（3）从特定状态下的振动信号的图形特征曲线中查找碰磨振动故障特征。

在试验数据分析中，如果发现在几个不同密封油温度（压力）值的稳定工况下，发电机支承轴承和转轴振动的时域波形、振动信号的频谱分布、转轴的轴心运动轨迹形状符合本章第三节二（一）～（三）描述的基本特征，说明发电机转子在密封环处存在碰磨的可能性很大。

参考文献

[1] 张国忠，魏继龙．汽轮发电机组振动诊断及实例分析［M］．北京：中国电力出版社，2018.

[2] 施维新，石静波．汽轮发电机组振动及事故．2版．［M］．北京：中国电力出版社，2017.

[3] 寇胜利．汽轮发电机组的振动及现场平衡［M］．北京：中国电力出版社，2007.

[4] 张学延．汽轮发电机组振动诊断［M］．北京：中国电力出版社，2008.

[5] 李录平．汽轮机组故障诊断技术［M］．北京：中国电力出版社，2002.

[6] 李录平，卢绪祥．汽轮发电机组振动与处理［M］．北京：中国电力出版社，2007.

[7] 李录平，晋风华．汽轮发电机组碰磨故障的检测、诊断与处理［M］．北京：中国电力出版社，2006.

[8] 李录平，邹新元，晋风华．柔性转子不平衡分布对摩擦振动行为的影响分析［J］．动力工程，2005，25（6）：757-760.

[9] 李录平，邹新元，晋风华，等．基于矢量分析的转子碰磨故障轴向定位方法［J］．热能动力工程，2006，21（1）：27-30.

[10] 李录平，晋风华，游立元，等．汽轮发电机组起动过程振动故障诊断与处理措施［J］．热力发电，2006（11）：37-41.

[11] 黄琪，余波，李录平，等．基于声发射检测的滑动轴承状态诊断实验研究［J］．电站系统工程，2008，24（2）：15-16+20.

[12] 李录平，黄琪，邹新元，等. 大功率汽轮发电机组碰磨引起的振动突变机理 [J]. 电力科学与技术学报，2007，22 (1)：51-55.

[13] 李录平，徐煜兵，贺国强，等. 旋转机械常见故障的实验研究 [J]. 汽轮机技术，1998，40 (1)：33-38.

[14] 李录平，韩西京，韩守木，等. 从振动频谱中提取旋转机械故障特征的方法 [J]. 汽轮机技术，1998，40 (1)：11-14+43.

[15] PAUL GOLDMAN，AGNES MUSZYNSKA and DONALD E. Bentlythermal bending of the rotor due to rotor-to-stator rub [J]. International Journal of Rotating Machinery，2000，6 (2)：91-100.

[16] 马建敏，张文，郑铁生. 转子系统参数对碰摩转速的影响 [J]. 西南交通大学学报，2003，38 (3)：537-539.

[17] 戈志华，高金吉，王永文. 旋转机械动静碰摩机理研究 [J]. 振动工程学报，2003，16 (4)：426-429.

[18] F. K. Choy，J. Padovan，Non-linear transient analysis of rotor-casing rub events，Journal of Sound and Vibration，113 (3) (1987) 529-545.

[19] 何成兵，顾煜炯，杨昆. 一种新的转子碰摩故障诊断特征的研究 [J]. 机械强度，2003，25 (4)：355-359.

[20] 武新华，刘占生，夏松波. 旋转机械碰摩故障特性分析 [J]. 汽轮机技术，1996，38 (1)：31-34.

[21] 袁惠群，闻邦椿，王德友. 非线性碰摩力对碰摩转子分叉与混沌行为的影响 [J]. 应用力学学报，2001，18 (4)：16-20.

[22] 万方义，许庆余，张小龙，等. 油膜支承转子系统动静件碰摩特征分析 [J]. 应用力学学报，2002，20 (2)：17-21.

[23] F. Chu，Z. Zhang，Periodic quasi-periodic and chaotic vibrations of a rub-impact rotor system supported on oil film bearings，International Journal of Engineering Science 35 (10/11) (1997) 963-973.

[24] 孙政策，徐健学，周桐，等. 碰摩转子中弯扭耦合作用的影响分析 [J]. 应用数学和力学，2003，24 (11)：1163-1169.

[25] 李舜酩，李香莲. 不平衡转子弯扭耦合振动分析. 山东工程学院学报，2002，14 (2)：5-10.

[26] S. Edwards，A. W. Lees，M. I. Friswell，The influence of torsion on rotor/stator contact in rotating machinery，Journal of Sound and Vibration 225 (5) (1999) 767-778.

[27] 杨树华，杨积东，郑铁生，等. 基于 Hertz 接触理论的转子碰摩模型 [J]. 应用力学学报，2003，20 (4)：61-64.

[28] 王德友. 旋转机械转静子碰摩振动特性 [J]. 航空发动机，1998 (2)：37-41.

第六章　转子不对中故障描述理论与试验诊断策略

第一节　概　　述

一、转子不对中的概念与类型

（一）转子不对中的概念

大型汽轮发电机组轴系通常由多个转子组成，转子与转子之间用联轴器连接，承担着传递运动和转矩的任务。由于机器的安装误差、工作状态下热膨胀、承载后的变形及机器基础的不均匀沉降等，有可能会造成机器工作时各转子轴线之间产生不对中。

所谓“转子不对中心”或“转子不对中”（又称为“转子中心不正”）是指两个转子连接后不成一直线。

（二）转子不对中的分类

大功率汽轮发电机组的各段转子，一般采用刚性联轴器连接。这种用刚性联轴器连接的转子，其中心偏差有如下几种类型：平行不对中、偏角不对中、平行偏角不对中。

所谓平行不对中，是指互相连接的两根转子的中心线产生了平行偏移，如图 6-1（a）所示。偏角不对中是指互相连接的两根转子的中心线存在一定的夹角，如图 6-1（b）所示。平行偏角不对中，是指互相连接的两根转子的中心线既产生了平行偏移，又存在一定的夹角，如图 6-1（c）所示。

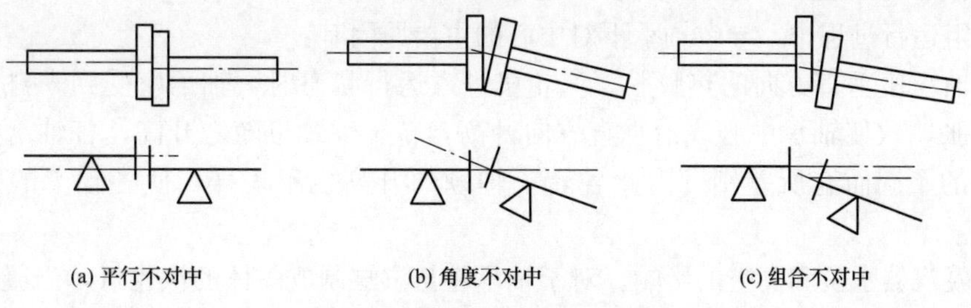

图 6-1　转子不对中的几种类型

二、转子不对中的主要原因

转子的对中性包括静止状态下的冷对中和运行状态下的热对中。影响转子对中性的因素主要是联轴器的制造、安装误差，以及连接到机组上的管道系统、支座与基础、机架、应对中的各转子的温度差异等。

（一）联轴器不对中的原因

1. 制造方面的原因

在联轴器的加工过程中，由于工艺或测量等原因造成端面与轴心线不垂直或端面螺栓孔的圆心与轴颈不同心。这种情况的联轴器处会产生一个附加弯矩，但这个弯矩的大小和方向不随时间及运行条件的变化而变化，只相当于在联轴器处施加了一个不平衡力，其结果是在联轴器附近产生较大的一阶振动，通过加平衡质量的方法容易消除。

2. 安装误差方面的原因

联轴器装配要求保证被连接的两根转子的同心度达到规定要求，但是，装配过程未符合规定的同心度要求，同心度偏差偏大，将使联轴器、转子及轴承产生附加载荷，从而引起转子振动、轴承磨损，甚至发生疲劳断裂事故。

（二）轴承不对中的原因

1. 安装方面的原因

（1）安装工艺未达到要求，导致机组在冷态下就出现轴承不对中心。在机组安装（检修）过程中，要求机组各轴承中心满足下面两个基本要求：在垂直轴线的水平方向，要求各轴承完全同心，且各轴承中心与转子中心相同；在垂直方向，要求各轴承中心的高度差别能使转子形成合理的扬度曲线，各轴承承担的转子载荷分布合理。但是，在机组实际安装过程中，由于安装偏差导致上述两个条件不能得到满足，从而使转子承担过大的冷态预载荷，当转子旋转时产生振动。

（2）因安装工艺粗糙，轴承座与基础台板间的接触不均匀，而且接触表面锈蚀十分严重；基础台板部分位置出现拉毛现象；轴承座底部润滑油槽的润滑油已固化并与水锈结成块，完全失去润滑功效等。上述因素将导致运行过程中轴承座膨胀不畅而出现水平方向不对中。

2. 运行方面的原因

在机组运行过程中，由于温度、内部介质压力、大气压力、热膨胀等因素的影响，会导致各轴承座的相对位置发生不均匀、不同步的变化，导致转子轴颈中心在轴承中的位置发生变化，一旦轴颈与轴承的相对位置发生改变，轴承油膜的动特性会随之发生改变，而且会在联轴器处产生附加弯矩。

在机组运行过程中，导致轴承不对中心的主要原因有：

（1）轴承座垂直方向的热膨胀。汽轮机进入运行状态时，轴承座受到来自汽缸的辐射热而膨胀，致使轴承中心线沿垂直方向升高，转子轴颈也随之升高，各轴承座的热膨胀随温升的不同而有所差别，因此各转子轴颈的升高也不一样，使各轴承的载荷发生变化。

（2）凝汽器水位和真空的影响。对于轴承座与汽缸制成一体的汽轮机，当凝汽器水位或真空发生变化时，均可能使低压缸中心发生变化，同时导致轴承座的标高发生变化。如国产 300MW 汽轮机组，抽真空后可使低压转子两端轴承标高降低 0.3～0.5mm。

（3）发电机氢温、氢压的影响。对于氢冷发电机，若发电机两端轴承为端盖式轴承，转子支承在端盖上，充氢后或氢温、氢压发生变化时，会使轴承标高发生变化。例如，国产 300MW 机组现场实测结果表明，充氢后使发电机轴承标高下降 0.15mm 左右，但也有充氢后使轴承标高上升的情形。

（4）汽缸散热的影响。汽缸散热使轴承温度升高，如国产某型 300MW 汽轮机组，高中压缸两端猫爪分别支承在前、后轴承座上，汽缸散热可直接对轴承座进行加热，经实测，运行中轴承座温度可平均升高 40℃左右，该轴承座高接近 1m，故标高可变化 0.4～0.5mm。

（5）轴承回油温度的影响。由于轴承回油温度高于环境温度，对轴承座有加热作用，有些轴承坐落在基座上，加热作用相对较小。例如，经对国产某 65MW 机组的发电机和励磁机轴承在运行中标高变化分别进行测试，发现励磁机轴承由于坐落在基座上，回油温度影响较小，标高上抬量比发电机轴承少 0.10mm 左右。

（6）轴承座膨胀不畅的影响。这主要反映在前轴承座上，由于膨胀不畅或收缩时受阻，使轴承座上翘，使轴系中心受到影响，同时又降低了支承刚度，使前轴承和车头引起振动。

（7）调节阀切换的影响。300MW 机组当从单阀控制切换到顺序阀控制时，由于汽流力的影响使转子位置发生变化，影响到轴系中心，直接影响到油膜压力的变化，当下部阀门开启时，汽流力对转子有上抬作用，油膜压力降低，容易出现不稳定振动；反之，使油膜压力增高，增加稳定性。

三、转子不对中对轴系产生的影响

（一）刚性联轴器连接转子不对中故障机理

具有不对中故障的转子系统在其运转过程中将产生一系列有害于设备的动态效应，如引起机器联轴器偏转、轴承早期损坏、油膜失稳、轴弯曲变形等，导致机器发生异常振动，危害极大。

刚性联轴器连接的转子对中不良时，由于强制连接所产生的力矩，不仅使转子发生弯曲变形，而且随转子轴线平行位移或轴线角度位移的状态不同，其变形和受力情况也不一样，如图 6-2 所示。

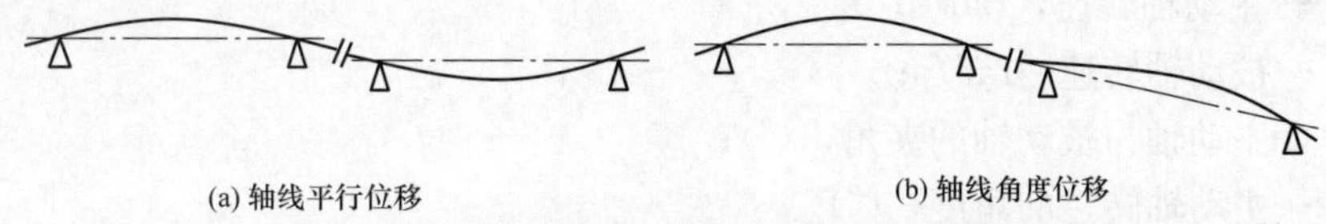

图 6-2　刚性联轴器连接转子不对中情况示意

用刚性联轴器连接的转子，当存在不对中心故障时，转子往往是既有轴线平行位移，又有轴线角度位移的综合状态，转子所受的力既有径向交变力，又有轴向交变力。

因联轴器不对中而产生弯曲变形的转子，当主动转子按一定转速旋转时，从动转子的转速会产生周期性变动，每转动一周变动两次，因而其振动频率为转子转动频率的两倍。

（二）轴承不对中的故障机理

轴承不对中实际上反映的是轴承座标高和左右位置的偏差（见图 6-3）。由于结构上的原因，轴承在水平方向和垂直方向上具有不同的刚度和阻尼，不对中的存在加大了这种差别。虽然油膜既有弹性又有阻尼，能够在一定程度上弥补不对中的影响，但不对中过大时，会使轴承的工作条件改变，在转子上产生附加的力和力矩，甚至使转子失稳或产生碰磨。

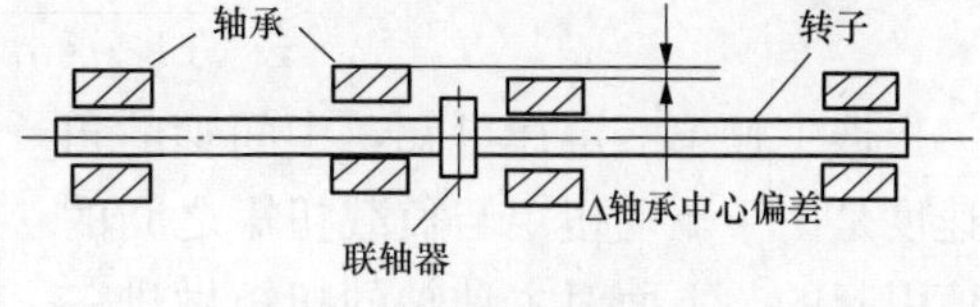

图 6-3　轴承座不对中示意

轴承不对中同时又使轴颈中心和平衡位置发生变化，使轴系的载荷重新分配，负荷大的轴承油膜呈现非线性，在一定条件下出现高次谐波振动；负荷较轻的轴承易引起油膜涡动，进而导致油膜振荡。支承载荷的变化还会使轴系的临界转速和振型发生改变。

第二节　描述汽轮发电机组转子不对中故障的基本理论

一、存在不对中的转子的运动学描述

无论是联轴器不对中，还是轴承不对中，故障对转子造成的影响基本类似。下面针对联轴器不对中心故障，来推导转子运动的描述方程。

联轴器不对中，主要有两种基本形式：平行不对中和偏角不对中。实际情况下，是上述两种不对中的组合，称为平行偏角不对中。不管是哪种不对中形式，转子一旦连成一个整体，相互连接的转子之间会发生变形，两根转子之间的实际轴线不成一根直线，而是成一定的夹角。因此，转子不对中，可以简化成图 6-4 所示的模型。

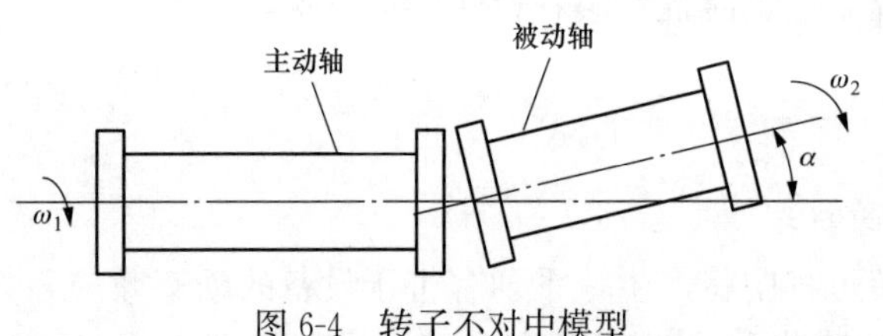

图 6-4　转子不对中模型

如图 6-4 所示，主动轴与被动轴之间的夹角为 α，由于主动轴与被动轴的不对中，将产生一种所谓的“万向联轴节效应”，即主动轴与被动轴之间的传动比并不为 1，而是符合下列关系式，即

$$i=\frac{\omega_2}{\omega_1}=\frac{\cos\alpha}{1-\sin^2\alpha\cos^2\phi_1} \tag{6-1}$$

式中　ω_1——主动轴转速，rad/s；

ω_2——被动轴转速，rad/s；

α——主动轴与被动轴的夹角，(°)；

ϕ_1——主动轴转过的角度，(°)。

由于主动轴转速恒定，所以有如下关系，即

$$\phi_1=\omega_1 t \tag{6-2}$$

因此，式（6-1）又可以写成下面的形式，即

$$\omega_2=\frac{\cos\alpha}{1-\sin^2\alpha\cos^2\omega_1 t}\omega_1 \tag{6-3}$$

对式（6-3）两边求导数，可得被动轴的角加速度为

$$\varepsilon_2=\frac{\cos\alpha\sin^2\alpha\sin 2\omega_1 t}{(1-\sin^2\alpha\cos^2\omega_1 t)^2}\omega_1^2 \tag{6-4}$$

根据牛顿第二定律可知，中间轴的角加速度是由于驱动扭矩与负载扭矩之间的差值引起的。下面对主动轴的扭矩做进一步分析。

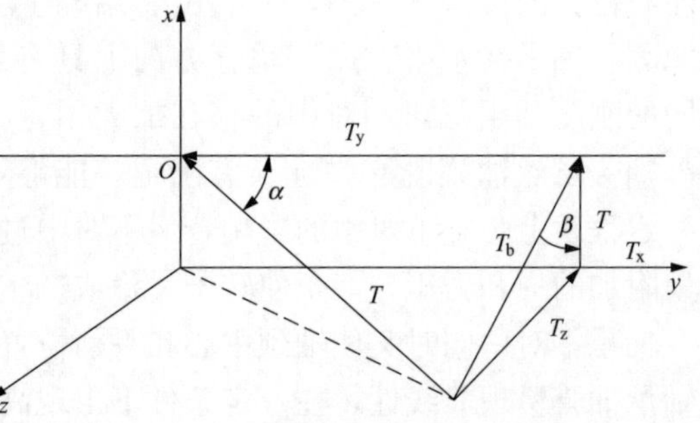

图 6-5　主动轴输出扭矩分解示意图

图 6-5 所示为主动轴输出扭矩分解示意图，T 是主动轴的输出扭矩，主动轴与被动轴的夹角是 α，主动轴与被动轴所在平面与垂直平面的夹角是 β。T_y、T_x、T_z 分别是 T 在 y、x、z 三轴上的分量，

其中 T_y 是与被动轴同方向的，它就是引起中间轴角加速度的扭矩。

由牛顿第二定律有

$$T_y = J\varepsilon_2 \tag{6-5}$$

式中　J——被动轴的转动惯量。

由三角函数关系可得

$$T_x = T_b\cos\beta = T_y\tan\alpha\cos\beta = J\varepsilon_2\tan\alpha\cos\beta \tag{6-6}$$

将式（6-4）代入得

$$T_x = J\omega_1^2\sin^3\alpha\cos\beta\times\frac{\sin 2\omega_1 t}{(1-\sin^2\alpha\cos^2\omega_1 t)^2} \tag{6-7}$$

同理，有

$$T_z = J\omega_1^2\sin^3\alpha\sin\beta\times\frac{\sin 2\omega_1 t}{(1-\sin^2\alpha\cos^2\omega_1 t)^2} \tag{6-8}$$

令

$$f(t) = \frac{\sin 2\omega_1 t}{(1-\sin^2\alpha\cos^2\omega_1 t)^2} \tag{6-9}$$

则有

$$\begin{cases} T_x = K_x f(t) \\ T_z = K_z f(t) \end{cases} \tag{6-10}$$

这里，$K_x = J\omega_1^2\sin^3\cos\beta$，$K_z = J\omega_1^2\sin^3\sin\beta$。

$f(t)$ 是周期为 $T=\dfrac{\pi}{\omega_1}$ 的周期函数，并且在 $\left[-\dfrac{\pi}{2\omega_1},\ \dfrac{\pi}{2\omega_1}\right]$ 上有限可积。将 $f(t)$ 展开成傅立叶级数得

$$f(t) = \frac{a_0}{2} + \sum_{n=1}^{\infty}(a_n\cos n\omega t + b_n\sin n\omega t) \tag{6-11}$$

其中

$$a_0 = \frac{\omega_1}{2\pi}\int_{-\frac{\pi}{2\omega_1}}^{\frac{\pi}{2\omega_1}} f(t)\,\mathrm{d}t \quad \omega = \frac{2\pi}{T} = 2\omega_1 \tag{6-12}$$

$$a_n = \frac{\omega_1}{2\pi}\int_{-\frac{\pi}{2\omega_1}}^{\frac{\pi}{2\omega_1}} f(t)\cos n\omega t\,\mathrm{d}t = \frac{\omega_1}{2\pi}\int_{-\frac{\pi}{2\omega_1}}^{\frac{\pi}{2\omega_1}} f(t)\cos 2n\omega_1 t\,\mathrm{d}t \tag{6-13}$$

$$b_n = \frac{\omega_1}{2\pi}\int_{-\frac{\pi}{2\omega_1}}^{\frac{\pi}{2\omega_1}} f(t)\sin n\omega t\,\mathrm{d}t = \frac{\omega_1}{2\pi}\int_{-\frac{\pi}{2\omega_1}}^{\frac{\pi}{2\omega_1}} f(t)\sin 2n\omega_1 t\,\mathrm{d}t \tag{6-14}$$

因此，有

$$f(t) = \frac{a_0}{2} + \sum_{n=1}^{\infty}(a_n\cos 2n\omega_1 t + b_n\sin 2n\omega_1 t) \tag{6-15}$$

将式（6-15）代入式（6-10）得

$$\begin{aligned} T_x &= \frac{a_0 K_x}{2} + K_x\sum_{n=1}^{\infty}(a_n\cos 2n\omega_1 t + b_n\sin 2n\omega_1 t) \\ &= A + \sum_{n=1}^{\infty}B_n\sin(2n\omega_1 t + \phi_n) \end{aligned} \tag{6-16}$$

$$T_z = \frac{a_0 K_z}{2} + K_z\sum_{n=1}^{\infty}(a_n\cos 2n\omega_1 t + b_n\sin 2n\omega_1 t)$$

$$=C+\sum_{n=1}^{\infty}D_n\sin2n\omega_1(t+\phi_n) \tag{6-17}$$

式（6-16）和式（6-17）中，A、b_n、ϕ_n 和 C、D_n、ϕ_n 都是常数。其中，$A=\frac{a_0K_x}{2}$，$C=\frac{a_0K_z}{2}$；B_n、ϕ_n 和 D_n、ϕ_n 由三角函数 $a\sin(A)+b\cos(A)=\sqrt{a^2+b^2}\sin(A+\varphi)$，$\tan(\varphi)=b/a$ 推导而来。式（6-16）、式（6-17）是由于不对中引起的扭矩分量的理论计算式。

T_x 和 T_z 是相互垂直并且都垂直于被动轴的扭矩分量，它们是引起被动轴横向振动的扭矩。由式（6-16）和式（6-17）可以看出，它们都是由一个直流分量和若干个频次的简谐分量组成的。这些简谐分量的频率都是主动轴转速频率的偶数倍。因此，可以得出结论，系统的振动将取决于主动轴转速与被动轴固有频率的关系。当被动轴的固有频率等于或接近主动轴转速频率的偶数倍时，将发生共振，从而使由于装配不对中引起的振动放大并成为系统的主振源。因此，即使主动轴的工作转速低于被动轴的临界转速，仍有可能发生共振现象。

二、不对中引起的振动特征

（一）不对中故障引起的振动频率特征

根据式（6-7），α 分别为 0.1°、0.5°时扭矩分量的时域波形和频谱特征见图 6-6。从图 6-6 可以看出，不对中故障引起的波动扭矩中，其典型的频率成分为主动轴旋转频率的 2 倍，即 2 倍频成分。

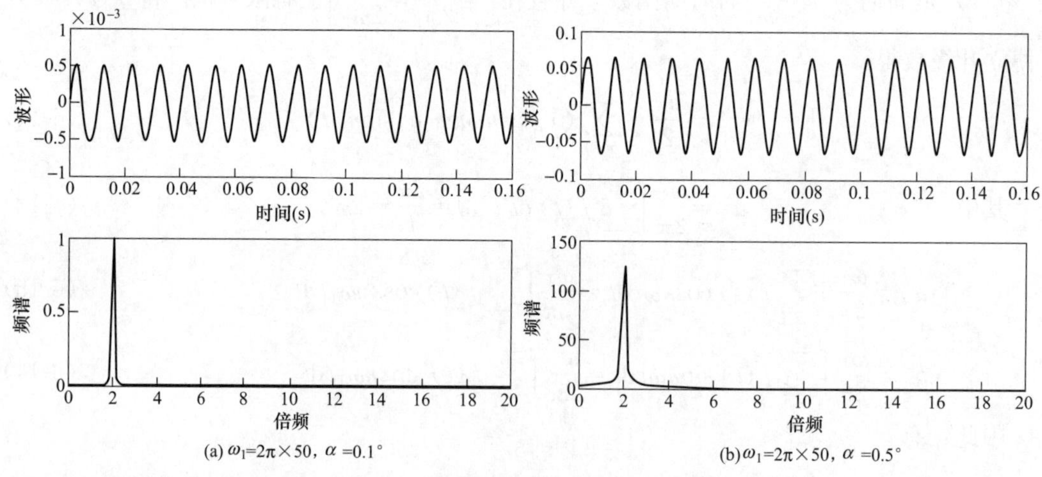

图 6-6　扭矩分量的时域波形和频谱

（二）不对中故障呈现的一般振动特征

（1）因转子不对中而加在转子上的预载荷是可直接引起振动的扰动力，在升速过程中就可以表现出来，振动信号中有 1 倍频（1X）成分，并伴随有较明显的 2 倍频分量。随着不对中故障严重程度的增加，振动信号中的 2 倍频分量所占比例非线性地递增。

（2）在机组并网带负荷过程中振动变化较大，与负荷变化有明显的关系，一般随负荷增加振动增大。

（3）转子不对中故障还会引发其他一系列问题，如轴瓦温度升高、轴瓦变形、磨损，轴承油膜失稳，严重时还可激发起油膜振荡。

第三节　转子不对中故障试验诊断基本方案

一、转子不对中故障试验诊断基本流程

由于汽轮发电机组轴系长，尺寸大，结构复杂，造成转子不对中的原因比较多，既有设计、制造、安装方面的原因，也有运行方面的原因。一旦转子产生不对中故障，将在转子上施加一个外载荷，引起转子产生异常振动。当怀疑机组存在转子不对中故障而又不能给出明确诊断意见和建议时，需要在现场实施一些专项试验，为最终诊断提供试验依据。本书基于工程实际需要，提出一个基本的诊断流程，见图 6-7。

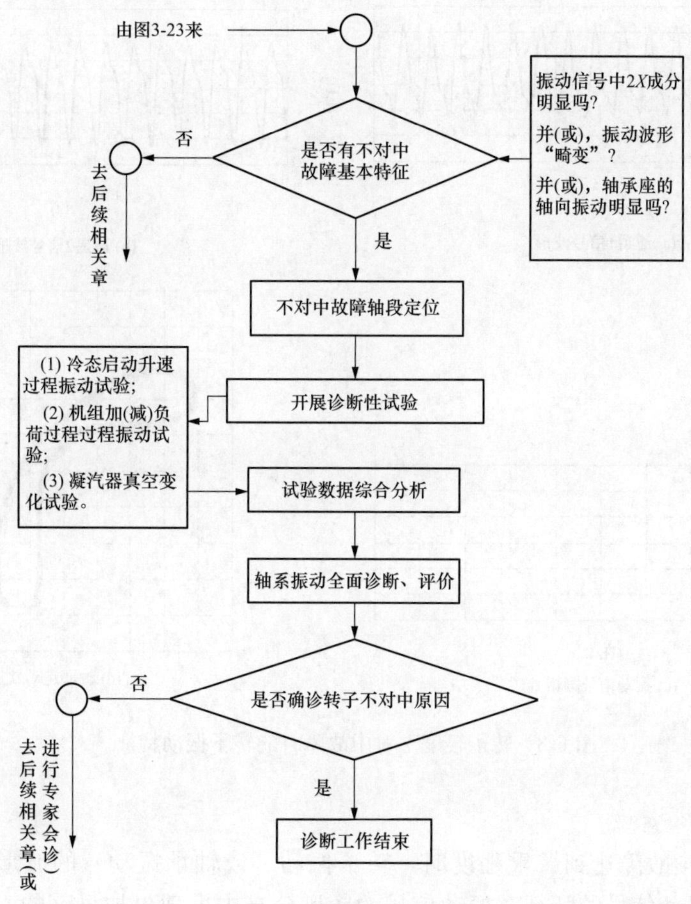

图 6-7　转子不对中故障试验诊断基本流程

汽轮发电机组转子不对中故障诊断的基本流程主要包括：

（1）转子不对中故障的基本特征的检验。

（2）转子不对故障的轴段定位。

（3）专项试验方案制定及其实施。

（4）试验数据的综合分析。

（5）轴系振动全面诊断、评价。

（6）转子不对中故障的进一步确诊，不对中故障原因确定。

二、转子不对中故障的基本特征检验

（一）不对中故障的振动特征

1. 转子轻度不对中

当转子存在轻度不对中时，转子振动（或轴承振动）的波形有轻度的“畸变”［见图 6-8（a）］，振动信号的频谱分布中出现明显的工频的高次分量（如 $2X$ 和 $3X$ 振动），见图 6-8（b），尤其是 $2X$ 振动非常明显，如果 $2X$ 或 超过 $1X$ 的 30%～50%，则可认为是存在轻度不对中；轴心运动轨迹呈现椭圆形或“香蕉形”，见图 6-8（c）。

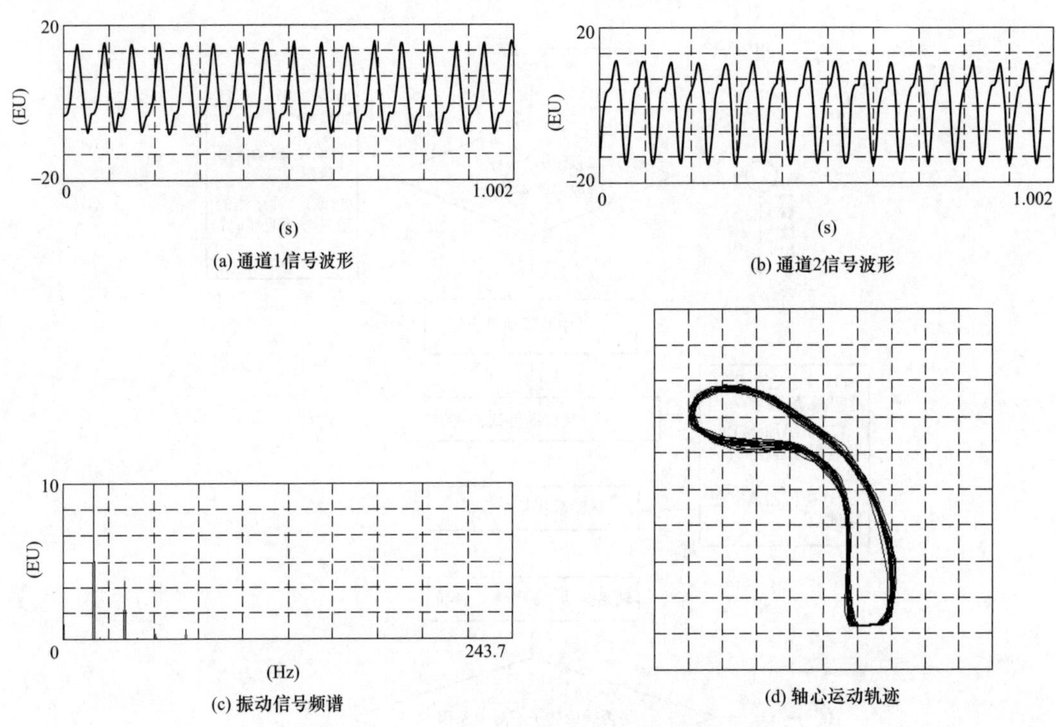

图 6-8　转子轻度不对中故障时的转子振动特征

2. 转子严重不对中

当转子不对中故障达到严重程度时，转子振动（或轴承振动）的波形出现严重“畸变”，出现摩擦振动信号的特征。振动信号的频谱分布中出现更加显著的工频的高倍分量［并且以 $2X$ 成分为主，旋转频率 $1X$ 成分的幅值远小于 $2X$ 成分的幅值，并且会出现较明显的（3～8）X 振动］，见图 6-9；轴心运动轨迹呈现外“8”字形。图 6-10 所示为某 300MW 发电机转子不对中时的轴心轨迹。

（二）不对中故障的工况特征

当汽轮发电机组轴系存在转子不对中故障时，作用在转轴上的波动扭矩理论值可表示为

$$T_x = \frac{a_0 K_x}{2} + K_x \sum_{n=1}^{\infty} (a_n \cos 2n\omega_1 t + b_n \sin 2n\omega_1 t)$$
$$= J\omega_1^2 \sin^3 \cos\beta \times \left[A_0 + \sum_{n=1}^{\infty} B_{0n} \sin(2n\omega_1 t + \varphi_n)\right] \tag{6-18}$$

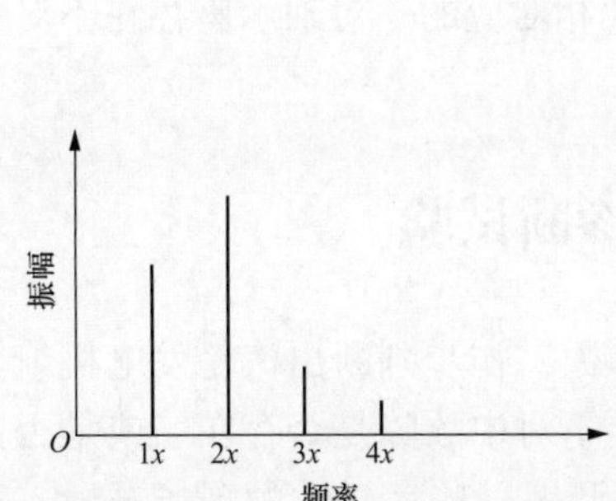

图 6-9　严重不对中故障的频谱特征

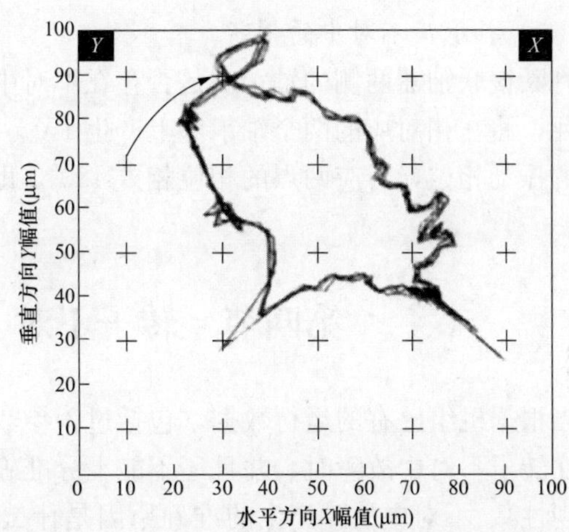

图 6-10　某 300MW 发电机转子不对中时的轴心轨迹

这种波动扭矩引起转子产生 2X 振动。2X 振动的幅值与很多因素有关，其中转速 ω_1 和传递的扭矩 J 对振动幅值有重要影响。由此可知：

(1) 转子不对中故障对转速 ω_1 敏感。转速越高，不对中故障产生的振动越大。

(2) 转子不对中故障对转矩 J 敏感。转子传递的扭矩越大（即机组的有功负荷越大），不对中故障产生的振动越大。因此，存在不对中故障的机组，其振动值随机组的负荷增加而增大。

(3) 扭矩分量幅值随不对中角度 α（不对中故障的严重程度）的增加而增加。如果转子的不对中（特别是联轴器不对中）是由机组的热状态变化引起的，则振动值与机组的热状态（如温度值、热膨胀值、差胀值）相关。

三、不对中故障的轴向定位

转子不对中故障既可产生径向振动，又会产生轴向振动；既会造成邻近联轴节处支承轴承的振动，也会造成远离联轴节的自由端的振动。不对中故障易产生 2X 振动，严重的不对中有时会产生类似松动的高次谐波振动。因此，当机组转子存在不对中故障时，如何准确判断不对中发生的位置，是诊断此类故障的难点之一。理论和工程实践表明，相位特征指标是判断不对中故障的最好判据。

（一）联轴器不对中故障的判断

判断转子某联轴器是否存在不对中故障，可用被诊断联轴器两侧的同一方向转轴振动位移传感器信号特征或联轴器两侧的轴承座轴向振动传感器信号特征来进行诊断、定位。

(1) 联轴器偏角不对中的判断。如果被诊断联轴器两侧轴承座轴向振动传感器输出振动信号幅值大，且振动信号中的 2X 或 3X 超过 1X 的 30%～50%，且两传感器信号的 1X 振动相位满足：传感器同向布置时相差 180°±10°，传感器相向布置时相差 0°±10°，则可认为此联轴器存在偏角不对中故障。

(3) 联轴器平行不对中的判断。如果被诊断联轴器两侧同一径向方向转轴振动位移传感器输出振动信号幅值大，且振动信号中的 $2X$ 或 $3X$ 超过 $1X$ 的 30%～50%，且两传感器信号的 $1X$ 振动相位满足：传感器同向布置时相差 180°±10°，传感器相向布置时相差 0°±10°，则可认为此联轴器存在平行不对中故障。

(二) 轴承座不对中的判断

判断该联轴器两侧的轴承座是否存在不对中故障，可按照如下方式判断：轴承不对中或卡死，将在相对应的两个轴承座上产生 $1X$、$2X$ 轴向振动，如果测试一侧轴承座的四等分点的振动相位，对应两点的相位相差 180°，即可认为此相对应的一对轴承座存在不对中故障。

第四节　转子不对中故障诊断试验

当根据机组已有的运行数据（包括过程参数、振动参数）初步判断出汽轮发电机组轴系存在转子不对中故障时，并且还不能十分准确地诊断出不对中故障是否存在（或是否具有重现性）、不对中故障产生的准确原因是什么时，需要开展一些针对性的现场试验，利用试验结果来实现不对中故障的精细诊断。

一、现场振动测试系统

在开展现场试验时，振动信号的测量方法、选用的仪器设备、振动评价标准应符合 GB/T 11348.1、GB/T 11348.2、GB/T 6075.1、GB/T 6075.2 的要求。

如果怀疑某联轴器存在不对中故障或怀疑某一对轴承座存在不对中故障，则构建如图 6-11 所示的振动测试系统。该振动测试系统至少包含下列传感器：

(1) A 组传感器。共两个传感器，分别用 A_1、A_2 表示，用来检测联轴器两侧的转轴径向方向振动位移信号，安装方向相同且垂直于地面。

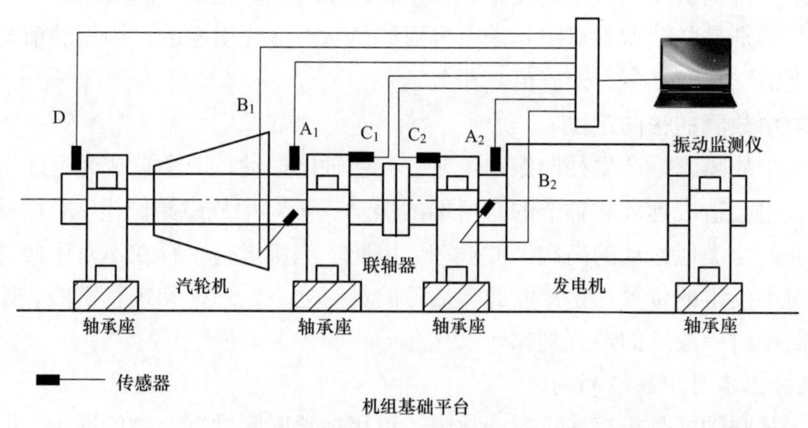

图 6-11　判断转子不对中故障的现场振动测试系统示意

(2) B 组传感器。共两个传感器，分别用 B_1、B_2 表示，用来检测联轴器两侧的转轴径向方向振动位移信号，安装方向相同；并且 A_1 与 B_1 位于同一轴截面平面内、相互成 90°，A_2 与 B_2 位于同一轴截面平面内、相互成 90°。

（3）C组传感器。共两个传感器，分别用 C_1、C_2 表示，用来检测联轴器两侧的轴承座轴向振动信号（加速度信号或振动速度信号），安装位置必须位于轴承座的同一径向的相同半径处，传感器指向轴向方向。

（4）D组传感器。可以用1个传感器，也可以用两个传感器，用来检测转子的转速和键相信号。

二、不对中故障诊断基本试验项目

（一）冷态启动升速过程振动试验

1. 试验条件

机组的金属温度接近环境温度，机组的一切状态符合冷态启动的条件。

2. 试验过程

按照机组运行规程的规定流程，实施冷态启机。在启机过程中测量机组的振动参数和相关的过程参数。

3. 测量参数

将疑似存在不对中故障的联轴器两侧转轴、轴承座作为振动监测的重点对象，在启机的全过程测量如下参数：

（1）机组转轴转速，键相信号。

（2）图6-11所示的A、B、C组传感器输出的振动信号。

（3）机组其他各轴承处的转轴振动。

（4）凝汽器真空。

（5）汽缸各监测点的金属温度值。

（6）汽轮机汽缸各测点的横向热膨胀值（或横向差胀值）。

4. 试验数据分析

根据试验过程检测到的振动数据和过程参数，绘制下列曲线：

（1）振动特征参数与转速的关系曲线。这些曲线主要有：

1）转轴（轴承座）宽带振动量值随转速的变化关系曲线。

2）转轴（轴承座）$1X$ 振动（1倍频振动）量值、相位随转速变化关系曲线。

3）转轴（轴承座）$2X$ 振动（2倍频振动）量值、相位随转速变化关系曲线。

4）利用（A_1、B_1）传感器对和（A_2、B_2）传感器对合成的轴心位置与转速的关系曲线。

（2）振动特征参数、过程参数特征随启动时间的关系曲线。这些曲线只要有：

1）转速与启动时间的关系曲线。

2）转轴（轴承座）宽带振动量值与启动时间的关系曲线。

3）转轴（轴承座）$1X$ 振动（1倍频振动）量值、相位与启动时间关系曲线。

4）转轴（轴承座）$2X$ 振动（2倍频振动）量值、相位与启动时间关系曲线。

5）凝汽器真空与启动时间的关系曲线。

6）汽轮机汽缸各测点的横向热膨胀值（或横向差胀值）与启动时间的关系曲线。

（3）振动特征参数与过程参数特征关系曲线。主要包括：

1）转轴（轴承座）宽带振动量值随凝汽器真空值的变化关系曲线。

2）转轴（轴承座）1X 振动（1 倍频振动）量值、相位随凝汽器真空值变化关系曲线。

3）转轴（轴承座）2X 振动（2 倍频振动）量值、相位随凝汽器真空值变化关系曲线。

4）转轴（轴承座）宽带振动量值随对应汽缸横向热膨胀值（或横向差胀值）的变化关系曲线。

5）转轴（轴承座）1X 振动（1 倍频振动）量值、相位随对应汽缸横向热膨胀值（或横向差胀值）变化关系曲线。

6）转轴（轴承座）2X 振动（2 倍频振动）量值、相位随对应汽缸横向热膨胀值（或横向差胀值）变化关系曲线。

（4）特定转速状态下的振动信号的图形特征曲线。在 0～3000r/min 范围内选取若干个有代表性的转速，获取下列振动特征：

1）利用 A_1、B_1 传感器对和 A_2、B_2 传感器对合成的轴心运动轨迹曲线。

2）振动信号的时域波形特征、频谱特征。

3）计算同转速下 A_1、A_2 传感器信号中的 1X 振动分量相位差 $\Delta\varphi_A$，B_1，B_2 传感器信号中的 1X 振动分量相位差 $\Delta\varphi_B$，C_1、C_2 传感器信号中的 1X 振动分量相位差 $\Delta\varphi_C$ 等。

5. 综合诊断

（1）从振动信号特征的转速特性曲线中查找转子不对中故障特征。对于大型汽轮发电机组而言，在冷态启机过程中，若：

1）低转速下的通频振动、1X 振动量值不大，且在较低转速下出现 2X 振动。

2）2X 振动幅值和高频振动幅值随转速增加持续增大。

3）C_1、C_2 传感器输出信号的幅值随转速显著增大。

则说明，机组在监测的联轴器处存在联轴器不对中的可能性大。

（2）从振动信号特征、过程参数特征与启动时间的关系曲线中查找转子不对中故障特征。如果发现：

1）在低转速下的通频振动、1X 振动和 2X 振动的量值不大，但随着启机时间的推移，通频振动、1X 振动和 2X 振动量值有增加趋势。

2）特别是 2X 振动量值增长趋势与凝汽器真空（或汽缸温度、汽缸横向膨胀差值）随时间的变化趋势相似。

3）C_1、C_2 传感器输出信号的幅值随时间变化的趋势不是很明显。

则说明，机组在监测的联轴器处产生了轴承座不对中的可能性大。

（3）从振动信号特征与过程参数特征关系曲线中查找转子不对中故障特征。如果发现在低转速下的通频振动、1X 振动和 2X 振动的量值不大，但通频振动和 2X 振动量值与凝汽器真空（或汽缸温度、汽缸横向膨胀差值）之间的关系曲线呈明显的正相关变化趋势，可判断转子存在轴承座不对中故障的可能性大。

（4）从特定转速状态下的振动信号的图形特征曲线中查找转子不对中故障特征。

1）若振动信号时域波形随转速提升而畸变越来越严重，振动信号的频谱分布中 2X

振动和高倍频振动分量占比越来越大，轴心运动轨迹形状从椭圆形→香蕉形→外“8”字形演变，上述一系列特征表明，转子存在不对中故障的可能性很大。

2）根据前面的判断，若发现存在轴承座不对中的可能性大，这时可根据在典型转速状态下的相位差 $\Delta\varphi_A$、$\Delta\varphi_B$ 值进行判断：若满足 $\Delta\varphi_A=180°\pm10°$，则轴承座在垂直方向存在不对中；若满足 $\Delta\varphi_B=180°\pm10°$，则轴承座在水平方向存在不对中。

3）根据前面的判断，若发现存在联轴器不对中的可能性大，这时可根据在典型转速状态下的相位差 $\Delta\varphi_C$ 值进行判断：若满足 $\Delta\varphi_C=180°\pm10°$，则存在联轴器不对中的可能性很大。

（二）机组有功负荷变动过程振动试验

机组有功负荷变动过程振动试验既可以在机组开机加带负荷过程中进行，也可以在机组长时间运行后通过改变有功负荷值来实施。

1. 试验条件

（1）转轴的转速恒定。

（2）主蒸汽参数、再热蒸汽参数保持稳定。

（3）凝汽器真空保持稳定。

（4）回热加热系统保持正常投入。

（5）各轴段的轴封蒸汽参数（压力、温度）保持稳定。

2. 试验过程

如果是在机组开机带负荷过程开展此项试验，则应按照机组运行规程的规定程序和加负荷速率，使机组增加负荷，在机组加负荷过程测量机组的振动参数和相关的过程参数。试验结束时的机组有功负荷不宜小于额定负荷的 80%。

如果是在机组长时间运行后开展此项试验，可以选择从额定负荷工况开始，按照运行规程规定的减负荷速率减小机组的有功负荷，分别在减少 10%额定负荷、20%额定负荷、30%额定负荷后维持稳定负荷工况各 30min，有利于控制机组的温度应力，同时便于观察机组的振动变化情况。

3. 测量参数

将初步诊断可能存在不对中的联轴器两侧转轴、轴承座作为振动监测的重点对象，在试验的全过程测量如下参数：

（1）机组键相信号。

（2）图 6-11 所示的 A、B、C 组传感器输出的振动信号。

（3）机组其他各轴承处的转轴振动。

（4）汽缸各监测点的金属温度值。

（5）汽轮机汽缸各测点的横向热膨胀值（或横向差胀值）。

4. 试验数据分析

根据试验过程检测到的振动数据和过程参数，绘制下列曲线：

（1）振动特征参数、过程参数随变负荷时间的关系曲线。这些曲线主要有：

1）机组有功负荷与时间的关系曲线。

2）转轴（轴承座）宽带振动量值与变负荷时间的关系曲线。

3）转轴（轴承座）1X 振动（1 倍频振动）量值、相位与变负荷时间关系曲线。

4）转轴（轴承座）2X 振动（2 倍频振动）量值、相位与变负荷时间关系曲线。

5）汽轮机汽缸各测点的横向热膨胀值（或横向差胀值）与变负荷时间的关系曲线。

（2）振动特征参数与过程参数关系曲线。主要包括：

1）转轴（轴承座）宽带振动量值随机组有功负荷值的变化关系曲线。

2）转轴（轴承座）1X 振动（1 倍频振动）量值、相位随机组有功负荷值变化关系曲线。

3）转轴（轴承座）2X 振动（2 倍频振动）量值、相位随机组有功负荷值变化关系曲线。

4）转轴（轴承座）宽带振动量值随对应汽缸横向热膨胀值（或横向差胀值）的变化关系曲线。

5）转轴（轴承座）1X 振动（1 倍频振动）量值、相位随对应汽缸横向热膨胀值（或横向差胀值）变化关系曲线。

6）转轴（轴承座）2X 振动（2 倍频振动）量值、相位随对应汽缸横向热膨胀值（或横向差胀值）变化关系曲线。

（3）稳定负荷工况状态下的振动信号的图形特征曲线。在几个稳定的负荷工况状态下，获取下列振动特征：

1）利用 A_1、B_1 传感器对和 A_2、B_2 传感器对合成的轴心运动轨迹曲线。

2）振动信号的时域波形特征、频谱特征。

3）计算 A_1、A_2 传感器信号中的 1X 振动分量相位差 $\Delta\varphi_A$，B_1、B_2 传感器信号中的 1X 振动分量相位差 $\Delta\varphi_B$，C_1、C_2 传感器信号中的 1X 振动分量相位差 $\Delta\varphi_C$ 等。

5. 综合诊断

（1）从振动特征参数的变负荷特性曲线中查找转子不对中故障特征。

若：

1）机组的通频振动大，2X 振动大。

2）2X 振动量值和高频振动量值随负荷增加而显著增加，随负荷减小而显著减小。

3）C_1、C_2 传感器输出信号的量值随负荷增加而显著增加，随负荷减小而显著减小。

则说明，机组在监测的联轴器处存在联轴器不对中的可能性大。

（2）从振动特征参数、过程参数与变负荷过程时间的关系曲线中查找转子不对中故障特征。如果发现：

1）随着变负荷试验时间的推移，通频振动量值、1X 振动量值和 2X 振动量值有增加趋势。

2）2X 振动量值增长趋势与汽缸温度（或汽缸横向膨胀差值）随时间的变化趋势相似。

3）C_1、C_2 传感器输出信号的量值随时间变化的趋势不是很明显。

则说明，机组在监测的联轴器处产生了轴承座不对中的可能性大。

（3）从振动特征参数与过程参数关系曲线中查找转子不对中故障特征。如果发现通频振动量值和 2X 振动量值与汽缸温度（或汽缸横向膨胀差值）之间的关系曲线呈明显的正相关变化趋势，可判断转子存在轴承座不对中故障的可能性大。

（4）从特定负荷工况下的振动信号的图形特征中查找转子不对中故障特征。

1）若振动信号时域波形随负荷增加而畸变越来越严重，振动信号的频谱分布中 2X 振动和高倍频振动分量随负荷增加而占比越来越大，轴心运动轨迹形状呈外“8”字形，上述一系列特征表明，转子存在不对中故障的可能性很大。

2）在稳定的负荷工况状态下，根据相位差 $\Delta\varphi_A$、$\Delta\varphi_B$ 值进行判断：若满足 $\Delta\varphi_A=180°\pm10°$，则轴承座在垂直方向存在不对中；若满足 $\Delta\varphi_B=180°\pm10°$，则轴承座在水平方向存在不对中。

3）根据前面的判断，若发现存在联轴器不对中的可能性大，这时可根据在典型负荷工况状态下的相位差 $\Delta\varphi_C$ 值进行判断：若满足 $\Delta\varphi_C=180°\pm10°$，则存在联轴器不对中的可能性很大。

（三）凝汽器真空变化过程振动试验

若根据初步判断，怀疑汽轮机组的低压转子存在不对中的问题，可开展此项试验，以进一步确诊机组是否存在低压转子不对中故障。

1. 试验条件

（1）转轴的转速恒定。

（2）机组的有功负荷不超过额定负荷的 80%，且保持稳定。

（3）机组的进汽参数（温度、压力）保持稳定。

（4）回热加热系统保持正常投入。

（5）各轴段的轴封蒸汽参数（压力、温度）保持稳定。

2. 试验过程

按照机组运行规程的规定程序和允许的凝汽器真变化速率，使凝汽器真空值从额定值分别降低 5kPa 和 10kPa，每个试验工况维持运行 60min。然后，再将真空恢复至额定值。在凝汽器真空变化的过程中测量机组的振动参数和相关的过程参数。

3. 测量参数

将初步诊断可能存在不对中的联轴器两侧转轴、轴承座作为振动监测的重点对象，在试验的全过程测量如下参数：

（1）机组键相信号。

（2）图 6-11 所示的 A、B、C 组传感器输出的振动信号。

（3）机组其他各轴承处的转轴振动。

（4）凝汽器真空值。

（5）汽缸各监测点的金属温度值、汽轮机汽缸各测点的横向热膨胀值（或横向差胀值）。

4. 数据分析方法

根据试验过程检测到的振动数据和过程参数，绘制下列曲线：

（1）凝汽器真空值、汽缸各监测点金属温度、振动特征参数与试验时间的关系曲线。这些曲线主要有：

1）凝汽器真空与时间的关系曲线。

2）转轴（轴承座）宽带振动量值与真空试验时间的关系曲线。

3）转轴（轴承座）1X 振动（1 倍频振动）量值、相位与真空试验时间关系曲线。

4）转轴（轴承座）2X 振动（2 倍频振动）量值、相位与真空试验时间关系曲线。

5）汽轮机汽缸各测点的横向热膨胀值（或横向差胀值）与真空试验时间的关系曲线。

（2）振动特征参数与过程参数关系曲线。主要包括：

1）转轴（轴承座）宽带振动量值随凝汽器真空的变化关系曲线。

2）转轴（轴承座）1X 振动（1倍频振动）量值、相位随凝汽器真空的变化关系曲线。

3）转轴（轴承座）宽带振动量值随汽缸各监测点金属温度值的变化关系曲线。

4）转轴（轴承座）1X 振动（1倍频振动）量值、相位随汽缸各监测点温度值的变化关系曲线。

（3）在几个稳定的负荷工况状态下，获取下列振动特征：

1）利用 A_1、B_1 传感器对和 A_2、B_2 传感器对合成的轴心运动轨迹曲线。

2）振动信号的时域波形特征、频谱特征。

3）计算 A_1、A_2 传感器信号中的1X 振动分量相位差 $\Delta\varphi_A$，B_1、B_2 传感器信号中的1X 振动分量相位差 $\Delta\varphi_B$，C_1，C_2 传感器信号中的1X 振动分量相位差 $\Delta\varphi_C$ 等。

5. 综合诊断

（1）从振动特征参数与凝汽器真空变化特性曲线中查找转子不对中故障特征。若：

1）机组的通频振动量值大，2X 振动量值大。

2）2X 振动量值和高频振动量值随凝汽器真空变化而发生显著变化。

则说明，机组在监测的联轴器处存在轴承座不对中的可能性大。

（2）从振动特征参数、过程参数与凝汽器真空变化过程时间的关系曲线中查找转子不对中故障特征。如果发现：

1）随着试验时间的推移，通频振动量值、1X 振动量值和2X 振动量值有显著改变。

2）2X 振动量值变化趋势与凝汽器真空度随时间的变化趋势相似。

3）2X 振动量值变化趋势与汽缸温度（或汽缸横向膨胀差值）随时间的变化趋势相似。

4）C_1、C_2 传感器输出信号的量值随时间变化的趋势不是很明显。

则说明，机组在监测的联轴器处产生了轴承座不对中的可能性大。

（3）从特定负荷工况下的振动信号的图形特征中查找转子不对中故障特征。

1）若振动信号时域波形随凝汽器真空变化而畸变程度发生改变，振动信号的频谱分布中2X 振动量值和高倍频振动量值随凝汽器真空度变化而发生改变，轴心运动轨迹形状呈外“8”字形，上述一系列特征表明，转子存在不对中故障的可能性很大。

2）在稳定的凝汽器工况状态下，根据相位差 $\Delta\varphi_A$、$\Delta\varphi_B$ 值进行判断：若满足 $\Delta\varphi_A=180^\circ\pm10^\circ$，则轴承座在垂直方向存在不对中；若满足 $\Delta\varphi_B=180^\circ\pm10^\circ$，则轴承座在水平方向存在不对中。

参考文献

[1] 张国忠，魏继龙．汽轮发电机组振动诊断及实例分析［M］. 北京：中国电力出版社，2018.

[2] 施维新，石静波．汽轮发电机组振动及事故．2版．［M］. 北京：中国电力出版社，2017.

[3] 寇胜利．汽轮发电机组的振动及现场平衡［M］. 北京：中国电力出版社，2007.

[4] 张学延．汽轮发电机组振动诊断［M］. 北京：中国电力出版社，2008.

[5] 李录平．汽轮机组故障诊断技术［M］．北京：中国电力出版社，2002.

[6] 李录平，卢绪祥．汽轮发电机组振动与处理［M］．北京：中国电力出版社，2007.

[7] 李录平，晋风华．汽轮发电机组碰磨故障的检测、诊断与处理［M］．北京：中国电力出版社，2006.

[8] 李录平，卢绪祥，晋风华，等．300MW 汽轮机低压缸和低压轴承标高变化规律的试验研究［J］．热力发电，2003（12）：21-24.

[9] 李录平，卢绪祥，胡幼平，等．300MW 汽轮机组几种异常振动现象及其原因分析［J］．热力透平，2004，33（2）：114-120.

[10] 张世海，刘雄彪，李录平，等．600MW 汽轮发电机组转子系统建模与动力学特性分析［J］．汽轮机技术，2016，58（1）：13-16.

[11] 李录平，徐煜兵，贺国强，等．旋转机械常见故障的实验研究［J］．汽轮机技术，1998，40（1）：33-38.

[12] 夏松波，张新江，刘占生，等．旋转机械不对中故障研究综述［J］．振动、测试与诊断，1998，Vol. 18（3）：157-161＋227.

[13] 张海明，高志耀，王顶辉．汽轮机组频繁碎瓦与轴系不对中的问题研究［J］．华北电力技术，1997（7）：1-4＋15.

[14] 山西省电力局编．汽轮机设备检修［M］．北京：中国电力出版社，1997. 4

[15] 刘泽民，张新红，张锦贤，等．旋转机械轴系不对中故障分析［J］．焦作工学院学报，2003，22（4）：283-285.

[16] 肖增弘，申爱兵，关明，等．300MW 汽轮发电机组轴系找中心的分析［J］．沈阳电力高等专科学校学报，2003，5（1）：1-3.

[17] 王哲．不对中故障的诊断分析［J］．中国设备工程，2003，12：40-41.

第七章　滑动轴承油膜失稳故障描述理论与试验诊断策略

第一节　概　　述

大功率汽轮发电机组的轴系支承轴承，一般采用油膜滑动轴承。滑动轴承的油膜失稳（包括油膜涡动、油膜振荡）是汽轮发电机组常见故障，对机组的危害很大。随着汽轮发电机组朝着高参数、大容量、高自动化方向发展，越来越多的超临界、超超临界汽轮发电机组投入运行。然而，大机组、大容量带来的直接结果就是机组的结构越来越复杂，尺寸越来越长，质量越来越大，造成轴系中不稳定区扩大，转子临界转速降低，因而容易发生油膜振荡。大多数的汽轮发电机组的工作转速往往大于一阶临界转速甚至二阶临界转速，容易出现油膜失稳问题。机组出现油膜失稳特别是出现油膜振荡后，机组在运行过程中将极易产生动静部件摩擦、转子热弯曲、瓦面碎裂等其他故障，造成严重得后果。

一、滑动轴承油膜失稳现象描述

转子以角速度 ω 旋转时，在某一时刻滑动轴承与轴颈的相对位置关系如图 7-1 所示。

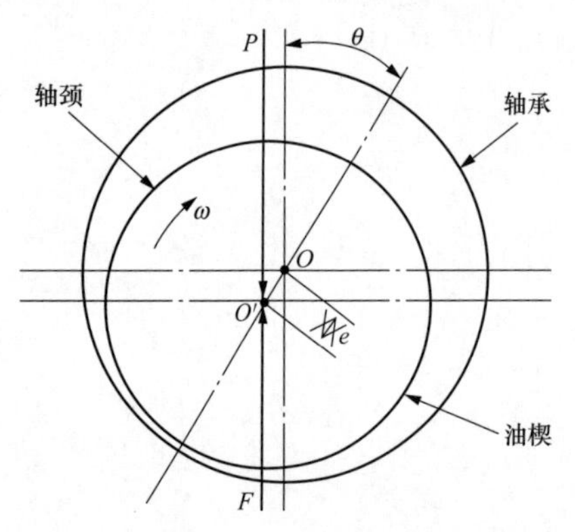

图 7-1　滑动轴承与轴颈的相对位置关系

图中 7-1 中，O 为轴承中心，O' 为轴颈的中心，O'偏离 O 的距离为 e（又称为偏心距），直线 O—O'偏离垂直方向的角度为 θ（又称为偏位角），在轴颈与轴承之间形成一层楔形油膜，由这层楔形油膜承载转子产生的载荷。

在线性范围内的转子/轴承系统的油膜稳定性就是当轴颈在油膜中的静平衡位置时，给以微小扰动（位移、速度），观察油膜对扰动的反应性能，分析由扰动引起的轴颈绕平衡位置的涡动是收敛还是发散，从而判定系统的稳定性状况或趋势。

转子在轴承中稳定运行时，由于楔形油膜有承载能力，所以当载荷和转速保持一定时，轴颈将会自动达到平衡状态，即油膜压力的合力 F 与载荷 P 共线，两者大小相等、方向相反（见图 7-1）。偏心距 e 确定了承载油楔的形状，偏位角 θ 表征了轴承油楔的位置，它们的大小主要由轴承的结构参数和工作条件（载荷、转速、润滑油黏度等）决定。这些参数和条件确定后，e 和 θ 值是一一对应的，所以用 e 一个变数就可以描述轴颈稳定运动的平衡位置。

现假设外界给轴颈一个扰动，使得轴颈中心偏离平衡位置 O'，移至图 7-2 所示的位置 O''，新的油膜力 F'和载荷 P'不再大小相等、方向相反，F'和 P'形成一个合力 ΔF。ΔF 有两个分量，分量 ΔF_x 推动轴颈返回 O'，而分量 ΔF_y 则推动轴颈绕平衡位置 O'涡动。因此，ΔF_y 就是涡动产生的原因。

涡动的原因也可以用油膜交叉刚度来解释。若给轴心以小位移$+\Delta x$，则

$$\begin{cases}\Delta F_x = K_{xx} \cdot \Delta x \\ \Delta F_y = K_{yx} \cdot \Delta x\end{cases} \tag{7-1}$$

式中　K_{xx}——x 方向上的主刚度系数；

K_{yx}——y 方向与 x 方向的耦合刚度系数。

式中，ΔF_y 对轴颈做正功，引起轴颈涡动，见图 7-2。引起轴颈涡动的功量与位移幅值$+\Delta x$ 成正比。

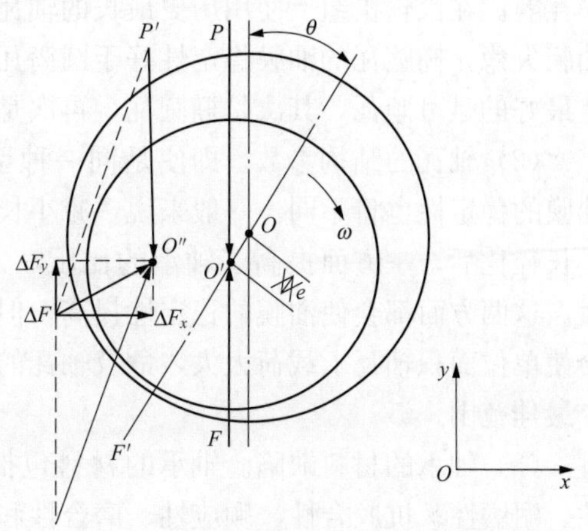

图 7-2　滑动轴承与轴颈的相对位置关系

同理，若给轴心以小位移$+\Delta y$，则

$$\begin{cases}\Delta F_x = K_{xy} \cdot \Delta y \\ \Delta F_y = K_{yy} \cdot \Delta y\end{cases} \tag{7-2}$$

式中，ΔF_x 对轴颈做正功，引起轴颈涡动。引起轴颈涡动的功量与位移幅值$+\Delta y$ 成正比。

扰动引起的轴颈绕平衡位置的涡动是收敛的、发散的还是稳定的，取决于刚度系数和阻尼系数所产生的油膜力所做的总功 A。

由阻尼系数 C_{xx}、C_{yy} 产生的油膜力 $C_{xx} \cdot v_x$、$C_{yy} \cdot v_y$ 对轴颈做负功。其中 v_x、v_y 表示转轴 x 方向和 y 方向的运动速度；由交叉阻尼产生的油膜力可能做正功，也可能做负功。

以上各油膜力所做的总功 A 决定了系统的稳定性：

（1）若 $A<0$，由扰动引起的轴颈绕平衡位置的涡动是收敛的，系统稳定。

（2）若 $A>0$，由扰动引起的轴颈绕平衡位置的涡动是发散的，系统失稳。

（3）若 $A=0$，由扰动引起的轴颈绕平衡位置的涡动是处于临界状态。

二、轴承油膜失稳的主要原因

从前面的分析可以看出，油膜力做的总功 $A\geqslant 0$ 将导致油膜失稳。而影响油膜做功量的因素有：

（1）油膜的刚度系数 K_{xx}、K_{xy}、K_{yx}、K_{yy}，其中，K_{xx} 和 K_{yy} 分别表示 x 方向和 y 方向的主刚度系数；K_{xy} 和 K_{yx} 表示 x 方向和 y 方向的耦合刚度系数；油膜的阻尼系数 C_{xx}、C_{xy}、C_{yx}、C_{yy}，其中，C_{xx} 和 C_{yy} 分别表示 x 方向和 y 方向的主阻尼系数；K_{xy} 和 K_{yx} 表示 x 方向和与 y 方向的耦合阻尼系数；

（2）轴颈的扰动量 Δx、v_x 和 Δy、v_y。

影响轴承状态的因素很多，如轴承标高变化、润滑油断油或供油不足、轴瓦偏斜或轴瓦的调心能力差、油中带水、油质劣化、油中带有固体颗粒、转子振动过大、油膜涡动与油膜振荡等。这些故障甚至导致设备损坏及发生安全事故，影响机组的安全经济运行。

（一）影响滑动轴承状态的内因

影响轴承状态的内因是指由轴承的材料缺陷、轴瓦的型式、结构等自身因素造成的轴承运行状况的恶化。影响轴承状态的内因主要有：

（1）轴瓦的型式。目前，在现场使用的轴瓦有圆筒瓦、椭圆瓦、可倾瓦、三（四）油

楔瓦等。在汽轮机组上使用历史最长的轴瓦是圆筒瓦和椭圆瓦。但是，圆筒瓦最容易导致油膜失稳，椭圆瓦的油膜稳定性好于圆筒瓦。根据资料介绍，使用在汽轮发电机组上稳定性最好的是可倾瓦，其次是椭圆瓦，再次是三油楔瓦，最后是圆筒瓦。

（2）轴瓦的结构参数。即使是同一种型式的轴瓦，采用不同的结构参数（长径比），油膜的稳定性也将不同。一般来说，减小长径比可以提高轴瓦的工作稳定性。原因是，减小长径比后，一方面提高了轴承的比压，另一方面使下瓦的油膜力减小，轴瓦偏心率增大。这两方面都会使油膜的稳定性提高。但是，并不是长径比越小越好，长径比太小，就会使单位面积轴瓦上载荷太大，危及轴瓦的安全。因此，每一种型式轴瓦的长径比都有一个最佳范围。

（3）轴承的材料缺陷。轴承的材料包括轴瓦和轴承衬的材料，要求具有良好的减摩性、耐磨性、抗胶合性、顺应性、磨合性和工艺性。常见的轴承材料是巴氏合金。良好的轴承状态和优质的材料是分不开的，而由于制造工艺等原因引起的材料缺陷，如微小裂纹、气孔、夹渣、组织不均匀等，使得轴承巴氏合金的强度、硬度等指标达不到要求，严重损坏轴承的性能。

（4）轴承合金层与钢衬背结合不良。轴承合金层与钢衬背结合不良，会产生脱壳现象，主要是因浇铸轴承合金层之前对金属基体表面的清洁工作不彻底，在结合面上存在氧化膜灰尘和油脂而引起的。此外，若采用钢衬背材料的含碳量较高时，它与轴承合金之间粘接性差，也会造成脱壳。针对上述脱壳的原因分析，完善浇铸轴承合金的工艺，使结合处的铸造应力降低到最低程度，轴承合金层中不应存在气孔和夹渣等缺陷。

（5）轴瓦的自位能力差。目前，椭圆轴承自位能力差是一个带有普遍性的问题，轴瓦自位能力差，势必造成瓦体不能跟踪瓦-轴平行度的改变，轴瓦瓦体与轴颈平行度的大幅度改变破坏轴瓦油膜的正常形成，产生局部润滑不良，造成轴承故障。改善措施是调整球面紧力，改变轴瓦设计等。

（6）轴承座松动。轴瓦的基础（轴承座）是否稳定对轴承状态的影响很大。轴承座的变形甚至倾斜会带动轴瓦一起运动，一般说来，这种运动远比轴瓦自位调节数值大，危害也大。轴承座的变形和倾斜与设计有很大关系，发生在新机型上的事例已见报道。

（二）影响滑动轴承状态的外因

影响轴承状态的外因是指由机组的维护、操作、机组的工况等轴承以外的因素引起的轴承运行工况的恶化。影响轴承状态的外因主要有：

（1）轴颈扰动过大（即图 7-2 中的 Δx 和 Δy 幅值过大），将引起轴承油膜失稳。这方面的原因包括如下几个方面：

1）转子不对中。其原因主要是设备制造或检修工艺方面的问题。比如靠背轮瓢偏、节圆不同心、铰孔不正、个别靠背轮螺栓松紧配合等问题。其主要特征是低速下转子挠曲过大，带负荷后轴振动随负荷增加而增加。

2）机组振动超标。因原始质量不平衡、热态不平衡、转子弯曲等原因引起的机组振动超标，很可能使油膜破坏，从而损伤轴瓦。轴瓦的损坏反过来又会加剧振动，如此进行恶性循环。转轴的振动使轴对轴瓦乌金的撞击力增加，而短时间轴颈过大的相对振动也能引起乌金的碾压。碾压变形的乌金可能将油孔堵塞，引起供油系统故障，更加加剧轴承的损坏，造成恶性事故。

3）轴承座动刚度过大。从轴承稳定性角度考虑，并不是轴承座刚度越大越好。因为轴承座动刚度过大将使转轴与轴瓦之间的相对振动变大，影响轴承正常运行。所以，对轴承座动刚度明显偏大的汽轮机转子来说，在较大的不平衡力作用下，轴承振动虽然不大，但转轴存在因过大的振动而激起轴瓦自激振动。

4）机组膨胀不均。由于主汽门或调节汽门卡涩等原因，使机组进汽量不能有序调节，可能引起机组受热不均而引起机组膨胀不均，很可能引起机组振动，若振动过大势必造成轴瓦状态恶化，引发一系列事故。

（2）润滑油品质裂化，使得油膜特性（即油膜的刚度系数 K_{xx}、K_{xy}、K_{yx}、K_{yy} 和阻尼系数 C_{xx}、C_{xy}、C_{yx}、C_{yy}）发生改变。这方面的原因主要有：

1）润滑油中带水。油中水的来源有轴封渗入或磨损漏入的蒸汽凝结成水、潮湿的空气冷凝时产生的水、补油时带入的水、因热交换器泄漏浸入的水等。油中的水破坏油膜的连续性和强度，降低油的运动黏度，恶化润滑性能，改变轴承动、静特性，能使油液产生酸性物质腐蚀元件，并生成氧化铁颗粒，加剧磨损和金属脱落。油中空气的来源主要是系统在排油风机作用下较大负压运行时吸入的，而油中溶有空气，会加速油的氧化，增加系统中的杂质污染，破坏油的正常润滑作用。

2）油质劣化。润滑油油质劣化的主要原因来源于油中的水和空气，或是由于受热、氧化变质、杂质的影响；油系统的结构与设计不合理、油受到辐射作用、油品的化学组成不合格、油系统的检修不到位等也是油质劣化的原因。如果油质劣化，就使润滑油的黏附性不好，油对摩擦面的附着力不够，油膜受到破坏，转子轴颈就可能与轴承的轴瓦发生摩擦。这就是为什么如果油质劣化时，油的黏度变大，即使油中的杂质含量没有超标，也会造成轴瓦磨损的原因，即油的黏附性不能克服润滑油本身分子间的摩擦力，造成了油膜的破坏，是轴瓦磨损的主要因素。

3）供油系统故障。由于供油系统压力不足或者由油中杂质引起油路堵塞造成油量不足，都会引起供油系统故障，危害轴承的正常运行。

（3）轴承的载荷分配变化（即图 7-2 中的轴颈偏心距 e 发生变化），导致油膜失稳。这方面的主要原因有：

1）轴承静载荷变化。汽轮发电机组轴系安装时，是在转子不旋转的状态下，按制造厂家提供的挠度曲线和规范，调整轴承中心位置找正的。但在运行过程中，由于机组的热变形，转子在油膜中浮起，以及真空度、地基不均匀下沉等因素的影响，轴系对中情况将发生变化，即标高产生起伏。因此，在热态下，机组轴承的负荷将重新分配，有可能使个别轴承过载，出现温升过高和烧瓦，个别轴承的负荷偏低，产生油膜振荡或其他异常振动。

2）轴承受到交变应力而引起金属疲劳。由于转轴振动冲击等原因所产生的交变应力超过合金材料的疲劳极限，引起轴承金属疲劳，这时动力油膜压力的变化使瓦面产生拉压和剪切的复合应力，特别是剪切应力会使瓦面产生裂纹，在轴承工作瓦面上呈凹坑或孔状剥落，严重时使轴承合金局部成块脱落。

三、轴承油膜失稳产生的影响

发生油膜失稳时，由于油膜涡动和油膜振荡的轴颈位移幅值不同，对汽轮发电机组轴系产生的危害程度也不同。

油膜涡动的轴颈位移幅值相对较小，一般位移的幅值小于轴颈与轴瓦的间隙，一般不会发生轴承与轴颈之间的碰磨。但是，由于轴系长期在油膜涡动故障下运行将导致动力负荷的增加，噪声和轴承振动的增大，引起相邻轴承振动的增加，进而造成轴承和轴系部件的疲劳、松动，同时也降低轴承的稳定性。

发生油膜振荡时，通常轴颈位移的幅值大于轴颈与轴瓦之间的间隙，将引起轴颈和轴瓦的碰磨，轴颈连续地撞击在轴瓦合金面上，合金面上出现可目视到的裂纹和痕迹，裂纹会破坏油膜的形成，严重时导致裂纹区的合金剥离、脱落，脱落的合金细屑将堵塞轴承间隙，导致轴承的润滑受到影响，轴承温度升高。同时，由于油膜振荡引起的振动位移幅值很大，容易引起汽轮机的转动部分和静止部分的碰磨，严重碰磨将导致转子发生弯曲，轴承连接部件的松动、脱落、疲劳等，甚至会发生整个轴系的破坏，造成机组报废。

第二节 描述滑动轴承油膜失稳故障的基本理论

一、油膜涡动的理论描述

当轴径在轴瓦中转动时，在轴径与轴瓦之间的间隙中形成油膜，油膜的流体动压力使轴径具有承载能力。当油膜的承载力与外界载荷平衡时，轴径处于平衡位置；当转轴受到某种外来扰动时，轴承油膜除了产生沿偏移方向的弹性恢复力以保持和外载荷平衡外，还要产生一垂直于偏移方向的切向失稳分力，这个失稳分力会驱动转子作涡动运动。当阻尼力大于切向失稳力时，这种涡动是收敛的，即轴径在轴承内的转动是稳定的。当切向分力大于阻尼力时，涡动是发散的，轴径运动是不稳定的，油膜振荡就属于这种情况。介于两者之间的涡动轨迹为封闭曲线，半速涡动就是这种情况。

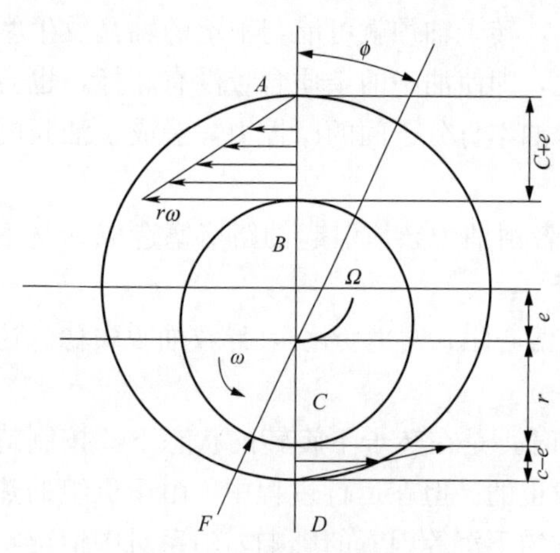

图 7-3 半速涡动的原理示意图

假设油在轴承中无端部泄漏，油在轴瓦表面的流动速度为零，而在轴径表面的流动速度为 ωr，等于轴径表面的线速度，且两者间隙中的油流速度是线性变化的，如图 7-3 所示。在连心线上 AB 截面流入油楔的流量为$\frac{1}{2}r\omega B$（$c+e$），在 CD 处流出的流量为$\frac{1}{2}r\omega B(c-e)$，两个流量之差应等于因涡动引起收敛油楔隙内流体容积的增加率，即

$$\frac{1}{2}r\omega B(c+e)+\frac{1}{2}r\omega B(c-e)=2rBe\Omega \tag{7-3}$$

由此可得

$$\Omega=\frac{1}{2}\omega \tag{7-4}$$

式中 r——轴径半径，m；

ω——轴径转动角速度，rad/s；

B——轴承宽度，m；

c——轴承间隙，m；

e——轴心偏心距，m；

Ω——轴径涡动角速度，rad/s。

这就是所谓的半速涡动的含义。油膜发生半速涡动时，转子的旋转运动和轴颈在轴承中的涡动运动关系见图 7-4。实际上，由于轴承端部泄漏等因素的影响，一般涡动频率略为小于转速的 1/2，为转速的 0.42～0.46 倍。

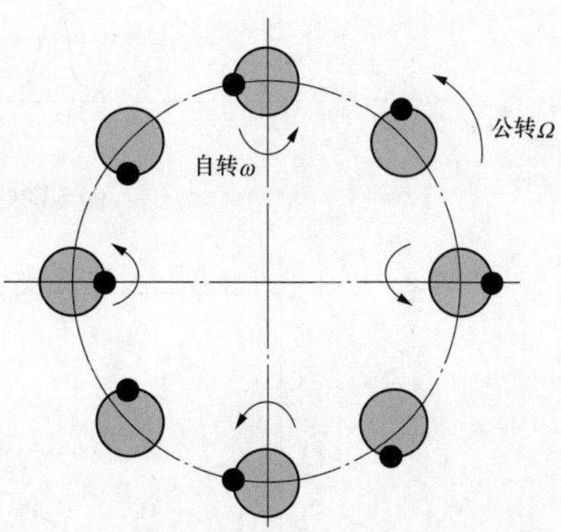

图 7-4　转轴旋转运动与涡动运动示意

二、油膜振荡故障的形成

转轴在发生半速涡动之前转动是平稳的。当转速达到一定值时，转子发生半速涡动。一般称发生半速涡动时的转速为失稳转速。发生半速涡动后，随着转速的升高，涡动角速度也随之增加，但总保持着约等于转动速度 1/2 的比例关系。半速涡动一般并不剧烈，当转轴转速升高到比第一阶临界转速的 2 倍稍高以后，由于此时半速涡动的涡动速度与转轴的第一阶临界转速相重合即产生共振，表现为强烈的振动现象，称为油膜振荡。油膜振荡一旦发生之后，就将始终保持约等于转子一阶临界转速的涡动频率，而不再随转速的升高而升高。

图 7-5 表示油膜振荡的转速特性，分 3 种情况，每一图中都表明了随转速 ω 变化的正常转动、半速涡动和油膜振荡的 3 个阶段，其中一条曲线表示振动频率的变化，一条曲线表示振动幅值的变化。图 7-5（a）表示失稳转速在一阶临界转速之前。图 7-5（b）表示失稳转速在一阶临界转速之后。这两种情况的油膜振荡都在稍高于 2 倍临界转速的某一转速时发生。图 7-5（c）失稳转速在一阶临界转速之后，转速在稍高于 2 倍临界转速时，转轴并没有失稳，直到比 2 倍临界转速高出较多时，转轴才失稳；而降速时油膜振荡消失的转速要比升速时发生油膜振荡的转速低，表现出一种“惯性”现象。

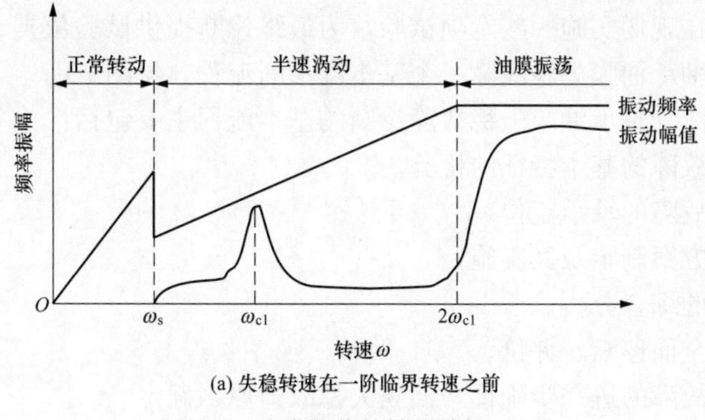

(a) 失稳转速在一阶临界转速之前

图 7-5　油膜振荡的转速特性（一）

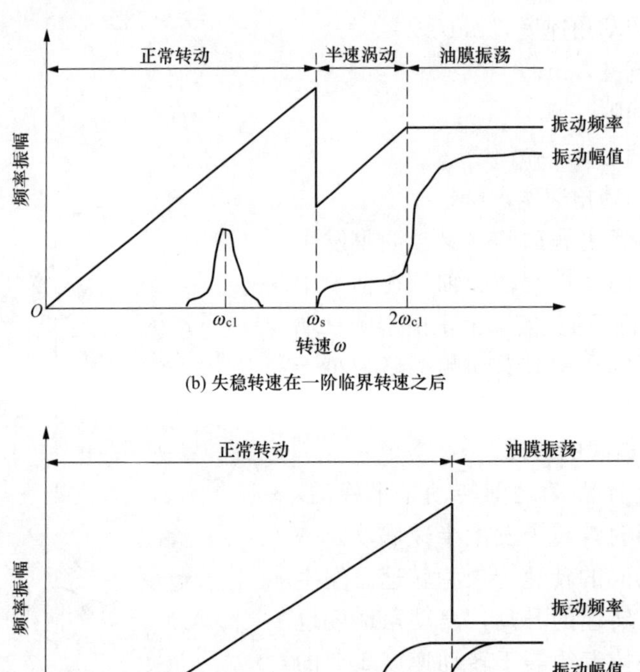

(b) 失稳转速在一阶临界转速之后

(c) 失稳转速在稍高于2倍一阶临界转速

图 7-5 油膜振荡的转速特性（二）

第三节 滑动轴承油膜失稳故障试验诊断基本方案

一、油膜失稳故障试验诊断基本流程

由于一台汽轮发电机组的转子支承轴承有多个，轴承的型式不完全一样，轴承承担的静载荷和动载荷不相同，运行时的温度分布差别较大，导致轴承在运行过程中影响其油膜稳定性的因素也不相同。当怀疑机组存在滑动轴承油膜失稳故障而又不能给出明确诊断意见和建议时，需要在现场实施一些专项试验，为最终诊断提供试验依据。本书基于工程实际需要，提出滑动轴承油膜失稳故障一个基本的诊断流程，见图 7-6。

汽轮发电机组滑动轴承油膜失稳故障诊断的基本流程主要包括：

（1）油膜失稳故障的基本特征的检验。

（2）油膜失稳故障的轴承定位。

（3）专项试验方案制定及其实施。

（4）试验数据的综合分析。

（5）轴系振动全面诊断、评价。

（6）油膜失稳故障的进一步确诊，油膜失稳故障原因确定。

二、油膜失稳故障的基本特征检验

在进行专项试验前，先可利用已有的振动监测数据对故障特征进行初步检验，对故障

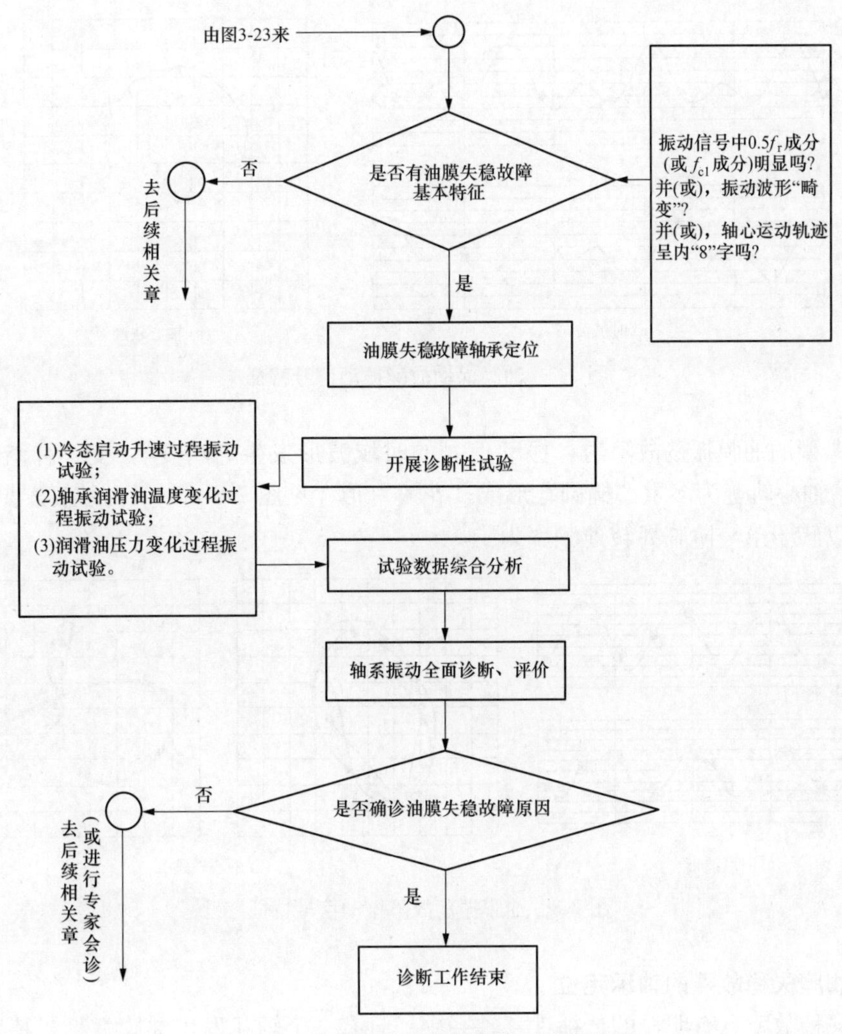

图 7-6　油膜失稳故障试验诊断基本流程

f_r—转频；f_{c1}——一阶临界转速所对应的频率

类型进行初步诊断。

（一）油膜涡动故障的基本振动特征

当转子出现半速涡动时，振动信号的时域波形在一个周期内有一半发生“畸变”［见图 7-7（a)］，轴心轨迹呈内“8”字形［见图 7-7（b)］。在振动信号频谱图中，可发现有明显的 $1X$、$0.5X$ 成分。

（二）油膜振荡故障的基本振动特征

一般来说，在油膜振荡的形成和发展过程中，转子振动有如下的频谱特征：当转子支承系统出现油膜涡动时，振动的频率成分中 $0.5X$ 振动很大，且 $0.5X$ 振动的幅值与 $1X$ 振动幅值的比值随转速而变化。从实验中发现，若仅仅是半速涡动，这个比值在 0.3～2.0 范围内；若比值超过 2.0，则很快发展成油膜振荡。当出现油膜振荡时，振动的主要成分的频率近似地等于 f_{c1}。这里，f_{c1}表示转子系统的第一阶临界转速。实验结果表明，出现油膜振荡故障时，f_{c1}振动的幅值与工频振动幅值之比大于 2.0～10.0。

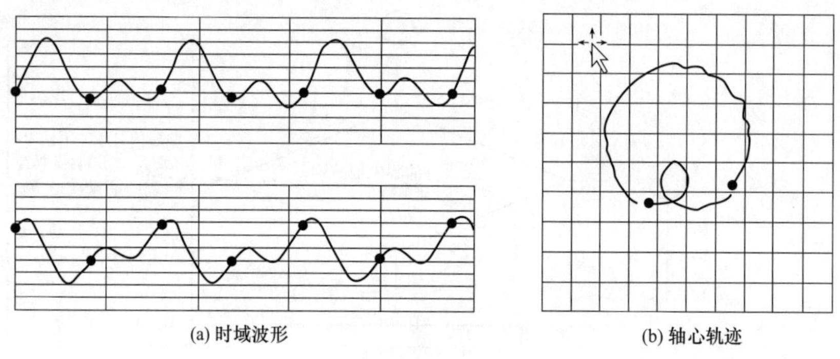

图 7-7 油膜涡动故障振动信号特征

出现典型的油膜振荡故障时，振动信号的时域波形发生“畸变”，变“稀疏”［见图 7-8（a）］；轴心轨迹为多重“椭圆”形或“花瓣”形［见图 7-8（b）］；振动信号频谱分布中，出现以转子第一阶临界转速频率为主。

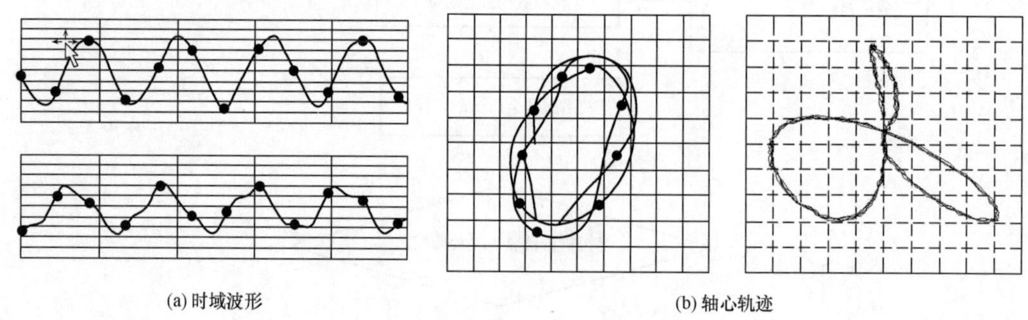

图 7-8 油膜振荡故障振动信号特征

三、油膜失稳故障的轴承定位

油膜失稳故障具有明显的传播性，轴系中一旦有一个轴瓦发生油膜失稳，特别是油膜振荡，就会波及轴系中其他各个轴瓦。因此，诊断和处理油膜失稳故障过程中，必须确定轴瓦自激振动的根源。

（一）根据低频振动呈现的次序进行定位

轴瓦自激振动首先在轴系中某一个轴瓦上激起，然后波及轴系中其他轴瓦。因在振动测试中采用巡检或多点全面监测，若能检测到轴系中哪一个轴瓦首先出现明显的低频振动分量，即能确定轴瓦自激振动的起源。

（二）根据振动频率的特征进行定位

油膜振荡故障主要出现在第一阶临界转速最低的转轴两端轴承上。例如，东方电气集团生产的 200MW 汽轮发电机组 6、7 号瓦发生油膜振荡时，各轴瓦振动主频率为 17.83Hz，即 1070r/min，与发电机转子一阶临界转速 1170r/min 很接近；哈尔滨电气集团生产的 200MW 机组 6、7 号瓦发生油膜振荡时，各轴瓦振动主频率为 16Hz，即 960r/min，与发电机转子第一临界转速 978r/min 很接近。这说明，上述机组的油膜振荡故障首先发生在发电机转子两端轴承上。

（三）根据轴承垂直振动幅值大小进行定位

众所周知，轴承振动幅值与激振力成正比，而与轴承座动刚度成反比。在轴系中轴承振幅还与激振源距离有关，在轴承座动刚度和激振力一定时，一般距激振源越近，轴承振幅越大。这个规律只是对轴承垂直振动成立，例如，轴系平衡中各轴承垂直方向影响系数一般是随测点与加重平面之间距离的增大而减少的；但是水平方向影响系数则不一定如此，一般在发电机转子上加重，将对汽轮机高压转子的轴承水平方向振动产生较显著的影响。轴瓦自激振动也不例外，首先发生轴瓦自激振动的转子，其两端轴承的垂直振动幅值率先增加，增加的幅度更加突出。

（四）根据同型机组相同轴瓦的运行情况进行定位

不论是运行已久的旧机还是正处于调试中的新机，排除了轴颈振动过大、润滑油温度过低、轴瓦顶隙过大、润滑油牌号是否用错等因素之后，在进一步标明轴瓦稳定性差的原因时，了解同型机组轴瓦的运行情况，对于轴瓦自激振动原因的最终诊断和拟定消除振动措施，都有着十分重要的意义。

凡是因轴瓦设计和制造问题而发生的轴瓦自激振动，一般在同型机组同一转子的轴瓦上会多次发生或普遍存在。仅仅是因为运行和检修中的问题（例如转子存在热弯曲、轴瓦顶隙过大等）而发生的轴瓦自激振动，仅在个别机组上发生。根据这两种情况，便可以对轴瓦自激振动做出较为确切的最终诊断，而且由此可以提出较合理的消除振动的措施。

第四节　油膜失稳故障诊断试验

当根据机组已有的运行数据（包括过程参数、振动参数）初步判断出汽轮发电机组存在油膜失稳故障时，并且还不能十分准确地诊断出油膜失稳故障是否确切存在（或是否具有重现性）、油膜失稳产生的准确原因是什么时，需要开展一些针对性的现场试验，利用试验结果来实现油膜失稳故障的精细诊断。

一、现场振动测试系统

在开展现场试验时，振动信号的测量方法、选用的仪器设备、振动评价标准应符合 GB/T 11348.1、GB/T 11348.2、GB/T 6075.1、GB/T 6075.2 的要求。

如果怀疑机组某个轴承存在油膜失稳故障，则构建如图 7-9 所示的振动测试系统。该

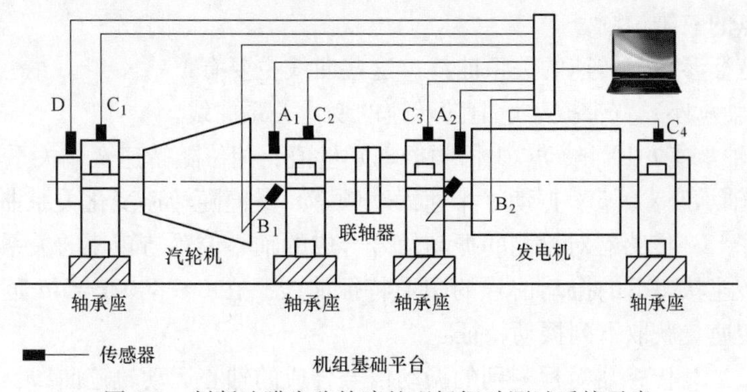

图 7-9　判断油膜失稳故障的现场振动测试系统示意

振动测试系统至少包含下列传感器：

（1）A组、B组传感器为非接触式传感器，用来检测被诊断轴承座（及其相邻轴承座）附近的转轴径向方向振动位移信号，它们两两组成一对传感器，安装方向互相垂直，安装平面垂直于转轴轴线。

（2）C组传感器为接触式传感器（速度传感器或加速度传感器），安装在轴承座的顶部，安装方向垂直于地面，用来检测轴承座垂直方向振动信号。

（3）D组传感器为非接触式传感器，用来检测转子的转速和键相信号。

二、油膜失稳故障诊断基本试验项目

（一）冷态启动升速过程振动试验

1. 试验条件

启机前机组的金属温度接近环境温度，机组的一切状态符合冷态启动的条件。

2. 试验过程

按照机组运行规程的规定流程，实施冷态启机。在启机过程中，持续检测机组的振动参数和相关的过程参数，直到机组转速达到额定转速，此项试验才结束。

3. 测量参数

将初步诊断为有疑似油膜失稳故障的轴承作为振动监测的重点对象，在启机的全过程持续测量如下参数（将仪器设置为等时间间隔采集信号的模式）：

（1）机组转速信号、键相信号。

（2）图7-9所示的A、B、C组传感器输出的振动信号。

（3）各轴承进油温度、压力，回油温度。

（4）凝汽器真空。

（5）汽缸各监测点的金属温度值。

（6）汽轮机汽缸各测点的横向热膨胀值（或横向差胀值）。

4. 试验数据分析

根据试验过程检测到的振动数据和过程参数，绘制下列曲线：

（1）三维瀑布图。利用某个振动传感器所检测的0～3000r/min范围振动信号，每间隔一定转速值（如10、50、100r/min）提取一组振动信号，对振动信号做频谱分析，获取0～600Hz范围的频率成分，将上述各转速下振动频率分布图在转速轴上等间隔依次排列，获得该测点上3维瀑布图（见图7-10）。对每一个测点的振动信号按同样的处理方法，获得每一个测点的三维谱图。

（2）振动特征参数与转速的关系曲线。这些曲线主要有：

1）转轴（轴承座）宽带振动量值随转速的变化关系曲线。

2）转轴（轴承座）1X振动（1倍频振动）量值、相位随转速变化关系曲线。

3）转轴（轴承座）0.5X振动（半速涡动频率）量值随转速变化关系曲线。

4）利用A_i、B_i传感器对检测的振动信号合成的轴心位置与转速的关系曲线。

（3）特定转速状态下的振动信号的图形特征曲线。在0～3000r/min范围内选取若干个有代表性的转速，获取下列振动特征：

1）利用A_i、B_i传感器对检测到的振动信号合成的轴心运动轨迹曲线。

2）振动信号的时域波形特征、频谱特征。

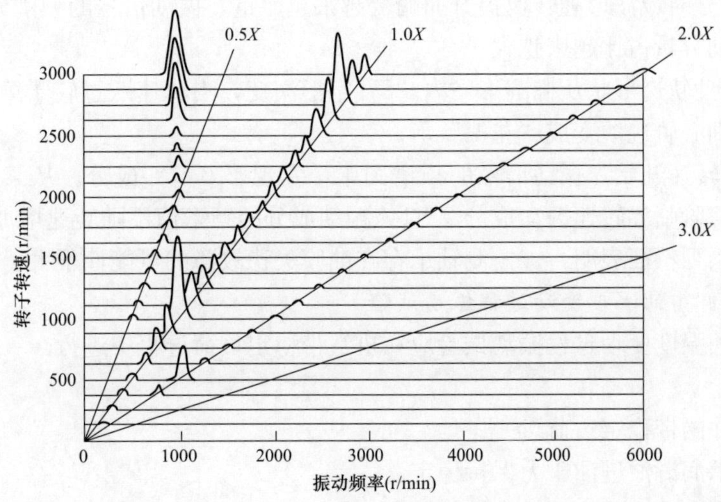

图 7-10　转子（或轴承座）振动信号三维瀑布图

5. 综合诊断

(1) 从振动信号的三维瀑布图中查找油膜失稳故障特征。考察所有的三维瀑布图，如果发现：

1) 在某个转速下，某个轴承（或该轴承处的转轴）振动出现 0.5X 振动，并且随着转速的升高 0.5X 振动幅值持续增加。

2)（或）随着转速的增加，首先出现 0.5X 振动的轴承的相邻轴承陆续出现 0.5X 振动。

则说明，机组在首先出现 0.5X 振动的轴承上发生了油膜涡动的可能性大。

(2) 从振动特征参数的转速特性曲线中查找油膜失稳故障特征。考察前述所有的振动信号特征与转速的关系曲线，如果发现：

1) 在某一个较低转速下，某个轴承（或该轴承处的转轴）的通频量值在某个转速开始出现突增（并且判断出该转速并不是转子的某阶临界转速），转子通频量值的波特图与历史上曾经测得的波特图有明显差异。

2) 在某一个较低转速下，某个轴承（或该轴承处的转轴）振动出现 0.5X 振动成分，并且随着转速的升高 0.5X 振动幅值持续增加。

3)（或）随着转速的增加，首先出现 0.5X 振动的轴承的相邻轴承陆续出现 0.5X 振动。

4) 当转子转速跃过第一阶临界转速值的 2 倍后，若 0.5X 振动成分的频率不再改变，固定为第一阶临界转速的频率成分。

5) 利用 A_i、B_i 传感器对检测得到的轴心位置与转速的关系曲线，发现曲线的趋势发生不规则振荡。

则说明，机组在首先出现 0.5X 振动的轴承上发生了油膜涡动的可能性大，且在该轴承上出现了油膜振荡的可能性大。

(3) 从特定转速状态下的振动信号的图形特征曲线中查找油膜失稳故障特征。

若发现：

1）振动信号时域波形随转速提升而畸变越来越严重，振动信号的频谱分布中 0.5X 振动和高倍频振动分量占比越来越大。

2）轴心运动轨迹形状从椭圆形→内“8”字形演变，当转速跃过转子第一阶临界转速的 2 倍值后，轴心轨迹演变成“花瓣”形。

3）从某个转速开始，振动信号的频谱图中，发现了 0.5X 成分；从某个高转速开始出现转子的第一阶临界转速振动成分，且该振动成分的频率值不随转速增加而改变。

则上述一系列特征表明，被监测轴承存在油膜失稳故障的可能性很大。

（二）轴承润滑油温度变动过程振动试验

轴承润滑油温度变动过程振动试验应在机组带稳定负荷过程中进行。

1. 试验条件

（1）机组并网带稳定负荷。

（2）各轴承润滑油进油压力保持稳定。

（3）主蒸汽参数、再热蒸汽参数保持稳定。

（4）凝汽器真空保持稳定。

（5）回热加热系统保持正常投入。

（6）各轴段的轴封蒸汽参数（压力、温度）保持稳定。

2. 试验过程

在机组运行规程中规定的轴承润滑油温度限制范围内，选定 3～5 个试验工况点（相邻两个工况点的润滑油温度差为 3～5℃）。按照机组运行规程所规定的程序和润滑油温度允许的变化速率，改变轴承润滑油进油温度，在每一个试验工况点停留的时间为 30min。在停留时间段内，检测机组的振动数据和规定的其他参数。

3. 测量参数

在试验的全过程测量如下参数：

（1）图 7-9 所示的 A、B、C、D 组传感器输出的振动信号。

（2）各轴承润滑油进油压力值。

（3）主蒸汽、再热蒸汽的温度和压力。

（4）凝汽器真空值。

（5）机组有功负荷。

4. 试验数据分析

根据试验过程检测到的振动数据和过程参数，绘制下列曲线：

（1）振动特征参数与润滑油温度的关系曲线。这些曲线主要有：

1）各组振动传感器的通频振动量值与润滑油温度的关系曲线。

2）各组振动传感器的 1X 振动量值与润滑油温度的关系曲线。

3）各组振动传感器的 0.5X 振动或 0～0.99X 范围内的低频振动量值与润滑油温度的关系曲线。

（2）稳定试验工况状态下的振动信号的图形特征曲线。在几个稳定的润滑油温度工况状态下，获取下列振动特征：

1）利用 A_i、B_i 传感器对合成的轴心运动轨迹曲线。

2）振动信号的时域波形特征、频谱特征。

5. 综合诊断

(1) 从振动特征参数与润滑油温度的变化关系中查找油膜失稳故障特征。若发现：

1) 机组的通频振动量值大，0.5X 振动量值大或 0～0.99X 范围内的低频振动量值大。

2) 0.5X 振动量值或 0～0.99X 范围内的低频振动量值随润滑油温度升高而减小，随润滑油温度降低而增加大。

则说明，机组在率先出现 0～0.99X 振动分量的轴承上发生油膜失稳故障的可能性大。

(2) 从特定试验工况下的振动信号的图形特征曲线中查找油膜失稳故障特征。若振动信号时域波形随润滑油温度降低而畸变越来越严重，振动信号的频谱分布中 0.5X 或 0～0.99X 振动量值随润滑油温度的降低而占比越来越大，轴心运动轨迹形状呈外“8”字形（或“花瓣”形）的特征越来越明显，上述一系列特征表明，转子存在油膜失稳故障的可能性很大。

(三) 轴承润滑油压力变化过程振动试验

轴承润滑油压力变化过程振动试验应在机组带稳定负荷过程中进行。

1. 试验条件

(1) 机组并网带稳定负荷。

(2) 各轴承润滑油进油温度保持稳定。

(3) 主蒸汽参数、再热蒸汽参数保持稳定。

(4) 凝汽器真空保持稳定。

(5) 回热加热系统保持正常投入。

(6) 各轴段的轴封蒸汽参数（压力、温度）保持稳定。

2. 试验过程

在机组运行规程中规定的轴承润滑油压力限制范围内，选定 3～5 个试验工况点（相邻两个工况点的润滑油压力相差 0.01MPa）。按照机组运行规程所规定的程序和润滑油压力允许的变化速率，改变轴承润滑油进油压力，在每一个试验工况点停留的时间为 30min。在停留时间段内，检测机组的振动数据和规定的其他参数。

3. 测量参数

在试验的全过程测量如下参数：

(1) 图 7-9 所示的 A、B、C、D 组传感器输出的振动信号。

(2) 各轴承润滑油进油温度值。

(3) 主蒸汽、再热蒸汽的温度和压力。

(4) 凝汽器真空值。

(5) 机组有功负荷。

4. 试验数据分析

根据试验过程检测到的振动数据和过程参数，绘制下列曲线：

(1) 振动特征参数与润滑油压力的关系曲线。这些曲线主要有：

1) 各组振动传感器的通频振动量值与润滑油压力的关系曲线。

2) 各组振动传感器的 1X 振动量值与润滑油压力的关系曲线。

3）各组振动传感器的0.5X振动或0～0.99X范围内的低频振动量值与润滑油压力的关系曲线。

（2）稳定试验工况状态下的振动信号的图形特征曲线。在几个稳定的润滑油压力工况状态下，获取下列振动特征：

1）利用A_i、B_i传感器对合成的轴心运动轨迹曲线。

2）振动信号的时域波形特征、频谱特征。

5. 综合诊断

（1）从振动特征参数与润滑油压力的变化关系中查找油膜失稳故障特征。若发现：

1）机组的通频振动量值大，0.5X振动量值大或0～0.99X范围内的低频振动量值大。

2）0.5X振动量值或0～0.99X范围内的低频振动量值随润滑油压力升高而增大，随润滑油压力降低而减小。

则说明，机组在率先出现0～0.99X振动分量的轴承上发生油膜失稳故障的可能性大。

（2）从特定试验工况下的振动信号的图形特征曲线中查找油膜失稳故障特征。若振动信号时域波形随润滑油压力升高而畸变越来越严重，振动信号的频谱分布中0.5X或0～0.99X）振动成分随润滑油压力的升高而占比越来越大，轴心运动轨迹形状呈外“8”字形（或“花瓣”形）的特征越来越明显，上述一系列特征表明，转子存在油膜失稳故障的可能性很大。

参 考 文 献

[1] 黄琪，余波，李录平，等．基于声发射检测的滑动轴承状态诊断实验研究［J］．电站系统工程，2008，24（2）：15-16＋20.

[2] 李录平，黄志杰，邹新元，等．轴承动态标高变化引起的转子油膜失稳的试验研究［J］．汽轮机技术，2003，45（1）：31-33.

[3] 周曙明，李录平，张世海，等．滑动轴承油膜特性对转子动力学特性影响的有限元分析［J］．汽轮机技术，2016，58（6）：431-435.

[4] 李录平，邹新元，饶洪德，等．滑动轴承的声发射信号特征与轴承状态的关系试验研究［J］．汽轮机技术，2009，51（5）：369-371＋375.

[5] 李录平．汽轮机组故障诊断技术［M］．北京：中国电力出版社，2002.

[6] 李录平，卢绪祥．汽轮发电机组振动与处理［M］．北京：中国电力出版社，2007.

[7] 李录平，徐煜兵，贺国强，等．旋转机械常见故障的实验研究［J］．汽轮机技术，1998，40（1）：33-38.

[8] 丁千，郎作贵，曹树谦，等．滑动轴承转子油膜振荡失稳影响因素的试验研究［J］．哈尔滨工业大学学报，1998，30（增刊）：137-140＋145.

[9] 洪钟瑜，孙未艾．滑动轴承油膜动力特性现场测定技术研究［J］．上海机械学院学报，1987，9（4）：25-31.

[10] 曲庆文，马浩，柴山．油膜振荡的特征及判别方法［J］．机械科学与技术，2000，19（1）：91-93.

[11] 林延召．油膜涡动的诊断与处理［J］．华中电力，1996，9（3）：15-17.

[12] 宋强，孙逢春．滑动轴承油膜参数识别及稳定性研究综述［J］．润滑与密封，2002（4）：40-43.

[13] 岑豫皖，Krodkiew ski Sun L. 应用新型可控轴承改善转子系统稳定性的研究［J］．机械科学与技

术，1998，17（2）：255-257，261.

［14］陈忠民，安树家．轴承油膜振荡的治理［J］．风机技术，1999（4）：36-41.

［15］曲庆文，马浩，柴山．油膜振荡及稳定性分析［J］．润滑与密封，1996（6）：56-59.

［16］刘朝山，张继华．油膜涡动和油膜振荡的特征频率［J］．风机技术，2001（4）：52-54.

［17］关惠玲，张优云，韩捷，等．油膜失稳的非线性振动征兆［J］．机械科学与技术，2001，20（6）：904-905.

第八章　蒸汽激振故障的描述理论与试验诊断策略

第一节　概　　述

汽轮机的蒸汽间隙（是转子和静子之间的径向动静间隙，亦称径向间隙）在安装时应是均匀对称无偏差的。由于转子弯曲，汽缸膨胀变形跑偏或者汽流作用产生的转子切向推力，均可能导致转子与静子的径向间隙的变化出现偏差。这种偏差会产生一个作用于转子上的促使其涡动的切向力，当有叶片围带时此力更大。研究表明，在汽轮机的轴端汽封和隔板汽封中也存在同样的激振力。国产 200MW 及以上的汽轮机组均曾发生过由蒸汽振荡故障导致的严重事故。

亚临界、超临界、超超临界汽轮机，由于主蒸汽参数的提高、机组容量的增加，会导致高压缸进汽密度增大、流速提高，蒸汽作用在高压转子上的切向力对动静间隙、密封结构及转子与汽缸对中度的灵敏度提高，增大了作用在高压转子的激振力。这些将使轴系振动稳定性降低，严重时会诱发高压转子失稳，产生很大的低频振动，即产生所谓的汽流激振。

由于蒸汽激振力近似地正比于机组的出力，所以由蒸汽激振引起的不稳定振动就成为限制超临界压力机组出力的重要因素。

一、汽流激振故障的主要原因

根据有关文献的报道，国产 300MW 及以上的汽轮机都发生过汽流激振故障。分析发现，配汽方式不当、动静间隙不均匀、轴瓦稳定性差是引起汽流激振的主要原因。归纳起来，导致汽流激振故障的主要原因分为两个方面：蒸汽激振力过大和轴瓦稳定性差。

（一）蒸汽激振力过大引起的汽流激振

随着汽轮机进汽参数的不断提高，蒸汽密度增大，作用在蒸汽轮机上的激振力也增大。在机组超过某个负荷阈值后，激振力的作用大于转子系统本身的阻尼力的抑制作用，使转子运行的稳定性下降，诱发轴系失稳。作用在汽轮机转子上的主要激振力包括叶顶间隙激振力、汽封蒸汽激振力和不对称蒸汽力和力矩，主要由动静间隙不均匀和配汽因素造成。

1. 汽封设计不当造成的汽流激振

汽封设计不当主要指叶顶汽封、隔板汽封及高压转子前后轴封的间隙或结构设计不当，使动静间隙沿圆周方向分布不均匀，蒸汽在圆周方向不同位置泄漏流量（流速）不同，在转子上产生一个不平衡力矩，该力矩随机组负荷增大而增大，当该不平衡力矩达到一定阈值时导致轴系失稳。由于设计不当导致的转子蒸汽激振故障，往往需要转子及汽缸进行改造（甚至更换转子）才能消除此类故障。

2. 汽缸或转子偏移造成的汽流激振

如果由于安装、维修或运行不当，导致汽缸中心与转子中心不重合，高压转子轴封和隔板汽封的周向间隙不均匀，引起蒸汽的压力沿周向分布不均匀，这种周向不均匀分布的蒸汽压力会形成一个作用在转子轴心上的合力，该合力推动转子产生涡动运动，引发机组振动超限，导致机组跳机。

3. 转子不对中心造成的汽流激振

由于安装、运行不当导致转子不对中（包括联轴器不对中和轴承不对中），会引起各轴承载荷的分布发生变化和动静间隙周向分布不均，引起转子转矩不平衡，严重时可诱发高负荷下的低频振动，是导致汽流激振的直接原因之一。

4. 调节汽门运行方式造成的汽流激振

调节汽门运行方式不当包括调节汽门开启顺序不当和调节汽门开度不当两个方面。调节汽门运行方式不当会引起不对称蒸汽力和力矩，该力可能会影响轴颈在轴承中的位置，改变轴承承担的载荷，造成转子失稳。同时，还会使转子在汽缸中的径向位置发生变化，引起通流部分间隙变化，导致激振力增大，触发机组异常振动。

5. 主蒸汽管道与汽缸连接不对中造成的汽流激振

如果主蒸汽管道与汽缸连接不对中，将引起高压缸扭曲偏斜，导致高压转子与汽缸的中心不重合，引发汽流激振。

6. 运行参数的敏感区域范围引发汽流激振

汽轮机机组的一些运行参数在某些特定区间范围时，可能诱发汽流激振。例如，有些型号机组的低频振动对主蒸汽参数（温度、压力）敏感，有些型号机组的低频振动对轴承润滑油参数（温度、压力）敏感，有些型号机组的低频振动对凝汽器真空度敏感，有些型号机组对轴封蒸汽参数（温度、压力）敏感，而有些型号机组的低频振动对轴系不平衡量、高压缸胀差值敏感。

蒸汽激振力过大通常只发生在高负荷状态下的高中压转子上。当转子存在上述缺陷时，汽流激振会通过某个负荷阈值或高负荷时，在通过喷嘴配汽方式调节负荷过程中被激发。

（二）轴瓦稳定性差引起的汽流激振

汽轮机转子运转的稳定性受到支承系统稳定性的影响。对于由转子与支承轴承组成的复合系统来说，轴瓦稳定性降低时，将导致这个复合系统的阻尼下降，从而降低诱发汽流激振的扰动力阈值，造成轴系在某些特定工况下发生突发振动。因此，轴瓦的稳定性是诱发汽流激振的重要原因之一。

轴瓦稳定性差的原因包括轴瓦型式不当、轴承标高动态变化、轴瓦顶部间隙过大。

1. 轴瓦型式不当

不同型式的轴瓦，其稳定性裕度是不一样的。目前，汽轮发电机组上使用的轴瓦主要有圆筒瓦、椭圆瓦、三油楔瓦和可倾瓦。这几种型式的轴瓦稳定性，在第七章第一节二进行过讨论，这里不赘述。

可倾轴承由多个独立的瓦块构成，这些瓦块可以绕支座作微小的摆动。除了具有多油叶轴承的优点外，每个瓦块均有一个使瓦自由摆动的支点，可以通过摆动适应自身的工作位置，使每个瓦块都能形成收敛的油楔，使每个瓦块分力都通过支点和轴颈中心，保持与外载荷交于一点，这样就避免了产生引起轴颈涡动的切向分力。从理论上来说，忽略瓦块的惯性和瓦块支点的摩擦力，可倾瓦是不会产生轴瓦自激振动的。即使在外界激励因素的扰动下，轴颈暂时离开平衡位置后，各瓦块仍可按轴颈偏移后的载荷方向产生偏转，自动调整到与外载荷相平衡，这样就不存在加剧转子涡动的切向油膜力，从根本上消除了产生油膜涡动的可能性，优于现用的四油楔滑动轴承。可倾瓦优点突出，已经在大型机组中普遍使用。

2. 轴瓦顶隙过大

对于汽轮发电机组常用的圆筒瓦、椭圆瓦和三油楔瓦，过大的轴瓦顶隙使轴瓦稳定性降低。原因是，这三种轴瓦过大的顶隙会显著减少上瓦的油膜力，即降低了轴瓦的预载荷，使轴瓦偏心降低，稳定性下降。

3. 轴承标高动态变化

在机组冷态和运行状态下，轴系的各轴承座特别是汽轮机轴承座的标高将发生较大变化，尽管在冷态下各轴瓦载荷分配合理，但在运行状态下轴系中某几个轴瓦载荷可能过低，使其比压太小而失稳。

4. 轴承比压小、长径比大

轴承比压是指轴瓦单位工作面上所承受的载荷大小。在适当范围内提高轴承比压，有利于提高轴承的稳定性。减小轴承的长径比会增大比压，使下瓦油膜力减小，增加轴瓦的稳定性。

5. 润滑油黏度大

润滑油黏度是影响轴承稳定性的因素之一。润滑油黏度大时，油就黏稠，流动慢，油膜厚度增加，轴颈在轴承腔中位置高，稳定性变差。但是，润滑油黏度过小时，油流动快，油膜厚度变薄甚至破坏，造成轴颈与轴瓦摩擦。因此，滑动轴承的润滑油黏度应该适中。

二、汽流激振产生的影响

（一）导致机组振动显著增大

汽轮发电机组正朝着大容量、超临界/超超临界参数的方向发展，汽轮机蒸汽参数的进一步提高，会导致高压缸进汽密度增大、流速提高，汽流在高压（或高中压）转子上产生的切向力也会增大，即作用在高压（或高中压）转子上的激振力会增大，汽流激振问题将变得越来越突出，并逐渐成为汽轮发电机组转子系统比较棘手的问题。机组发生汽流激振问题时，其振动水平一般会明显升高，危及机组安全。

（二）降低机组出力

由于汽流激振力近似地正比于机组的出力，汽流激振引起的机组不稳定振动就成为限制大容量机组出力的主要因素。尤其是针对于亚临界、超临界、超超临界机组，因蒸汽的参数高、进汽流量大，一旦出现汽流激振，所产生的不稳定扰动力更加大，汽流激振比较严重时机组将被迫限负荷运行，对社会和发电企业都将造成巨大的经济损失。

（三）降低机组效率

若因汽流激振导致机组振动偏大，对机组效率的影响主要表现为：

（1）轴封磨损降低机组效率。若出现低压端部轴封磨损，密封作用被破坏，空气漏入低压缸中，因而破坏真空，降低机组热效率；高压端部轴封磨损，自高压缸向外漏汽增大，减少进入通流部分做功的蒸汽量，降低机组热效率。

（2）隔板汽封磨损降低机组效率。隔板汽封磨损严重时，将使级间漏汽量增大，降低机组级效率，从而降低汽轮机相对内效率。

第二节　描述蒸汽激振故障的基本理论

从已有的研究结果来看，引起汽流激振的机理主要是由于汽封腔内压力周向变化、转子转矩不平衡和蒸汽调门阀序因素，下面具体讨论这三种激振力引起振动的机理。

一、汽封腔内压力周向变化引起的激振力

在汽轮机转子穿出汽缸的部位均布置有蒸汽密封结构，称为轴封装置。尽管不同类型的轴封装置在结构上有差别，但密封原理有相似之处。下面以典型迷宫密封结构为描述对象，简述密封结构中汽流产生激振力的基本原理。

（一）转子偏斜引起的汽流激振力

如图 8-1 所示，在迷宫密封中，密封装置前后压力分别为 p_1 和 p_3，密封腔内的压力 p_2 取决于 p_1 和 p_3，及密封齿隙 δ_1、δ_2。假设由于制造及安装误差，转子在密封腔中倾斜时（$\delta_1>\delta_2$），若转子因受初始扰动而处于涡动状态，转子与静子之间的密封间隙会发生周期性变化。当转子向着静子作径向运动时，密封腔的排出端和入口端间隙均缩小，但是排出端原来的间隙较小，因此，相对间隙缩小率比入口端更大一些，这样密封腔中流入的蒸汽量大于流出的蒸汽量，由于汽体的积聚而使腔中压力 p_2 升高，形成一个在图 8-1 中向下作用于转子的力。当转子离开定子作径向运动时，密封腔排出端相对间隙比入口端扩大得更快，腔中流出蒸汽量大于流入蒸汽量，压力下降，形成一向上的作用力。因此，作用在转子上的力是两者的叠加。

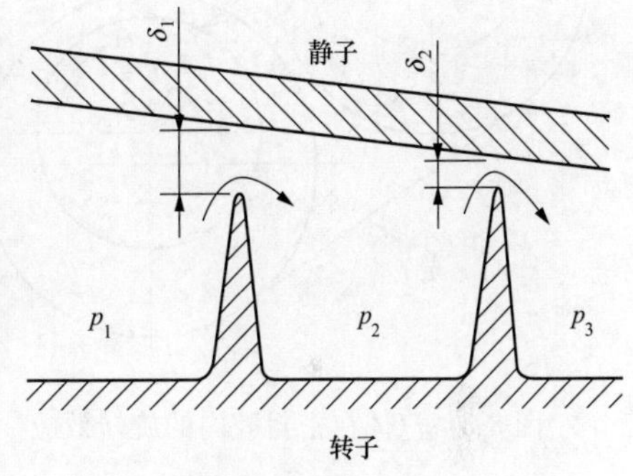

图 8-1　迷宫密封腔中汽流压力变化

但是，密封腔中的压力变化并不与转子位移同相位，而是滞后于转子位移一个 θ 角［如图 8-2（a）所示］。如果转子自身旋转速度为 ω，涡动角速度为 Ω，当转子从底部向左方向涡动一个 θ 角时，由于压力变化滞后于转子位移，则汽流压力在转子周向上的分布是底部最大、顶部最小，其合力为 F，则其分力 F_t 始终作用在转子的涡动方向上，此切向

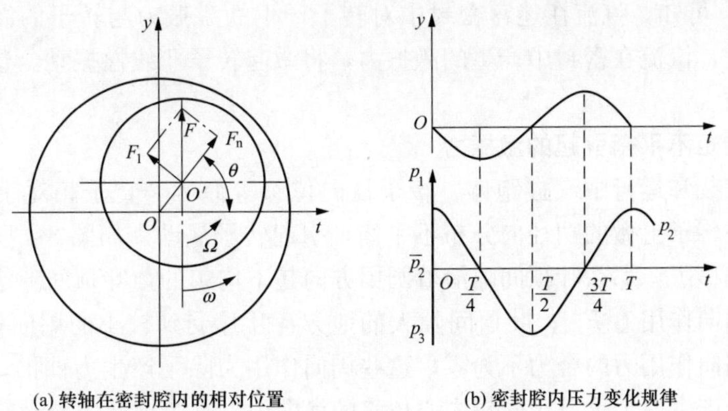

图 8-2　密封装置中的汽体动力效应

力即是加剧涡动的激振力。

转子在密封腔内运动位移 y 和密封腔内压力的变化规律见图 8-2（b）。在转子运动过程中，密封腔中压力 p_2 波动与转子振动位移运动并不同步。$t=(1/4-3/4)T$ 的半周内，密封腔内压力 p_2 始终低于平均值 $\overline{p}_2$；反之，在另一半周内则始终高于其平均值 $\overline{p}_2$。因此，在这一振动过程中，汽流对密封装置是输入功的，密封装置的汽体动力激振力为自激因素，激振力的大小和方向与转子的位移大小和方向密切相关。

（二）汽流旋转引起的激振力

根据汽轮机的结构特点，轴端汽封的入口处对应一个汽缸最后一级动叶的出口。而从动叶的排汽具有一定的切向分速度。一般来说，汽流流动时的惯性力远远超过摩擦力，由于汽流进入密封腔后动能不能完全损失掉，还有一定的余速，这部分速度不仅使汽流沿轴向流动，而且还以很大的圆周速度分量围绕转子转动，即形成“螺旋形”流动，见图 8-3。如果密封腔内径向间隙不均匀，则汽流在腔中从进口流向出口时随着截面间隙的不断变化，汽流沿其流动方向上的压力也不断发生变化，因而在转子周围形成不均匀的压力分布，其合力 F 的方向垂直于转子的位移方向，与转子的旋转方向相同，此力激励转子作向前的正进动运动（正向涡动）。

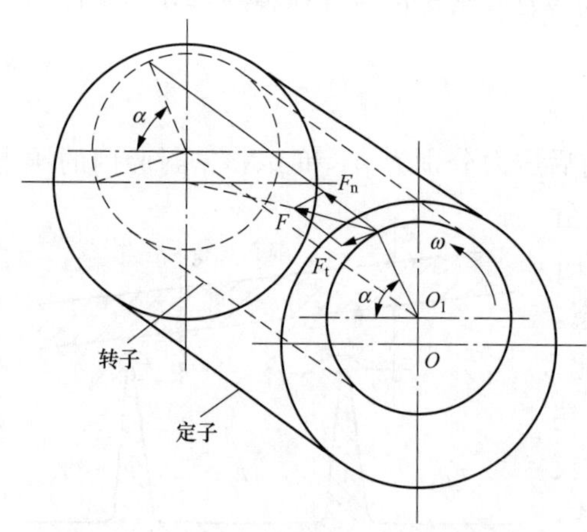

图 8-3　汽体在密封腔内的旋转效应

根据小位移涡动理论，密封的流体激振力与涡动位移、涡动速度满足以下关系，而

$$-\begin{bmatrix}F_x\\F_y\end{bmatrix}=\begin{bmatrix}K_{xx}&K_{xy}\\K_{xy}&K_{yy}\end{bmatrix}\cdot\begin{bmatrix}D_x\\D_y\end{bmatrix}+\begin{bmatrix}C_{xx}&C_{xy}\\C_{xy}&C_{yy}\end{bmatrix}\cdot\begin{bmatrix}\dot{D}_x\\\dot{D}_y\end{bmatrix} \tag{8-1}$$

式中　F_x、F_y——流体激振力；

D_x、D_y——转子在 x 轴方向和 y 轴方向的涡动位移；

$\dot{D}_x$、$\dot{D}_y$——转子在 x 轴方向和 y 轴方向的涡动速度。

由式（8-1）可知，汽流在迷宫密封中对转子产生的激振力与转子的涡动位移和涡动速度有关。因此，汽流在密封中产生的激振力，将激起转子非线性振动。这个结论与前述讨论的结论一致。

二、转子转矩不平衡引起的激振力

由于机组安装和运行中汽缸跑偏、转子径向位移等原因，转子相对于汽缸将发生偏移，造成蒸汽在转子上做的功径向分布不平衡，引起转子涡动。如图 8-4 所示，如果转子在汽缸中向左偏移了，那么叶顶间隙沿着圆周方向是不均匀的，叶顶间隙小的地方，叶片会受到较大的周向作用力 F_{q1}；叶顶间隙大的地方，叶片受到较小的周向作用力 F_{q3}；各个叶片受到的周向作用力的合力不为零，这些周向作用力除了产生力偶推动转子以转速 ω 旋转之外，还会产生一个垂直于叶轮中心位移的横向力，这个横向力推动转子沿转动方向发生速度为 Ω 的涡动。如果在转子转过一周的过程中，这个横向力所做的功大于阻尼力消耗的能量，则会引起转子出现自激振动。如果采用的调节门开启顺序产生的汽流力把转子压到左边下角，虽然提高了轴承阻尼，但是由于转子进一步往左偏移，使得垂直于叶轮中心位移的横向力进一步增大，对转子的扰动作用进一步增强，因此转子的振动会进一步增大。

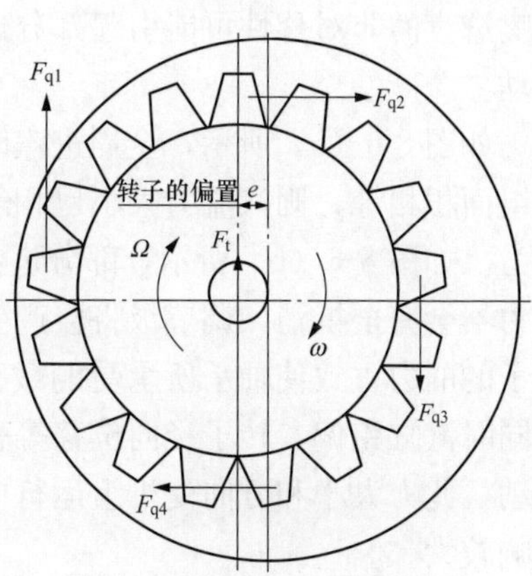

图 8-4　转子径向间隙不均匀引起的涡动力

因转矩不平衡而产生的作用在转子中心上的涡动力为

$$F_t = F_{q1} - F_{q3} \tag{8-2}$$

涡动力 F_t 还可表示为

$$F_t = \frac{T\beta}{DH}e \tag{8-3}$$

式中　T——汽流力对转子产生的力矩，N·m；

β——每单位转子偏心对级热力效率的影响，称为效率系数；

D——叶片的平均半径，mm；

H——叶片平均高度，mm；

e——转子中心的偏移值，mm。

式（8-3）所计算得出的涡动力称为 Alford 力。Alford 认为，运动的交叉耦合产生该力，使得转子产生正向涡动。从式（8-3）可以得出，顶隙激振力与叶轮级功率、转子中心偏移成正比，与动叶的平均节径、高度成反比例，即随蒸汽密度和级与级之间压力差增大而变大，并且与蒸汽的热力参数及汽轮机结构有关。根据式（8-3）推论，高参数、大功率汽轮机及叶轮直径较小、叶片较短的转子汽流激振容易发生。也就是说，汽流激振容易发生在大、中型汽轮机的高、中压转子上。

式（8-3）是一个半经验计算公式，β 决定该式计算的精度。β 的意义是每增加单位长度间隙能造成的效率降低。由于式（8-3）与实际运行尚存在一定的误差，所以在实际应用中 β 可作为一个"修正因子"。Alford 认为，对于汽轮机，β 应在 1.0～1.5 范围。

三、蒸汽调节门阀序因素引起的激振力

汽轮机运行中经常需要调整功率，决定汽轮机功率最主要也是最容易控制的因素就是汽轮机进汽量。喷嘴配汽是大功率汽轮机使用最广泛的配汽方式。采用喷嘴配汽时，将第一级静叶（喷嘴）分组（大型汽轮机组常分为 4 组，见图 8-5），并连接相应的调节阀，阀后空间互相隔开。通常考虑到汽缸温差方面的因素，喷嘴调节模式运行时首先开启控制下半 180°范围内的喷嘴的调节汽阀，一般是下缸先进汽。变负荷时，调节阀依次先后开启。

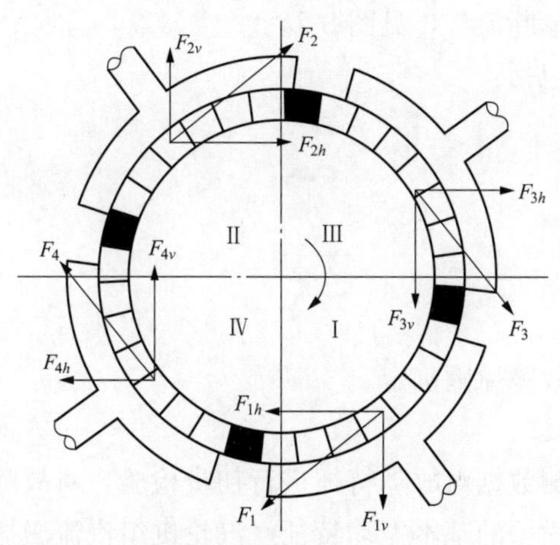

图 8-5　喷嘴配汽简图和喷嘴产生的汽流力

采用喷嘴调节的汽轮机，在不同负荷和流量下，调节阀的开度和喷嘴数目不同。调节级

喷嘴进汽的非对称性可能引起部分进汽时，不对称的蒸汽力作用在转子上，导致转子发生振动。

如图 8-6（a）所示，全周进汽时，对角的 2 个喷嘴组所产生的汽流力方向相反，若喷嘴组面积相等，则汽流力大小也相等，合成后只会产生驱动转子旋转的扭矩，不会产生切向力。如图 8-6（b）所示，部分进汽时，没有流过蒸汽的喷嘴组不能产生汽流力，则总汽流力不会完全抵消，调节级将会产生剩余汽流力。在一定工况下，其合力是一个向上抬起转子的的力，致使轴承所承受的载荷减小，减少了轴承比压，从而导致轴瓦稳定性降低。若同时汽缸跑偏、转子径向位移等引起蒸汽在转子上力矩径向分布不平衡，就有可能引起涡动。此力大小和方向受机组运行中调节阀开启顺序、开度和各调节阀控制的喷嘴数量的影响较大。

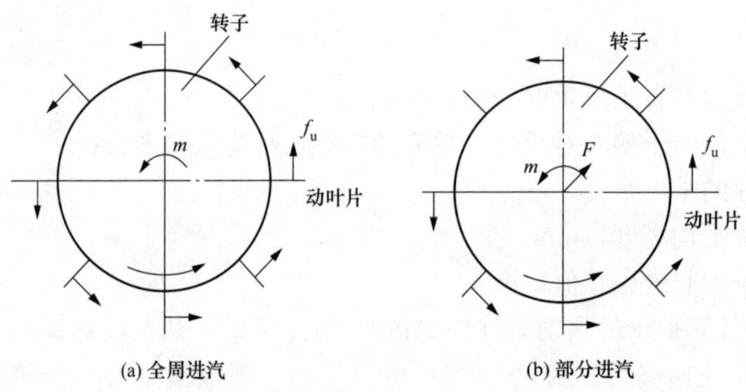

图 8-6　喷嘴配汽全周进汽和部分进汽状态下的汽流力

第三节　汽流激振故障试验诊断基本方案

一、汽流激振故障试验诊断基本流程

导致汽轮机汽流激振的原因比较复杂，当怀疑机组存在汽流激振故障而又不能给出明确诊断意见和建议时，需要在现场实施一些专项试验，为最终诊断提供试验依据。本书基于工程实际需要，提出汽流激振故障一个基本的诊断流程，见图 8-7。

汽轮机组汽流激振故障诊断的基本流程主要包括：

（1）汽流激振故障的基本特征的检验。

（2）汽流激振故障的转轴定位。

（3）专项试验方案制定及其实施。

（4）试验数据的综合分析。

（5）轴系振动全面诊断、评价。

（6）汽流激振故障的进一步确诊，汽流激振故障原因确定。

二、汽流激振故障的基本特征检验

在进行专项试验前，先可利用已有的振动监测数据对故障特征进行初步检验，对故障类型进行初步诊断。检验汽轮机组是否具备汽流激振的基本振动特征。汽轮机组汽流激振故障可从如下几个方面来进行初步判断：

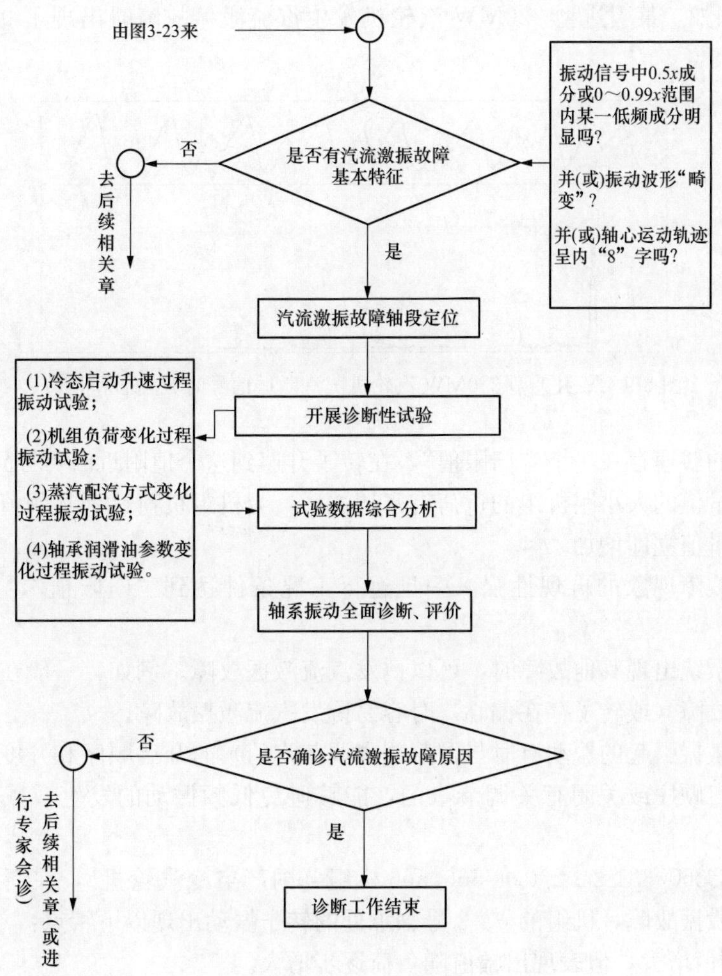

图 8-7　汽流激振故障试验诊断基本流程

（1）转子正向涡动，涡动频率为（0.6～0.9）X（也可能更低），在振动信号的频谱图中能够找到明显的低频成分，见图 8-8。

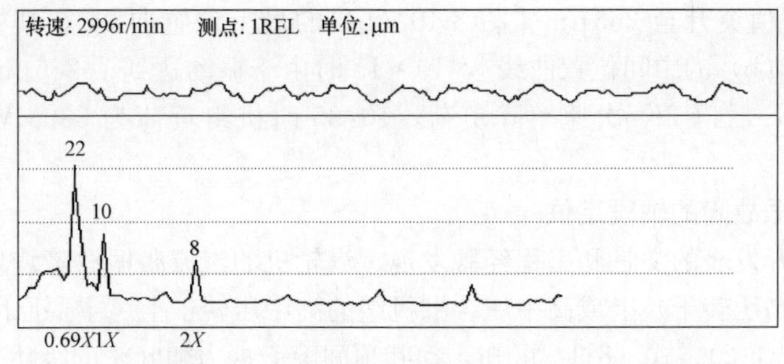

图 8-8　某核电站汽轮机蒸汽激振信号时域波形和频谱

（2）轴心运动轨迹为椭圆形。

（3）强烈振动时，主要频率为转子的一阶固有频率，且频带较宽；许多情况下激起

0.5X 振动，例如，某引进型 320MW 汽轮机发生汽流激振故障时出现了 0.5X 振动，见图 8-9。

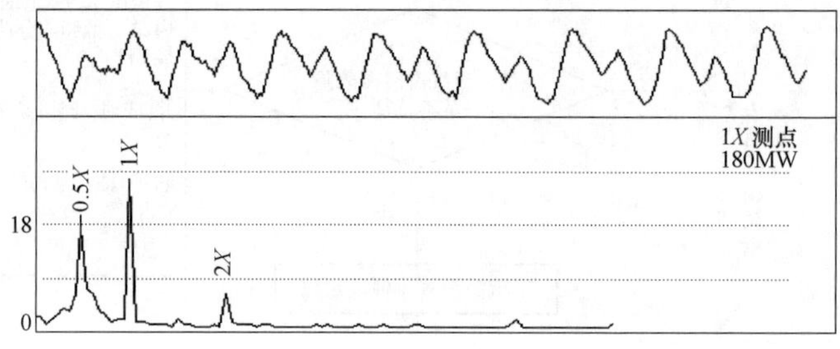

图 8-9　某引进型 320MW 汽轮机蒸汽激振信号时域波形和频谱

（4）转子的转速存在一个“门限值”，在转子升速到这个值附近时可导致强烈的振动。

（5）振动量值的大小跟机组的负荷有密切关系，当机组负荷达到某阈值时，低频振动和通频振动的量值立即增加。

（6）振动故障现象的再现性强，一旦运行工况条件达到“门限值”，异常振动立即出现。

（7）转子系统出现其他故障时，可以诱发汽流激振故障。例如，一般在转子有不平衡故障、不对中故障（或转子存在偏心）时容易诱发汽流激振故障。

（8）汽流激振引起的振动有时与调节阀（调节汽门）的开启顺序和开度有关，通过改变调节汽门开启顺序或关闭有关调节汽门，能够避免低频振动的发生或减小低频振动的量值。

例如，某 C360/331-24.2/0.4/566/566 机组（国产空冷汽轮机），在新机组调试期间出现疑似汽流激振故障，机组的 1、2 号轴承处的转子振动出现以下特点：

1）波动幅值增大，但表现出幅值随负荷逐步增大。

2）负荷稳定时，振动相对稳定。

3）负荷降低后，振动能突然降低恢复到之前的水平。

图 8-10 记录了该机组负荷变化时汽流激振故障的发生与发展过程。2018 年 2 月 9 日 09:56，机组带负荷为 350MW，振动情况基本稳定，以 2K/次的速率加负荷至 356MW 时（10:07），振动量值突升至 265μm [图 8-10（b）的最上位置曲线]，其中 0.5X 分量达 170μm [图 8-10（b）的中间位置曲线]，10：15 时由于振动达到了 286μm，降 5K 负荷，振动有微弱下降，后以 2K/次速率降负荷，10:35 时机组负荷为 330MW，振动突降至 47μm。

三、汽流激振故障的轴段定位

根据现有公开发表的文献和工程经验发现，汽轮机的汽流激振故障均发生在高压（超超临界机组的超高压转子）上或高中压合缸机组的高中压转子上。主要原因有：

（1）根据式（8-2）、式（8-3）可知，动叶顶间隙激振力随叶轮的级功率（正比于汽流力产生的力矩）提高而增大，随动叶的平均直径和叶片平均高度的减小而增大。而大功率汽轮机的高压转子（或高中压转子）处于大功率区，转子上的各级的平均直径和叶片的平均高度（相对而言）均比较小，从而在高压转子上可能因叶顶间隙不均产生较大的汽流激振力。

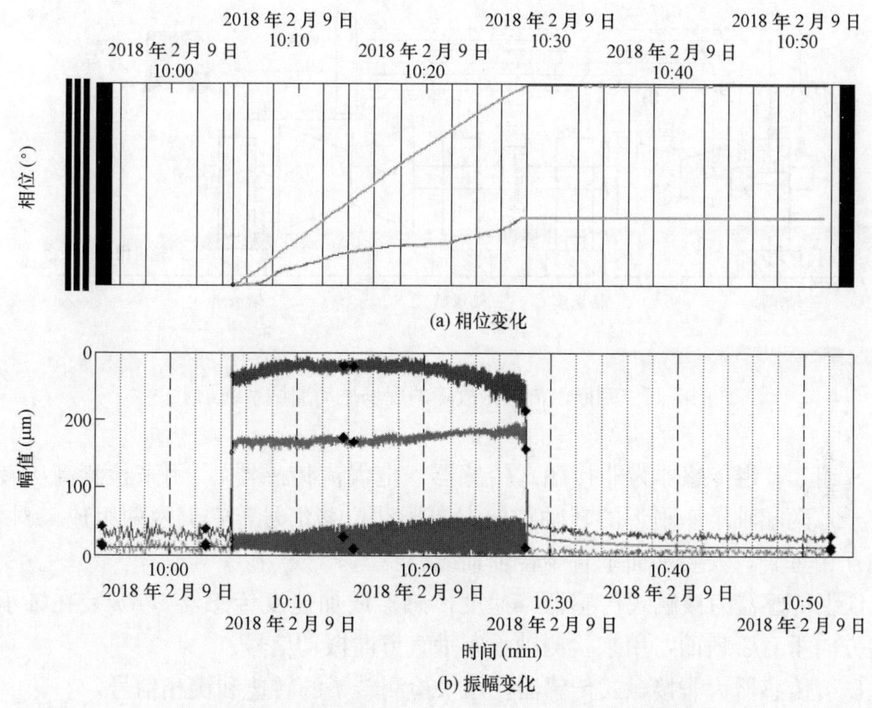

图 8-10　某汽轮机高中压转子振动变化的时间历程

（2）轴封产生的汽流激振力与轴封的几何尺寸、轴封蒸汽参数（温度、压力）、轴封蒸汽流量等因素有关。汽轮机的高压转子（或高中压转子）两端轴封蒸汽压力高、温度高，轴封沿轴向的分布区域长，轴封蒸汽在转子上产生的作用力大。

（3）汽轮机的调节级位于高压转子（或高中压转子）上，当机组的进汽采用顺序阀控制方式时，调节级为部分进汽，因此，调节级动叶上受到的蒸汽作用力在圆周方向并不是均匀的，从而在高压转子上产生一个扰动力。

基于上述原因，对于大功率汽轮机而言，汽流激振故障主要发生在高压转子（或高中压转子）上。

第四节　汽流激振故障诊断试验

当根据机组已有的运行数据（包括过程参数、振动参数）初步判断出汽轮机组存在汽流激振故障时，并且还不能十分准确地诊断出汽流激振故障是否确切存在（或是否具有重现性）、汽流激振的准确原因是什么时，需要开展一些针对性的现场试验，利用试验结果来实现汽流激振故障的精细诊断。

一、现场振动测试系统

在开展现场试验时，振动信号的测量方法、选用的仪器设备、振动评价标准应符合 GB/T 11348. 1、GB/T 11348. 2、GB/T 6075. 1、GB/T 6075. 2 的要求。

如果怀疑汽轮机组高压转子（或高中压转子）上存在汽流激振故障，则构建如图 8-11 所示的振动测试系统。该振动测试系统至少包含下列传感器：

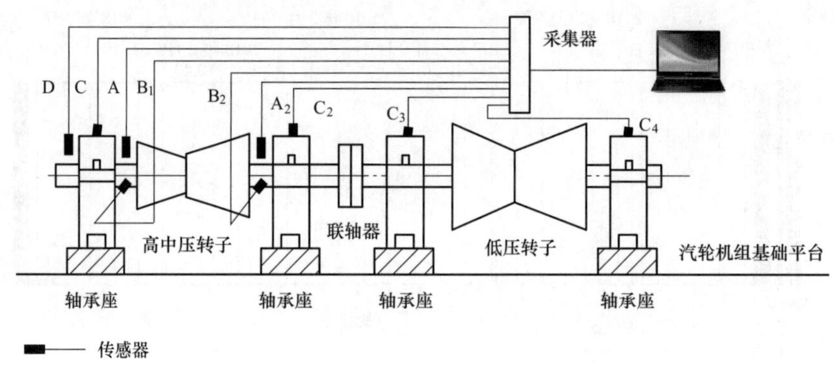

图 8-11 判断汽流激振故障的现场振动测试系统示意

(1) A组、B组传感器为非接触式传感器(电涡流传感器),用来检测高压转子(或高中压转子)两端轴承座附近的转轴径向方向振动位移信号,它们两两组成一对传感器,安装方向互相垂直,安装平面垂直于转轴轴线。

(2) C组传感器为接触式传感器(速度传感器或加速度传感器),安装在轴承座的顶部,安装方向垂直于地面,用来检测轴承座垂直方向振动信号。

(3) D组传感器为非接触式传感器,用来检测转子的转速和键相信号。

二、汽流激振故障诊断基本试验项目

当根据机组已有的运行数据(包括过程参数、振动参数)初步判断出汽轮机组存在汽流激振故障时,并且还不能十分准确地诊断出汽流激振故障是否确切存在(或是否具有重现性)、汽流激振的准确原因是什么时,需要开展一些针对性的现场试验,利用试验结果来实现汽流激振故障的精细诊断。

现场需要开展的现场试验主要有:

(1) 蒸汽调节汽门开度、重叠度变化试验。

(2) 负荷变化试验。

(3) 交流润滑油泵启停试验。

(4) 润滑油温度变化试验。

(5) 主蒸汽温度、压力变化试验,凝汽器真空变化试验。

(6) 轴封蒸汽压力、温度变化试验。

(一) 机组有功负荷变动过程振动试验

机组有功负荷变动过程振动试验既可以在机组开机加带负荷过程中进行,也可以在机组出现严重的异常振动时的负荷工况通过逐渐降低有功负荷值来实施。

1. 试验条件

(1) 机组并网运行、转轴的转速恒定。

(2) 主蒸汽参数、再热蒸汽参数保持稳定。

(3) 凝汽器真空保持稳定。

(4) 回热加热系统保持正常投入。

(5) 各轴段的轴封蒸汽参数(压力、温度)保持稳定。

(6) 汽轮机蒸汽流量采用顺序阀控制。

2. 试验过程

如果是机组开机加带负荷过程开展试验，则应按照机组运行规程的规定程序和加负荷速率，使机组增加负荷，在机组持续加负荷过程测量机组的振动参数和相关的过程参数。试验结束时的机组有功负荷应达到额定负荷。

如果是在机组出现严重的异常振动（疑似汽流激振）时的负荷工况下开展此项试验，可以选择从当前负荷工况开始，按照运行规程规定的减负荷速率减小机组的有功负荷，直至机组并网运行必须带的最小负荷为止，在机组持续减负荷过程测量机组的振动变化情况。

3. 测量参数

将汽轮机的高压转子（或高中压转子）及其支承轴承作为振动监测的重点对象，汽轮机的其余轴承作为一般监测对象，在试验的全过程测量如下参数：

（1）机组转速信号、键相信号。

（2）图 8-11 所示的 A、B、C 组传感器输出的振动信号。

（3）机组有功负荷信号。

（4）主蒸汽参数信号、凝汽器真空信号。

（5）高压缸（或高中压缸）两端轴封蒸汽参数信号。

（6）高压转子（或高中压转子）两端轴承润滑油温度、压力信号。

（7）主蒸汽各调节汽门行程信号。

4. 试验数据分析

根据试验过程检测到的振动数据和过程参数，绘制下列曲线：

（1）振动特征参数，过程参数随负荷、时间变化的关系曲线。这些曲线主要有：

1）机组有功负荷与时间的关系曲线。

2）转轴（轴承座）宽带振动量值与变负荷时间的关系曲线。

3）转轴（轴承座）1X 振动（1 倍频振动）量值、相位与启动时间关系曲线。

4）转轴（轴承座）0.5X 振动（或 0～0.99X 区间中幅度最大成分）量值与时间关系曲线。

5）主蒸汽参数（温度、压力）、凝汽器压力、轴封各段蒸汽参数（温度、压力）与时间的关系曲线。

6）汽轮机各蒸汽调节汽门行程与时间关系曲线。

（2）振动特征参数与过程参数关系曲线。主要包括：

1）转轴（轴承座）宽带振动量值随机组有功负荷值的变化关系曲线。

2）转轴（轴承座）1X 振动（1 倍频振动）量值、相位随机组有功负荷值变化关系曲线。

3）转轴（轴承座）0.5X 振动（或 0～0.99X 区间中幅度最大成分）量值随机组有功负荷值变化关系曲线。

4）转轴（轴承座）宽带振动量值随主蒸汽调节汽门行程变化关系曲线。

5）转轴（轴承座）1X 振动（1 倍频振动）量值、相位随主蒸汽调节汽门行程变化关系曲线。

6）转轴（轴承座）0.5X 振动（或 0～0.99X 区间中幅度最大成分）量值随主蒸汽调节汽门行程变化关系曲线。

（3）典型负荷工况下的振动信号的图形特征曲线。在几个典型的负荷工况下，获取下列振动特征：

1）利用 A_1、B_1 传感器对和 A_2、B_2 传感器对合成的轴心运动轨迹曲线。

2）振动信号的时域波形特征、频谱特征。

（4）轴心位置变化曲线。利用 A_1、B_1 传感器对和 A_2、B_2 传感器对的间隙电压值，合成高压转子两端的轴心位置随变负荷过程的变化曲线。

5. 综合诊断

（1）从振动特征参数的变负荷时间历程曲线中查找转子汽流激振故障特征。在机组变负荷的时间历程中，若：

1）机组的通频振动量值从某个负荷值开始迅速增大。

2）机组的 $1X$ 振动量值从某个负荷值开始略有增大（或变化不大）、$1X$ 相位略有变化（或变化不大）。

3）机组的 $0.5X$ 振动（或 $0\sim0.99X$ 区间中幅度最大成分）量值从某个负荷值开始迅速增大。

4）主蒸汽参数、轴封蒸汽参数、凝汽器真空随时间变化很小。

则说明，机组在高压转子（或高中压转子）上存在汽流激振的可能性大。

（2）从振动信号特征与过程参数特征关系曲线中查找转子汽流激振故障特征。

1）在通频振动量值、$0.5X$ 振动（或 $0\sim0.99X$ 区间中幅度最大成分）量值与机组有功负荷关系曲线中，发现从某一个负荷工况开始，振动量值迅速增加，且随着负荷增加振动量值维持较高水平（或在一定负荷区间内维持较高水平）。

2）在通频振动量值、$0.5X$ 振动（或 $0\sim0.99X$ 区间中幅度最大成分）量值与蒸汽调节汽门行程关系曲线中，发现从调节汽门的某一行程值开始，振动量值迅速增加，且随着调节汽门的行程增加振动量值维持较高水平（或在一定的行程区间内维持较高水平）。

则，可判断机组的高压转子（或高中压转子）存在汽流激振故障的可能性大。

（3）从典型负荷工况下的振动信号的图形特征曲线中查找转子汽流激振故障特征。在机组振动水平较高的若干负荷工况下：

1）转子正向涡动，涡动频率为 $(0.6\sim0.9)X$（也可能更低，如 $0.5X$），在振动信号的频谱图中找到明显的低频成分（参见图 8-8）。

2）振动信号的时域波形发生了“畸变”。

3）轴心运动轨迹为近似椭圆形。

则，可判断机组的高压转子（或高中压转子）存在汽流激振故障的可能性大。

（4）从转子振动快速增加过程的轴心位置变化曲线中查找转子汽流激振故障特征。在转子振动快速增加过程中，若发现高压转子（或高中压转子）的轴心位置持续往某个方向偏移，则可判断机组的高压转子（或高中压转子）存在汽流激振故障的可能性大。

（二）主蒸汽配汽方式改变前后振动测量试验

大功率汽轮机一般采用喷嘴调节，且一般有 4 组喷嘴（见图 8-12），各组喷嘴的进汽分别用 CV1、CV2、CV3、CV4 4 个调节阀进行控制。机组在带负荷运行时，不同的阀门开启顺序、蒸汽作用在高压转子的激振力（包括作用力的大小和作用力的方向）是不相同的，通过改变主蒸汽的配汽方式（即 4 个蒸汽调节阀的开启顺序），即可检验高压转子是否存在汽流激振的可能性。

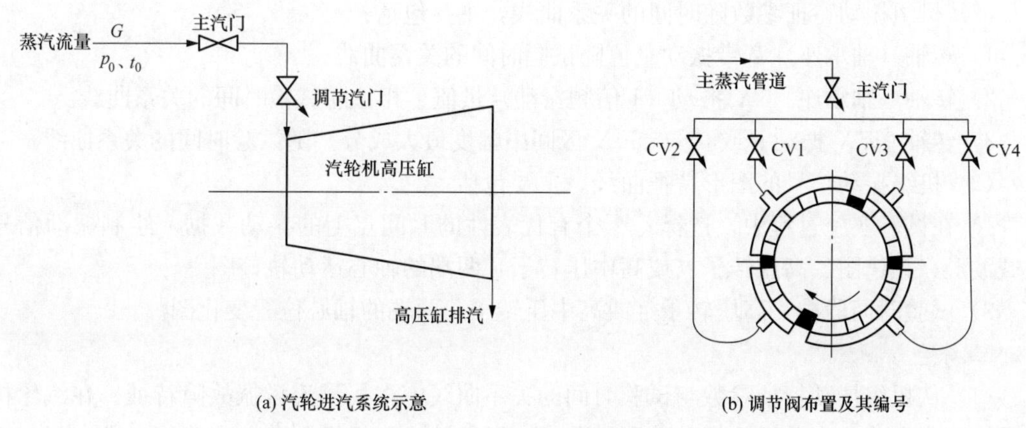

图 8-12　大功率汽轮机高压缸进汽调节阀门布置示意

1. 试验条件

（1）机组并网运行，转轴的转速恒定。

（2）机组的有功负荷大于 90%额定负荷，且保持稳定。

（3）主蒸汽参数（温度、压力）、凝汽器真空维持额定值。

（4）回热加热系统保持正常投入。

（5）各轴段的轴封蒸汽参数（压力、温度）保持稳定。

（6）轴承润滑进油参数（温度、压力）保持稳定。

2. 试验过程

（1）如果机组原定的配汽方式约定调节汽门开启顺序为 CV1—CV4—CV2—CV3（或 CV1—CV2—CV4—CV3），机组在高负荷工况出现异常振动，且振动特征符合汽流激振故障的基本特征，实施此项试验时，将调节汽门开启顺序修改为 CV1、CV3—CV2—CV4，检测机组修改调节汽门开启顺序后的振动信号及其相关的过程参数信号。在不危及机组安全的前提下，此项试验的持续时间不少于 30min。

（2）完成前述试验内容后，可选择将机组的进汽由喷嘴调节方式修改为节流调节方式（此时 4 个调节汽门 CV1、CV2、CV3、CV4 全部打开），检测机组修改调节汽门开启顺序后的振动信号及其相关的过程参数信号。在不危及机组安全的前提下，此项试验的持续时间不少于 30min。

3. 测量参数

在试验开始后的全过程，记录如下数据：

（1）机组有功负荷（观察配汽方式改变前后的机组功率变化情况）。

（2）机组的进汽参数（压力、温度）、凝汽器真空。

（3）汽轮机高压转子（或高中压转子）轴封蒸汽参数（温度、压力）。

（4）图 8-11 所示各振动测点的振动信号。

4. 数据分析方法

根据试验过程检测到的振动数据和过程参数，绘制下列曲线：

（1）机组过程参数随时间的关系曲线，主要包括机组进汽参数（温度、压力）、凝汽器真空、高压转子轴封蒸汽参数（温度、压力）、机组有功负荷随时间的关系曲线。

（2）机组振动特征参数随时间的关系曲线，主要包括：

1）转轴（轴承座）宽带振动量值随试验时间的关系曲线。

2）转轴（轴承座）$1X$ 振动（1 倍频振动）量值、相位随试验时间的关系曲线。

3）转轴 $0.5X$ 振动（或 $0\sim0.99X$ 区间中幅度最大成分）随试验时间的关系曲线。

（3）机组振动信号的图形特征曲线。主要包括：

1）在试验实施过程中，选择若干个有代表性的时间点上的振动数据，绘制振动信号时域波形、频谱图、高压转子（或高中压转子）两端的轴心运动轨迹图。

2）试验时间段内，高压转子（或高中压转子）两端的轴心位置变化图。

5. 综合诊断

（1）从机组振动特征参数与试验时间的关系曲线中查找汽流激振故障特征。在汽轮机组进汽配汽方式改变前后的振动检测试验中，机组转速、机组负荷、主蒸汽参数、凝汽器真空、轴封蒸汽参数维持基本恒定，而机组的振动在配汽方式改变前后发生明显的改变，可判断高压转子（或高中压转子）上存在汽流激振。

（2）从若干时间点上振动信号的图形特征中查找汽流激振故障特征。如果若干时间点上机组振动信号的时域波形、频谱分布、轴心运动轨迹形状符合汽流激振的基本特征，试验过程中高压转子（或高中压转子）的轴心位置发生了明显的变化，可判断高压转子（或高中压转子）上存在汽流激振。

（三）轴封蒸汽参数变化过程振动试验

若汽轮机组存在疑似汽流激振故障，且前面两项试验结果并未确定汽流激振是由配汽方式或叶轮顶隙激振引起的，可开展此项试验，以进一步确诊机组的汽流激振是否是由轴端汽封引起的。此项试验只针对汽轮机的高压转子（或高中压转子）轴端汽封来实施。

1. 试验条件

（1）机组并网运行，转轴的转速恒定。

（2）机组的有功负荷不低于额定负荷的 80%，且保持稳定。

（3）机组的进汽参数（温度、压力）、凝汽器真空保持稳定。

（4）回热加热系统保持正常投入。

（5）非试验轴段的轴封蒸汽参数（压力、温度）保持稳定。

2. 试验过程

按照机组运行规程的规定程序和允许的轴封蒸汽温度变化速率，使高压转子（或高中压转子）的轴封蒸汽温度分别降低 10～20℃（但不得低于运行规程规定的下限值，为了确保轴封蒸汽具有足够的过热度，适当降低轴封蒸汽压力），该试验工况维持运行 30～60min。然后，再将轴封蒸汽参数恢复至试验前的值。在轴封蒸汽参数变化的过程中测量机组的振动参数和相关的过程参数。

3. 测量参数

（1）在试验开始和结束时记录如下数据：

1）主蒸汽参数（温度、压力）。

2）机组有功负荷。

3）凝汽器真空值，非试验轴段的轴封蒸汽温度值、压力值。

（2）试验过程中持续记录如下数据：

1）高压转子（或高中压转子）轴封蒸汽温度、压力。

2）图 8-11 所示各振动测点的振动数据。

4. 数据分析方法

根据试验过程检测到的振动数据和过程参数，绘制下列曲线：

（1）机组过程参数随时间的关系曲线，主要包括机组进汽参数（温度、压力）、凝汽器真空、高压转子轴封蒸汽参数（温度、压力）、机组有功负荷随时间的关系曲线。

（2）机组振动特征参数随时间的关系曲线，主要包括：

1）转轴（轴承座）宽带振动量值随试验时间的关系曲线。

2）转轴（轴承座）1X 振动（1 倍频振动）量值、相位随试验时间的关系曲线。

3）转轴 0.5X 振动（或 0～0.99X 区间中幅度最大成分）随试验时间的关系曲线。

（3）机组振动信号的图形特征曲线。主要包括：

1）在试验实施过程中，选择若干个有代表性的时间点上的振动数据，绘制振动信号时域波形、频谱图、高压转子（或高中压转子）两端的轴心运动轨迹图。

2）试验时间段内，高压转子（或高中压转子）两端的轴心位置变化图。

5. 综合诊断

（1）从机组振动信号特征与试验时间的关系曲线中查找汽流激振故障特征。在汽轮机组高压转子（或高中压转子）两端轴封蒸汽参数改变前后的振动检测试验中，机组转速、机组负荷、主蒸汽参数、凝汽器真空、非试验段轴封蒸汽参数维持基本恒定，若高压转子两端轴封蒸汽参数改变前后导致机组振动发生明显的改变，可判断高压转子（或高中压转子）上存在汽流激振，且主要诱因为轴封上作用的蒸汽力。

（2）从若干时间点上振动信号的图形特征中查找汽流激振故障特征。如果若干时间点上机组振动信号的时域波形、频谱分布、轴心运动轨迹形状符合汽流激振的基本特征，试验过程中高压转子（或高中压转子）的轴心位置发生了明显的变化，可判断高压转子（或高中压转子）上存在汽流激振，且主要诱因为轴封上作用的蒸汽力。

（四）高压转子两端轴承稳定性试验

通过前面三项试验，基本得出机组存在汽流激振故障的结论，但不能确定高压转子的支承轴承的稳定性是否达到要求，从而放大了汽流激振的振动响应，可开展此项试验。此项试验只针对汽轮机的高压转子（或高中压转子）的两端轴承来实施。

1. 试验条件

（1）机组并网运行、转轴的转速恒定。

（2）机组的有功负荷不低于额定负荷的 80%，且保持稳定。

（3）机组的进汽参数（温度、压力）、凝汽器真空保持稳定。

（4）回热加热系统保持正常投入。

（5）轴封蒸汽参数（压力、温度）保持稳定。

2. 试验过程

（1）如果机组在高负荷工况出现异常振动，且振动特征符合汽流激振故障的基本特征，启动机组的交流润滑油泵，检测机组在启动交流润滑油泵前后的振动信号及其相关的过程参数信号。在不危及机组安全的前提下，此项试验的持续时间不少于 30min。此项试验完成后，停止交流润滑油泵的运行。

（2）完成前述试验内容后，可选择将机组轴承润滑油的进油温度提高3～5℃，检测机组在提高润滑油进油温度后的振动信号及其相关的过程参数信号。在不危及机组安全的前提下，此项试验的持续时间不少于30min。

3. 测量参数

在实施此项试验时，检测的参数与本小节试验项目（三）的测量参数基本相同。

4. 数据分析方法

在实施此项试验时，数据分析方法与本小节试验项目（三）的分析方法基本相同。

5. 综合诊断

（1）从机组振动信号特征与试验时间的关系曲线中查找汽流激振故障特征。在汽轮机组高压转子（或高中压转子）两端轴承稳定性试验中，机组转速、机组负荷、主蒸汽参数、凝汽器真空、轴封蒸汽参数维持基本恒定，若启动交流润滑油泵后（或轴承进油温度提高后）导致机组振动发生明显的降低（特别是低频振动分量降低明显），可判断高压转子（或高中压转子）上存在汽流激振，且高压转子轴承稳定性偏低是放大汽流激振效应的重要因素。

（2）从若干时间点上振动信号的图形特征中查找汽流激振故障特征。如果在启动交流润滑油泵后（或轴承进油温度提高后），机组振动信号的时域波形“畸变”情况得到改善，振动信号频谱中的低频分量幅值明显减小，轴心位置更加合理，可判断高压转子（或高中压转子）上存在汽流激振，且高压转子轴承稳定性偏低是放大汽流激振效应的重要因素。

参考文献

[1] 沈庆根，李烈荣，潘永密．迷宫密封中的汽流激振及其反旋流措施［J］. 流体机械，1994，22（7）：7-12.

[2] 柴山，张耀明，马浩，等．汽轮机调节级的汽流激振力分析［J］. 应用数学和力学，2001，22（7）：706-711.

[3] 柴山，张耀明，马浩，等．汽轮机间隙气流激振力分析［J］. 中国工程科学，2001，3（4）：68-72.

[4] 丁学俊，陈文，冯慧雯，等．叶轮间隙气流激振力的计算公式与验证［J］. 流体机械，2004，32（2）：25-27.

[5] 李录平．汽轮机组故障诊断技术［M］. 北京：中国电力出版社，2002.

[6] 李录平，卢绪祥．汽轮发电机组振动与处理［M］. 北京：中国电力出版社，2007.

[7] 陈尧兴，李志刚，李军．进口预旋对高压迷宫密封流体激振转子动力特性的影响［J］. 润滑与密封，2017，42（11）：1-6＋12.

[8] 王为民，潘家成．东方-日立型超超临界1000MW汽轮机可靠性设计［J］. 热力透平，2006，35（1）：8-13.

[9] 崔亚辉，张俊杰，徐福海，等．某台300MW机组汽流激振故障的分析和处理［J］. 汽轮机技术，2012，54（2）：158-160＋108.

第九章　结构共振故障的描述理论与试验诊断策略

第一节　概　　述

从结构特征和工作原理上来看，汽轮发电机组是一个结构复杂、尺寸巨大、激励来源多种多样的机械系统，在某些外因和内因组合的状态下，可能出现结构共振。一旦汽轮发电机组出现结构共振故障，将严重危及机组运行的安全性和可靠性，甚至引起设备故障或严重的事故。

当机械系统所受激励的频率与该系统的某阶固有频率相接近或相等时，系统振幅将显著增大，此种现象称为机械系统共振现象。共振时，激励输入机械系统的能量最大，系统出现明显的振型，称为位移共振。此外，还有在不同频率下发生的速度共振和加速度共振。在机械振动中，常见的激励有直接作用的交变力、支承或地基的振动以及旋转部件不平衡产生的离心力等。

机械系统发生共振时的激励频率称为共振频率，近似等于机械系统的固有频率。对于单自由度系统，共振频率只有一个，当对单自由度线性系统作频率扫描激励试验时，其幅频响应图上出现一个共振峰。汽轮发电机组是质量、刚度、阻尼连续分布的三维结构体，理论上具有无穷多个固有频率，工程实际中可能出现多个共振频率，激励试验时相应出现多个共振峰。由于摩擦、松动、流固耦合等诸多非线性因素的存在，使得汽轮发电机组实际上成为非线性系统，导致其共振区可能出现振幅跳跃现象，共振峰发生明显变形，并可能出现超谐波共振和次谐波共振。

因此，当汽轮发电机组发生结构共振故障时，会出现一些奇异的振动现象，现场诊断的难度较大。并且，结构共振会导致严重的后果，必须引起汽轮发电机组的设计、安装、检修、运行各方工程技术人员的高度重视。

一、汽轮发电机组结构共振的主要原因

（一）设计方面的原因

1. 机组静止部件的结构设计不合理

如果设计不当，导致汽轮发电机组的转子-支承系统（包括转轴、轴承、基础）模态频率分布不合理，在 0～3000r/min 转速范围，密集分布多个模态频率与模态振型，特别是在暖机转速和工作转速附近密集分布出现多个模态频率，在 2 倍、3 倍转速频率附近分布模态频率，从而导致机组在暖机或工作转速下，在机组的局部（或整体）的特定方向出现大幅度振动。因设计缺陷引起的机组结构共振故障，往往是在机组调试和试运转时就会发生。对这种情况，只有修改设计，才能从根本上消除此类故障。对于在暖机转速发生共振的问题，可以调整转子的结构，改变转子系统临界转速分布；对于在工作转速发生结构共振的问题，可以调整转子支承系统的结构，改变模态频率的分布，使得转子-支承系统的模态频率避开工作转速频率及其整数倍频率。

2. 基础结构设计不合理

由于基础自振频率与机组振动频率合拍，产生共振或基础沉降不均匀使机组中心变化，失去原来平衡而振动。这类振动比较复杂，一时难找到确切原因和有效的消除措施。一般可通过对基础进行振动频率测试和基础沉降测量等手段找出振动的起因。若为基础频率与机组共振频率相近，可在基础梁与梁之间或柱与柱之间增加连接梁或斜撑，以改变振动节点，改变自振频率；若为基础沉降不均匀，可通过重新找正轴系中心来减轻振动。

（二）安装与检修方面的原因

因设备安装不当或检修不当，造成系统的支承条件（刚度）发生变化，致使设备的固有频率发生改变，从而与激励频率过于接近，引起结构共振，这种情况在工程实际中比较常见。造成这种情况出现的主要原因有：

1. 轴承垫块接触不良及紧力不适当

在机组检修过程中，由于检修工艺不当，导致轴承座与垫块接触不良，降低了轴承的支承刚度，使得转子与支承系统构成的结构系统的模态频率发生改变，逐渐靠近转轴的工作转速频率，发生共振。这种情况导致的振动往往发生在检修后第一次启动时，或者发生在机组检修投运后1～2年内。其特征是找动平衡时试加质量对振动的影响较小，用找平衡的方法不易消除振动。

2. 地脚螺栓松动及机组台板脱壳

汽轮发电机组轴承座地脚螺栓因紧力不均匀、轴承振动等原因，经过长期运行而发生螺栓松动是常见的故障，其振动往往是逐步发展的。另外，由于基础台板第二次浇灌混凝土质量不佳或因透平油漏到基础上起侵蚀作用，机组经一段时间运行后，第二次浇灌的混凝土脱壳与疏松，使机组振动逐步加大。

3. 轴承座存在别劲的内应力

由于检修工艺较差，导致机组轴承座底部垫片厚度不相等，将地脚螺栓拧紧后，虽然接触面没有间隙，但轴承座存在着别劲的内应力，机组启动时往往发生剧烈振动。所以，轴承座与台板接触的好坏，对机组振动的影响比其他因素引起的振动要敏感得多。

（三）运行或操作方面的原因

（1）操作不当，在转子临界转速区停留时间过长。在机组启动、停车过程中操作不当，导致机组的转速在临界转速区停留时间过长，从而引起振动增大。这种情况较为少见，因为设备出厂时都会告知用户转子的临界转速，只要在操作中注意快速通过，共振一般不会发生。但是，“副临界转速区共振”往往容易被忽视，需要在操作设备时加以防止。所谓“副临界转速区共振”，是指转轴弯曲刚度的非对称性（如二极发电机、轴上大键槽）导致在转子一阶临界转速的1/2、1/3的低转速下发生的共振。

（2）腐蚀导致轴承座接触不良。在机组运行过程中，轴承座与垫块的接触腐蚀，导致轴承座与垫块接触不良，降低了轴承的抗振能力而产生较大的振动。

（3）轴承座底部平面与基础台板接触不良。由于机组启动、停机和负荷突变等因素，汽缸会发生膨胀或收缩。当轴承箱上负载太大，轴承座和台板之间比较粗糙或没有润滑剂等，使汽缸胀缩受阻，并引起轴承箱翘头或反翘头，从而使轴承座与台板接触不良，降低支承的刚度，从本质上将导致转子-支承系统的模态频率偏移，使机组振动。

二、结构共振产生的影响

（一）危及结构安全

结构共振的常见危害之一就是危及结构安全。汽轮发电机组是大型高速旋转机械，其在运转过程中势必会产生不平衡扰动力，由转子、静止部件、轴承、基础等部分组成的复杂结构体，一旦产生结构共振，结构在动荷载作用下，将引起构件的动应力，产生动力疲劳、应力集中，整体或局部的动力稳定性大为降低；甚至产生基础下沉或不均匀下沉，基础框架出现裂缝，甚至局部损坏。

（二）危及机组的正常运行

结构共振的常见危害之二是影响汽轮发电机组的正常运行。汽轮发电机组是大型精密动力机械设备，零部件加工精度高、动静间隙小，所采用的各类高精度检测（监测）仪器、仪表多。结构共振可能导致动静间隙减小甚至消失，引发动静部件长时间的摩擦；降低检测仪器的测量精度，当外界振动超过其允许振动控制指标时，则精密仪器、仪表的检验测试和指示（或指针）系统发生晃动或颤动，致使无法判定指示值，造成检验测试系统误差，甚至无法工作，或产生误报警信号而致使机组停机。

若在发电机上产生结构共振，还会使线圈绝缘层破坏，产生短路故障，甚至酿成严重事故；对于水冷发电机转子而言，结构共振还使水管断裂，酿成冷却水泄漏事故。

（三）降低机组效率

若在汽轮机上产生结构共振，将在动静部件上产生摩擦，进一步增加动静间隙。其中，若出现低压端部轴封磨损，密封作用被破坏，空气漏入低压缸中，因而破坏真空，降低机组热效率；高压端部轴封磨损，自高压缸向外漏汽增大，减少进入通流部分做功的蒸汽量，降低机组热效率；隔板轴封磨损严重时，将使级间漏汽增大，降低机组级效率，从而降低汽轮机相对内效率。

三、汽轮发电机组结构振动的共性特点

对于安装在陆地上的大功率并网运行的汽轮发电机组，由转子-轴承-静止部件-基础所组成的结构，实际上是柔性结构，其转子的工作频率（又称为旋转频率，额定工作频率为 50Hz）远高于结构的若干个低阶模态频率。理由如下：

（一）大功率汽轮发电机组轴系为柔性转子

因为大型汽轮发电机组的转子系统的旋转频率远高于第一阶固有频率，所以，转子均为柔性转子。表 9-1 所列为国产几种型号汽轮发电机组轴系临界转速（计算值），表 9-2 所列为国产几种型号汽轮发电机组的轴系扭转振动固有频率（计算值）。无论是弯曲振动还是扭转振动，在 50Hz 以内，均有固有频率（临界转速）分布，因此，现代大型汽轮发电机组的轴系均为柔性。

表 9-1　　**国产几种型号汽轮发电机组轴系临界转速（计算值）**　　r/min

机组容量	临界转速阶次						
	1	2	3	4	5	6	7
亚临界	1334	1608	1721	1776	3463	3819	4205
300MW（哈尔滨汽轮机厂）	（电动机一阶）	（低压一阶）	（高中压一阶）	（励磁一阶）	（电动机二阶）	（低压二阶）	（励磁二阶）

续表

机组容量	临界转速阶次						
	1	2	3	4	5	6	7
超临界 600MW（哈尔滨汽轮机厂）	823（电动机一阶）	1702（A 低压一阶）	1711（B 低压一阶）	1976（中压一阶）	2057（高压一阶）	2310（电动机二阶）	3683（低压二阶）
超临界 600MW（东方汽轮机厂）	984（电动机一阶）	1692（高中压一阶）	1724（A 低压一阶）	1743（B 低压一阶）	2646（电动机二阶）	3835（A 低压二阶）	—
超临界 1000MW（哈尔滨汽轮机厂）	850（电动机一阶）	1327（A 低压一阶）	1345（B 低压一阶）	1837（中压一阶）	2038（高压一阶）	2400（电动机二阶）	2528（低压二阶）
超超临界 1000MW（东方汽轮机厂）	870（电动机一阶）	1701（A 低压一阶）	1738（B 低压一阶）	1980（高压一阶）	2045（中压一阶）	2391（电动机二阶）	3681（A 低压二阶）

表 9-2　国产几种型号汽轮发电机组的轴系扭转振动固有频率（计算值）　Hz

机组容量	轴系扭振频率阶次							
	1	2	3	4	5	6	7	8
N200MW（东方汽轮机厂）	17.00	34.60	40.80	58.30	80.30	92.80	98.00	105.90
N200MW（哈尔滨汽轮机厂）	18.03	35.74	39.49	63.59	86.02	98.11	115.02	119.08
N300MW（上海汽轮机厂）	20.80	29.20	116.50	128.99	137.90	144.40	187.99	—
N300MW（哈尔滨汽轮机厂）	21.77	26.56	37.57	88.47	92.37	140.93	167.33	173.33
N600MW（东方汽轮机厂）	15.30	26.55	31.95	123.40	150.60	154.25	174.25	—
N1000MW（上海汽轮机厂）	14.24	21.40	30.32	57.60	65.50	133.64	143.69	205.22

（二）大功率汽轮发电机组的轴承座为柔性结构

据有关资料显示，利用有限元分析方法对某型国产 300MW 汽轮机低压转子轴承座（坐落在排汽缸上）自振频率进行计算，计算结果如表 9-3 所示。根据计算结果分析，在 100Hz 以下，轴承座系统有 11 阶固有频率，除 1、6、9 阶外，支承锥体的横向筋板的振动都占主导地位。

表 9-3　国产某型 300MW 汽轮机低压转子轴承座固有频率　Hz

阶次	1	2	3	4	5	6	7	8
计算值	15.85	24.34	31.02	49.03	57.90	66.41	71.43	75.30
实验值	15.08	21.75	32.50	43.50	56.25	67.50	71.25	—

对国产 QFSN-600-2YHG 型发电机的端盖轴承结构进行模态频率现场测试，在端盖轴承中分面的加强筋垂直方向测得的模态频率分布见图 9-1（图中显示的数据单位为 Hz），该型发电机的端盖轴承及其支承结构有较低的固有频率分布。

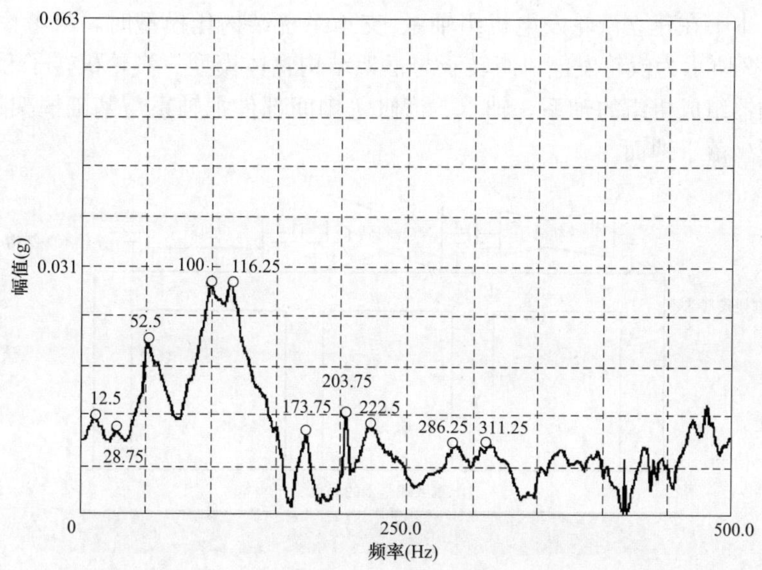

图 9-1　QFSN-600-2YHG 型发电机的端盖轴承模态频率测试结果

（三）大功率汽轮发电机组的基础框架为柔性结构

经过有限元计算发现，某种型号的国产 600MW 汽轮发电机组基础的固有频率较低，在 50Hz 以内分布了数十阶模态频率，表 9-4 为考虑和不考虑机组设备质量两种情形下计算获得的基础部分固有频率（31～40 阶模态频率）对照表，“情形一”为未考虑机组设备质量影响的情况下获得的基础固有频率，“情形二”为考虑机组设备质量影响的情况下获得的基础固有频率。通过观察可以得出，该型机组的基础模态频率 50Hz 以内分布了数十阶模态频率，且在 50Hz 附近密集分布，相邻两阶频率相差很小。

表 9-4　　国产 600MW 汽轮发电机组基础模态频率分布　　Hz

阶数	31	32	33	34	35	36	37	38	39	40
情形一	44.45	44.62	46.61	47.59	49.9	50.18	52.02	52.39	53.49	55.15
情形二	43.21	43.6	45.91	45.96	47.62	48.79	49.17	50.48	50.94	51.25

（四）结构共振发生的主要方向为垂直方向

根据工程实际经验发现，现代大型汽轮发电机组若产生结构共振，振动幅值的增加虽然在机组的轴向、横向和垂直方向均有可能体现，但结构共振的主要方向为垂直方向（垂直于基础平面方向），其次体现在水平方向（垂直轴线且平行基础平面方向），在轴向方向发生结构共振的可能性比较小。

第二节　描述结构共振故障的基本理论

一、汽轮发电机组结构化模型

现代大型汽轮发电机组轴系体积庞大、轴向方向尺寸大，依靠汽缸及轴承支承安装于框架式基础之上。布置在框架式基础上的附属设备和部件繁多，且各部件结构之间的连接方式及其相互影响关系复杂，为了方便分析转子-支承系统的动力学特性，有必要对该系统进行简化。本书在建立汽轮发电机组轴系-支承系统结构化模型时，只考虑转子、轴系及基础，图 9-2 所示为汽轮发电机组转子与框架结构整体模型。汽轮机转子和发电机转子依靠刚性联轴器组成机组的轴系，轴承、汽缸等中间部件把轴系与基础框架连接在一起，基础依靠底板坐落于地面。

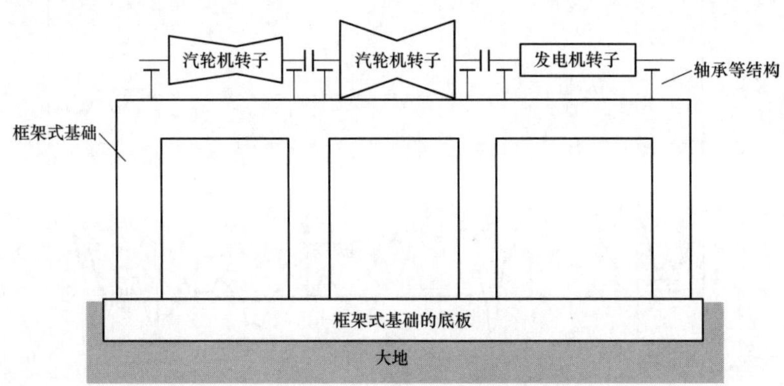

图 9-2 汽轮发电机组转子与框架结构整体模型

二、结构动力学理论基础

在线性范围内，结构动力学遵循的基本方程是

$$[M]\{\ddot{x}\}+[C]\{\dot{x}\}+[K]\{x\}=\{F(t)\} \tag{9-1}$$

式中 $[M]$——系统的质量矩阵；

$[C]$——系统阻尼矩阵；

$[K]$——系统刚度矩阵；

$\{F(t)\}$——系统外力向量；

$\{x\}$——位移响应向量，是空间的多维向量；

$\{\dot{x}\}$——速度响应向量，是对位移向量的一次导数；

$\{\ddot{x}\}$——加速度响应向量，是对位移向量的二次导数。

式（9-1）为用系统的物理坐标 x 、$\dot{x}$ 、$\ddot{x}$ 描述的运动方程组。在其每一个方程中均包含系统各点的物理坐标，因此是一组耦合方程。求解式（9-1），就可获得系统在外力向量 $\{F(t)\}$ 作用下的位移响应规律。但是，由于实际工程系统的结构复杂性，式（9-1）的求解具有非常大的难度，往往需要对系统的模型作适当的简化并借助专门的计算软件来实现。

模态分析方法是分析结构动力学特性的基本方法，是进行其他动力学分析的基础。该方法就是以无阻尼系统的各阶主振型所对应的模态坐标来代替物理坐标，使坐标耦合的微分方程组解耦为各个坐标独立的微分方程组，从而求出系统的各阶模态参数。在式（9-1）中，令系统阻尼矩阵 $[C]=0$，系统受到的外力向量 $\{F(t)\}=0$，得到系统无阻尼自由振动的运动方程为

$$[M]\{\ddot{x}\}+[K]\{x\}=\{0\} \tag{9-2}$$

结构自由振动为简谐振动，即位移为正弦函数，则

$$\{x\}=\{\overline{x}\}\sin\omega t \tag{9-3}$$

式中 $\{\overline{x}\}$——位移的幅值向量。

无阻尼模态分析实际上就是进行特征值和特征向量的计算，即模态提取。由式（9-2)、式（9-3）得到

$$([K]-\omega^2[M])\{x\}=0 \tag{9-4}$$

求解式（9-4）可以得到若干个特征值ω^2。其中第i个的特征值ω_i^2的开方ω_i为系统的第i个自振圆频率，单位是 rad/s。第i个特征值ω_i对应的特征向量$\{\overline{x_i}\}$为自振频率$\omega_i/2\pi$对应的振型。

当结构受到周期激励$\{F_0 e^{i\Omega t}\}$作用时，式（9-4）的解可以写成如下形式，即

$$\{x\}=\{x_{\max}e^{i\varphi}\}e^{i\Omega t} \tag{9-5}$$

式中　$\{F_0\}$——激振力的幅值向量；

i——等于常数-1的平方根；

Ω——周期激励的频率；

t——时间；

$\{x_{\max}\}$——最大位移值向量；

φ——位移值的相位角弧度值。

从式（9-5）可以看出：系统受到周期性外力$\{F_0 e^{i\Omega t}\}$激励时，系统的位移响应也呈周期性变化，系统的响应频率与外力频率一致；系统的响应（矢量）与激励（矢量）之间相差一个相位差角φ。

最大位移值$\{x_{\max}\}$取决于激振力的幅值$\{F_0\}$和频率比Ω/ω_i。因此，工程中若要控制结构在外界激励作用下的振动，可从控制激振力幅值$\{F_0\}$和控制频率比Ω/ω_i等措施来实现。

三、支承结构动力学模型

轴承油膜、轴承座结构、基础等对转子振动影响比较复杂。当考虑滑动轴承或轴承座和基础的弹性时，转子的支承就不是绝对的刚性。考虑支承弹性以后，整个系统的刚度将显著减少，导致整个系统的临界转速值下降。汽轮发电机组转子的各向异性支承结构简化模型如图 9-3 所示，轴承座及基础可简化为质量-弹簧-阻尼器模型，轴承油膜简化为弹簧-阻尼器模型。图 9-3 中，k 表示刚度，c 表示阻尼，M_{bz} 表示轴承座－基础在 y、z 方向的参振质量。

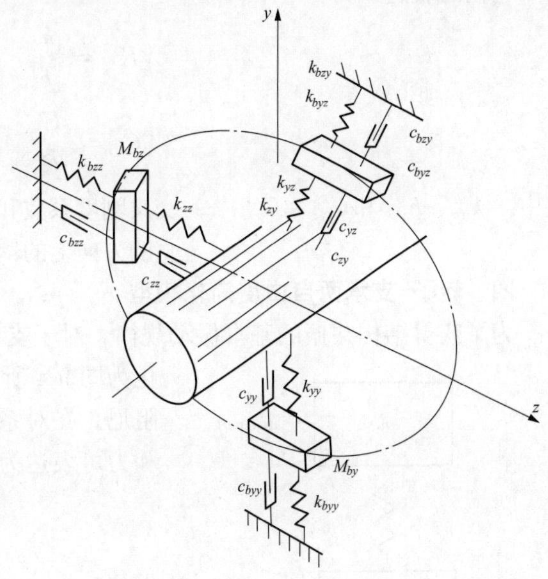

图 9-3　汽轮机转子的各向异性支承结构简化模型

实际上滑动轴承油膜力与轴颈处的速度、位移成非线性关系，涉及复杂的流固耦合问题。当轴颈在平衡位置上受到位移或速度的扰动很小时，为了简化分析，把油膜力近似地作为轴颈微小位移和速度的线性函数，其 Taylor 展开式为

$$\begin{cases} F_y=F_{y0}+\left.\dfrac{\partial F_y}{\partial y}\right|_0\Delta y+\left.\dfrac{\partial F_y}{\partial z}\right|_0\Delta z+\left.\dfrac{\partial F_y}{\partial \dot{y}}\right|_0\Delta\dot{y}+\left.\dfrac{\partial F_y}{\partial \dot{z}}\right|_0\Delta\dot{z}+\cdots \\ F_z=F_{z0}+\left.\dfrac{\partial F_z}{\partial z}\right|_0\Delta z+\left.\dfrac{\partial F_z}{\partial y}\right|_0\Delta y+\left.\dfrac{\partial F_z}{\partial \dot{y}}\right|_0\Delta\dot{y}+\left.\dfrac{\partial F_z}{\partial \dot{z}}\right|_0\Delta\dot{z}+\cdots \end{cases} \tag{9-6}$$

式中　F_y、F_z ——油膜力在 Y、Z 方向的分量；

F_{y0}、F_{z0} ——静态平衡位置时，油膜力在 Y、Z 方向的分量；

ΔY、ΔZ——轴劲在 Y、Z 方向上的微小位移；

$\Delta\dot{Y}$、$\Delta\dot{Z}$——轴劲在 Y、Z 方向上的速度增量。

由单位位移所引起的油膜力增量即油膜的刚度系数为

$$K_{ij}=\left.\frac{\partial F_i}{\partial j}\right|_0 \tag{9-7}$$

由单位速度所引起的油膜力增量即油膜的阻尼系数为

$$C_{ij}=\left.\frac{\partial F_i}{\partial \dot{j}}\right|_0 \tag{9-8}$$

式（9-7）、式（9-8）中，i、j 分别表示坐标 Y、Z。

动态力 $\Delta F=F-F_0$，那么将式（9-6）变换成矩阵形式为

$$\begin{pmatrix}\Delta F_y\\ \Delta F_z\end{pmatrix}=[K]\begin{pmatrix}\Delta y\\ \Delta z\end{pmatrix}+[C]\begin{pmatrix}\Delta\dot{y}\\ \Delta\dot{z}\end{pmatrix} \tag{9-9}$$

式中　$[K]$——刚度系数矩阵；

$[C]$——阻尼系数矩阵。

它们的表达式为

$$[K]=\begin{bmatrix}k_{yy} & k_{yz}\\ k_{zy} & k_{zz}\end{bmatrix} \tag{9-10}$$

$$[C]=\begin{bmatrix}C_{yy} & C_{yz}\\ C_{zy} & C_{zz}\end{bmatrix} \tag{9-11}$$

式中　k_{yz}、k_{zy} 和 C_{yz}、C_{zy} ——交叉刚度系数和交叉阻尼系数，表示油膜力在两个相互垂直的方向上的耦合作用，对转子的稳定性起着重要作用。

四、转子-支承两自由度简化模型

为了获得结构共振的基本振动规律，对于支承系统刚度偏低的转子一轴承系统，可简化为图 9-4 所示的两自由度系统模型，并且忽略系统的阻尼。在对系统进行简化后，式（9-1）中的各项系数和力可表达为

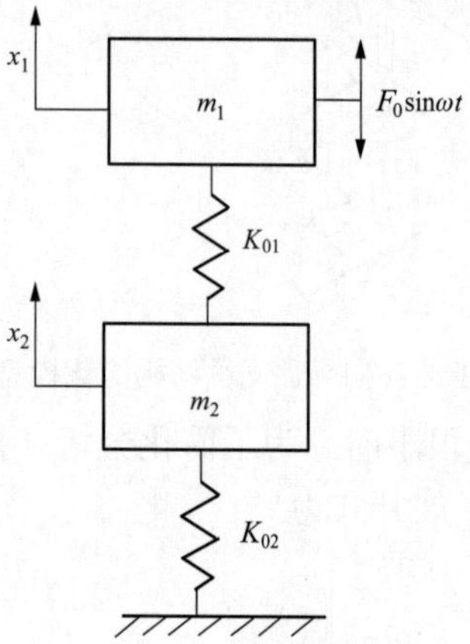

$$[C]=\begin{bmatrix}0 & 0\\ 0 & 0\end{bmatrix}=[0] \tag{9-12}$$

$$[M]=\begin{bmatrix}m_1 & 0\\ 0 & m_2\end{bmatrix} \tag{9-13}$$

$$[K]=\begin{bmatrix}k_{11} & k_{12}\\ k_{21} & k_{22}\end{bmatrix}=\begin{bmatrix}K_{01} & -K_{01}\\ -K_{01} & K_{01}+K_{02}\end{bmatrix} \tag{9-14}$$

图 9-4　转子-支承系统两自由图简化模型

式中　K ——刚度；

$[K]$——刚度矩阵；

$[K_{ij}]$——刚度矩阵中第 i 行、第 j 列的元素。

$$[F]=\begin{Bmatrix}F_0\sin\omega t\\0\end{Bmatrix} \tag{9-15}$$

式中　m_1——转子的质量；

m_2——支承系统的参振质量；

K_{01}——转子的弯曲刚度；

K_{02}——支承系统的刚度；

F_0——离心力幅值；

ω——转子旋转的角速度。

对运动方程求解后得到转子和基础的振动幅值随转速的变化规律为

$$|X_1(\omega)|=\left|\frac{[(K_{01}+K_{02})-\omega^2 m_2]F_0}{(K_{01}-\omega^2 m_1)[(K_{01}+K_{02})-\omega^2 m_2]-K_{01}^2}\right| \tag{9-16}$$

$$|X_2(\omega)|=\left|\frac{K_{01}F_0}{(K_{01}-\omega^2 m_1)[(K_{01}+K_{02})-\omega^2 m_2]-K_{01}^2}\right| \tag{9-17}$$

由式（9-16）、式（9-17）可以导出，基础振动幅值与转子振动幅值之比为

$$X_{2-1}=\frac{|X_2(\omega)|}{|X_1(\omega)|}=\left|\frac{K_{01}}{(K_{01}+K_{02})-\omega^2 m_2}\right| \tag{9-18}$$

从式（9-18）可知：

（1）当支承系统刚度为无穷大时（即 $K_{02}\to\infty$），基础的参振质量趋近于零（即 $m_2\to 0$），则基础的振幅趋近于零（即 $X_{2-1}\to 0$）。

（2）当支承的刚度降低时，基础的参振质量增加，当满足如下条件时，即

$$\omega=\sqrt{\frac{K_{01}+K_{02}}{m_2}} \tag{9-19}$$

即发生结构共振，此时 $X_{2-1}\to\infty$，即基础振动幅值远远大于转子振动幅值。

（3）由于设计、检修、运行等方面的原因，可能导致支承系统刚度偏小（或变小），使转子-支承系统产生结构共振。

第三节　结构共振故障试验诊断基本方案

一、结构共振故障试验诊断基本流程

导致汽轮发电机组结构共振的原因比较复杂，设计考虑不周、检修（安装）工序不当、运行调整偏差等因素均可能引起转子-支承系统产生结构共振。当怀疑机组存在结构共振故障而又不能给出明确诊断意见和建议时，需要在现场实施一些专项试验，为最终诊断提供试验依据。本书基于工程实际需要，提出结构共振故障一个基本的诊断流程，见图9-5。

汽轮发电机组结构共振故障诊断的基本流程主要包括：

（1）结构共振故障的基本特征的检验。

（2）结构共振故障的空间区域定位。

（3）专项试验方案制定及其实施。

（4）试验数据的综合分析。

（5）轴系振动全面诊断、评价。

（6）结构共振故障的进一步确诊、结构共振故障原因确定。

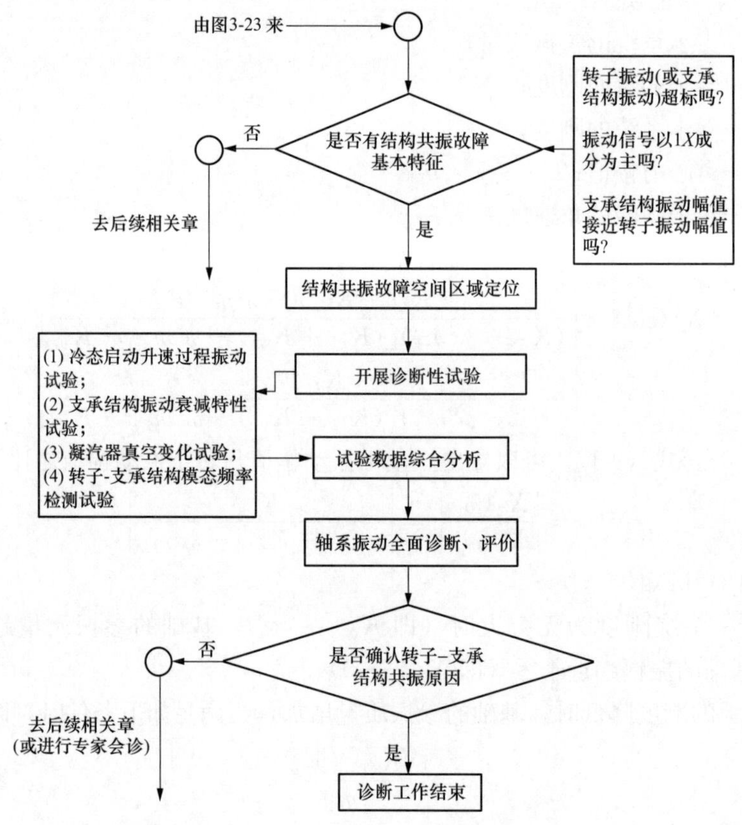

图 9-5　结构共振故障试验诊断基本流程

二、结构共振故障的基本特征检验

如果汽轮发电机组的支承系统振动偏大，且自振频率与激振力频率（转子旋转频率）接近或成整数倍，在一定条件下发生共振现象，这就是支承系统结构共振。这种结构共振的特点主要有：

（1）振动信号的频率特征。当发生转子-支承系统共振故障时，无论是转子上检测到的振动信号，还是在支承结构（与转子相对应的轴承座、支承轴承座的基础或静止部件等）上检测到的振动信号，其主要频率成分为转子的旋转频率（由于管道传递的振动而引起的汽轮发电机组结构共振的情形除外）。

（2）轴振与瓦振差别特征。在共振状态下，瓦振幅值会明显高于轴振幅值。而在正常情况下，瓦振完全是由于转轴不平衡激振力产生的强迫振动，瓦振应该明显地小于轴振。

（3）机组发生共振时，其振动幅值具有不稳定性，即振动幅值随时间发生跳动，规律性不强。

（4）振动的方向性特征。在正交的三个方向上（例如：垂直方向、水平方向、轴向方向），有一个方向与其他两个方向相比较，共振振动在这个方向引起更大的振动幅值（例如，水平方向振动幅值可能比垂直方向或轴向方向振动幅值大数倍）。

（5）共振测量方向的相位特征。共振频率将表明，在机器共振方向，相位随转速变化很大，因为在自振频率处相位将变化90°，完全通过共振时相位几乎变化180°，其与存在的阻尼值有关。另外，非共振测量方向相位的变化可能很小。

（6）与共振测量方向垂直的测量方向大致的相位差。如果在转子某一个径向方向产生结构共振，振动传感器转过90°测量其他方向的振动时，相位差将接近0°或180°，与设置振动传感器的侧面有关（不是像在不平衡占优势的情况中那样相位差约90°）。即如果在水平方向共振，则水平方向相位与垂直方向相位相等或相差约180°。这是由于在自振频率处运转时引入另外附加的90°相位变化之故。在任何一种情况下，水平与垂直方向相位差0°或180°代表共振高度定向的振动特性（或者偏心）。

（7）振动的垂直高度分布特征。汽轮发电机组的转子水平布置，其支承轴承垂直布置。一旦在某处支承结构区域产生结构共振（或接近共振状态），振动幅值沿支承结构的高度方向的衰减很小。

（8）机器状态变化后引起共振。多年没有共振故障的机组，可能在没有什么警告或先兆突然发生共振。例如：

1）轴承磨损可能降低轴和轴承系统的刚性，降低自振频率，使之与强迫振动频率一致而发生共振。还有，简单地更换滑动轴承可以引起自振频率的变化，如果对轴承进行不恰当的刮削，也可使转子一支承系统发生共振。

2）机组长期运行后，因长期振动导致连接部件的紧力下降，从而导致支承的刚性下降。因机组热状态变化，导致静止部件的接触面变形，从而降低接触刚性，使转子-支承系统产生共振。

三、结构共振故障的空间区域定位

多数情况下，汽轮发电机组的结构共振只发生在整个结构体的局部区域（机组的转子-支承-基础整体发生共振的现象很少出现）。根据汽轮发电机组的转子部件、静止部件、支承部件、基础结构的组合关系和载荷传递关系判断，结构共振的激振力来自转子的旋转，因此，结构共振故障所产生的区域，必定形成“转子→轴瓦→轴承座→基础台板（或机器静止结构→台板）→基础”这种载荷传递链，将发生大幅度振动的非旋转部件，且能构成上述载荷传递链的空间区域，划定为共振故障的空间区域。根据上述原理，可通过下列程序初步筛查结构共振故障发生的区域。

（一）机组当前振动空间分布规律初查

在机组带负荷运行的稳定工况，利用机组自带的TSI系统或DCS（集散控制系统）系统检测的机组转轴、轴承（轴瓦）振动数据，进行如下判别：

（1）转轴振动超标且轴承（轴瓦）振动超标的轴承。

（2）转轴振动未超标，但轴承（轴瓦）振动超标的轴承。

（3）虽然转轴振动和轴承（轴瓦）振动均未超标，但轴承（轴瓦）振动接近甚至超过转轴振动的轴承。

将符合上述条件之一的轴承及其相邻结构划归为疑似结构共振故障发生区域。

（二）发生结构共振故障的空间边界确定

利用便携式振动仪表，对结构共振的发生空间的边界进行划定。基本方法为在机组带稳定负荷工况时，从疑似发生结构共振的轴承顶部开始，每间隔一定的高差（或水平距离），选定一个振动测点，同时检测垂直方向、水平方向和轴向方向的振动幅值（或振动烈度），检测路线按照“轴瓦→轴承座→基础台板（或机器静止结构→台板）→基础”实施，直到所检测点的振动幅值（或振动烈度）达到 GB/T 6075.2—2012 中定义的“A/B”边界值位置，将这些点连线起来，构成结构共振故障的边界。

（三）汽轮发电机组可能的结构共振区域

根据现有公开发表的文献和工程经验发现，汽轮发电机组发生结构共振的区域主要集中在如下几个位置：

（1）汽轮机汽缸外的轴向悬臂结构位置。有些型号的大功率汽轮机的盘车装置外壳（盘车箱体）通过法兰与低压汽缸的外壁相连，盘车箱体的底部支承在基础平台上，见图 9-6、图 9-7。在机组的热态工况下，盘车的箱体与基础之间的连接紧力会发生变化，甚至箱体与基础之间出现脱空，引发箱体、与之相连的低压外缸、低压轴承座所构成的局部区域产生结构共振。

(a) 汽轮机低压缸现场安装图片

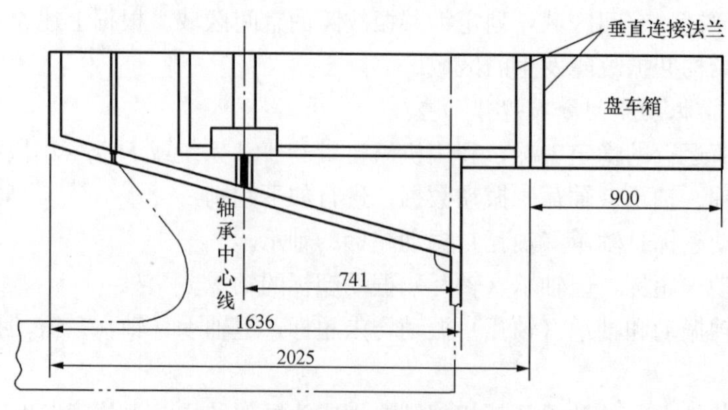

(b) 国产 300MW 汽轮机低压轴承结构示意

图 9-6　大功率汽轮机盘车箱与低压汽缸之间形成的外伸悬臂结构

图 9-7　低压转子轴承座形成的内伸悬臂结构

（2）汽轮机低压转子轴承坐落在排汽缸的内伸结构。为了缩短大功率汽轮机的转子轴向长度，许多国产大功率汽轮机的低压转子轴承座坐落在低压缸上，轴承座采取悬臂结构向汽缸内部延伸，见图 9-7。从图 9-7 可以看出，采用此种结构的低压转子轴承，其轴承中心不在外汽缸上，而是处于悬臂结构的中间位置。在机组工况变动时（特别是低压缸温度场变化、凝汽器真空变化时），轴承中心的标高会发生变化，从而引起各轴承的载荷发生变化，引起机组异常振动。同时，这种结构的刚度比较差，且支承刚度随工况发生变化，在一定的外界条件下，容易引起结构共振。

（3）发电机轴承坐落在端盖的位置。一些型号的大功率汽轮发电机中，发电机转子的轴承坐落在发电机的端盖上，转子上的载荷通过端盖轴承传递到发电机的外壳上，再由发电机外壳通过外壳搭脚传递到基础台板上，见图 9-8。此种结构容易形成两种共振结构：一种共振结构由转子-端盖轴承-外壳构成的结构，特点是转子、端盖振动大，而发电机组外壳振动不大；另一种是由转子-端盖轴承-外壳-搭脚构成的结构，特点是转子、端盖、外壳振动都比较大，但搭脚、台板的振动不大。

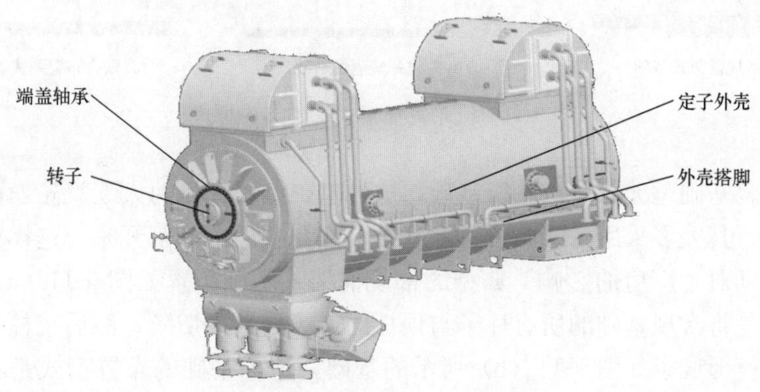

图 9-8　发电机外形结构示意

（4）发电机定子绕组端部区域。大功率汽轮发电机的定子绕组的端部（见图 9-9）为悬臂结构，在机组运行时，转子产生的交变力通过轴承（特别是端盖轴承）传递至外壳，再通过定子与外壳的连接结构传递至定子绕组。如果定子端部绕组的局部结构存在 50、

100Hz 左右的模态频率，将在端部绕组区域产生结构共振。

(5) 汽轮发电机组基础框架的部分刚度偏小区域。动力机器所采用的基础形式主要有大块式和框架式两种。由于大块式基础设计简单、建设周期短等优点，在早期的小容量汽轮机组基础中应用较多，但大块式基础经济性较差，而框架式基础经济性好且便于布置其他附属设备，所以随着电力工业的发展，汽轮发电机组基础以框架式基础为主，其结构简图如图 9-10 所示。目前，国内外运用于实际的汽轮机框架式基础大致可分为两种：常规框架式基础和弹簧隔震基础。而弹簧隔震基础又有两种基本结构型式：岛式弹簧隔震基础和联合布置弹簧隔震基础，见图 9-11。

图 9-9　发电机定子端部绕组

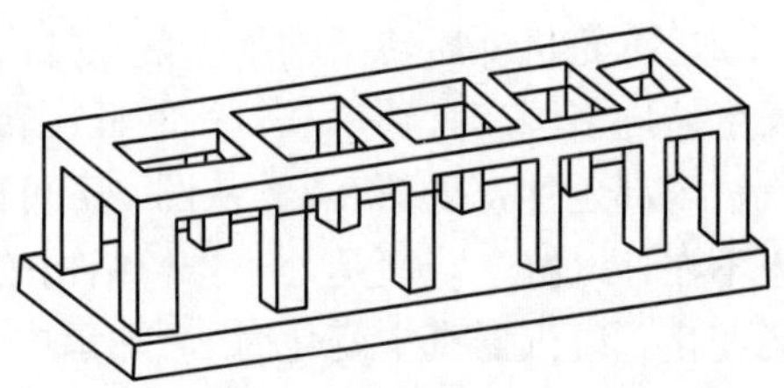

图 9-10　汽轮发电机组框架式基础结构简图

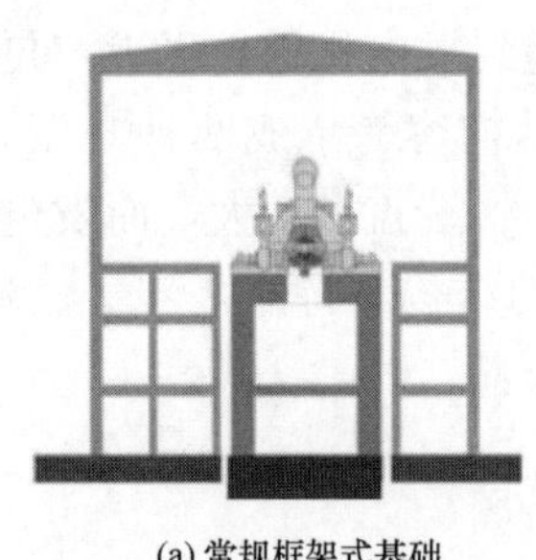

(a) 常规框架式基础

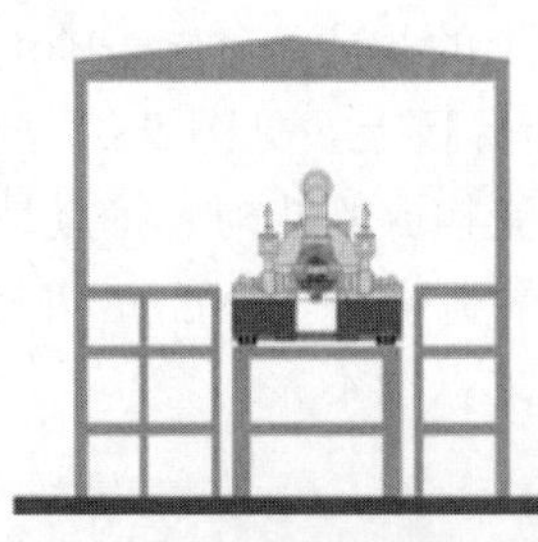

(b) 岛式弹簧隔震基础

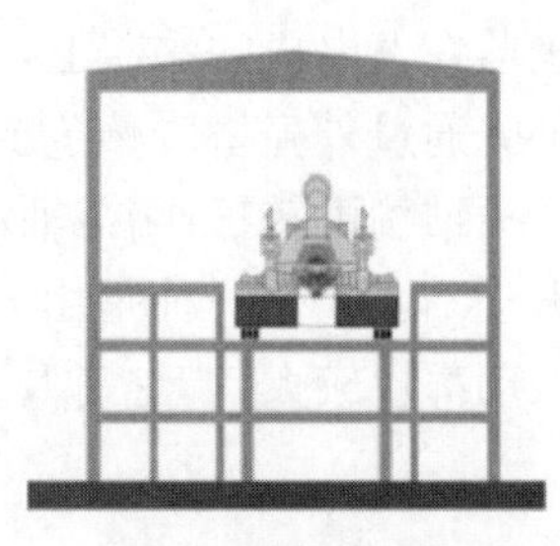

(c) 联合布置弹簧隔震基础

图 9-11　汽轮机框架式基础结构型式

常规框架式基础是无隔震汽轮机基础，这种基础型式在目前大型汽轮发电机组基础中应用最为广泛。其大多采用岛式布置，即基础下部与主厂房分割开来，这样就减小机器工作时产生的振动对主厂房的影响。典型的常规框架式基础布置如图 9-11 (a) 所示。岛式弹簧隔震基础是将常规基础的所有柱子与顶板的连接处水平切断，然后在柱顶与顶板之间放入隔震器，就形成了如图 9-11 (b) 所示的基础。这种基础的布置型式是将机组、顶板与下部支承结构分隔开来，具备了隔震功能，那么其下部结构已经不必像刚性基础那样与主厂房分割开来。在前两种结构形式之上，又进行了抗震性能优化结构布置，进一步把基础的下部支承结构与厂房连接起来，于是就演变成了联合布置弹簧隔震基础，如图 9-11 (c) 所示。联合布置弹簧基础的优势不仅仅体现于抗震性能的改善，在改进工艺布置、节约空间、降低造价等众多方面展现了其巨大潜力。然而由于隔震元件技术上的原因，隔震基础技术推广得比较慢，由目前所能查到的文献来看，这方面的研究较少，而对常规基础系统进行动力分析的研究则较多。

无论是采用上述哪种型式的基础，由于设计、施工、长时间运行等各方面的原因，均可能导致基础的局部刚度偏小或导致基础的局部刚度持续降低，从而引起基础的局部模态频率与机组的旋转频率接近或合拍的情形，产生较大的振动。

第四节　机组运转状态下的结构共振故障诊断试验

当根据机组已有的运行数据（包括过程参数、振动参数）初步判断出汽轮发电机组存在疑似结构共振故障时，并且还不能十分准确地诊断出结构共振故障是否确切存在（或结构共振故障的严重程度、结构共振发生的准确空间区域不够明确）、结构共振故障产生的准确原因是什么时，需要开展一些针对性的现场试验，利用试验结果来实现结构共振故障的精细诊断。

一、现场振动测试系统

结构共振故障的诊断性试验分为两大类，一类是在机组运转状态进行试验，另一类是在机组停机状态进行试验。这两类试验所采用的测试系统不完全相同。

如果怀疑汽轮发电机组某个局部结构产生了结构共振，且计划在机组运转状态开展诊断性试验，则需要根据诊断疑似共振结构的具体情况建立振动测试系统。如图 9-12 所示，若疑似共振结构为汽轮机的低压转子-轴承-轴承座-低压外缸-搭脚-基础台板构成的结构系统，则振动传感器布置必须考虑如下几个方面：

（1）低压转子振动传感器：1 或 2 个（可用机组原已安装的转轴振动传感器输出信号）。采用非接触式电涡流传感器；

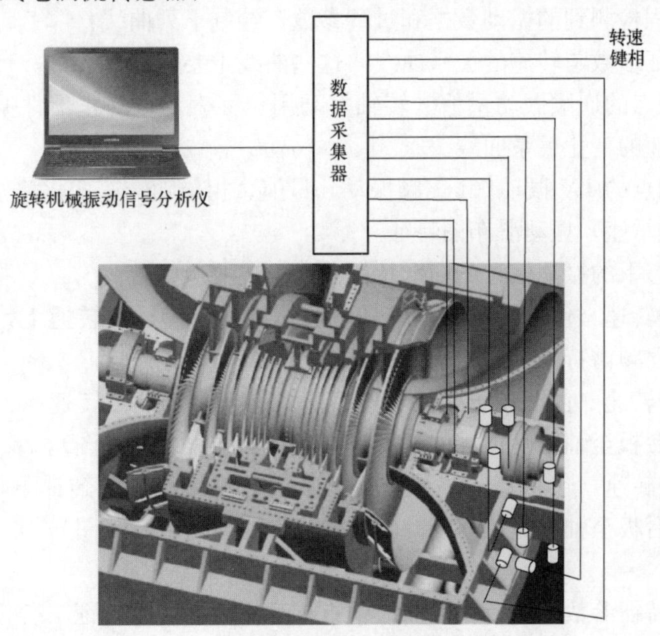

图 9-12　汽轮机结构共振故障检测系统示例

（2）轴承座振动传感器：3个（其中，轴承座顶部垂直方向1个，与轴承中心同一横截面内的中分面处垂直方向1个，轴承中分面与外汽缸交叉点处垂直方向1个）。采用接触式加速度传感器或速度传感器。

（3）低压缸搭脚上传感器：3个（安装在同一点的3个互相垂直的方向，即垂直方向1个、水平方向1个、轴向方向1个）。采用接触式加速度传感器或速度传感器。

（4）非接触式转速传感器、键相传感器各1个（可利用机组TSI系统的转速信号和键相信号）。

对于汽轮机其他部位的疑似结构共振故障检测问题，传感器的布置方案需根据具体情况制定。同理，对于发电机的疑似结构共振故障检测问题，传感器布置方案需根据结构的具体情况来制定。

二、机组运转状态下，结构共振故障诊断基本试验项目

（一）冷态启动升速过程振动试验

1. 试验条件

机组的金属温度接近环境温度，机组的一切状态符合冷态启动的条件。

2. 试验过程

按照机组运行规程的规定流程，实施冷态启机。在启机过程测量机组的振动参数和相关的过程参数。

3. 测量参数

在启机的全过程测量如下参数：

（1）机组转轴转速、键相信号。

（2）选定监测点的结构振动信号。

4. 试验数据分析

根据试验过程检测到的振动数据和过程参数，绘制下列曲线：

（1）振动特征参数与转速的关系曲线。这些曲线主要有：

1）各振动测点的通频振动量值（转轴振动用位移表示，静止部件振动用振动速度表示，下同）随转速的变化关系曲线。

2）各振动测点的1*X*振动（1倍频振动）量值、相位随转速变化关系曲线。

3）转轴（轴承座）振动瀑布图特征。

（2）特定状态下的振动信号的图形特征曲线。主要包括：

1）若干典型转速（包括转子临界转速、暖机转速）和额定转速下，各测点振动信号的时域波形特征、频谱特征。

2）若干典型转速（包括转子临界转速、暖机转速）和额定转速下，各振动测点通频振动量值沿基础台板至轴承座顶部的高度方向分布曲线（或棒状图）。

3）若干典型转速（包括转子临界转速、暖机转速）和额定转速下，各振动测点1*X*振动量值沿基础台板至轴承座顶部的高度方向分布曲线（或棒状图）等。

5. 综合诊断

（1）从振动特征参数的转速特性曲线中查找结构共振故障特征。分析各振动监测点的宽带振动量值、1*X*振动量值随转速的变化关系曲线，若发现有如下特征：

1）振动量值在暖机转速附近有峰值，且振动量值超过限定值，并且轴承座各监测点

的振动量值与转轴的振动量值（转换成相同量纲后比较）接近，或前者大于后者，则可诊断在暖机转速附近存在结构共振。

2）振动量值在额定转速附近有峰值，且振动量值超过限定值，且轴承座各监测点的振动量值与转轴的振动量值（转换成相同量纲后比较）接近，或前者大于后者，则可诊断在工作转速附近存在结构共振。

3）若判断存在结构共振，可用静止部件上同一位置处的 3 个方向振动传感器检测到的宽带（或 1X 振动）量值的大小来判断结构共振发生的方向，3 个传感器中振动量值最大的安装方向为结构共振发生的方向。

例如：某国产 N300MW 汽轮发电机组轴系结构示意图如图 9-13 所示，该型机组的低压转子坐落在排汽缸上，轴承座为向缸内伸出的悬臂结构。该型机组的低压转子 3、4 号轴承上出现过特征比较相似的异常振动，综合分析振动现象发现，机组在低压轴承座（特别是在 4 号轴承座）上发生了结构共振。在机组冷态启动过程的振动试验中，检测到低压转子的振动、轴承座的振动随转速的关系，见图 9-14。

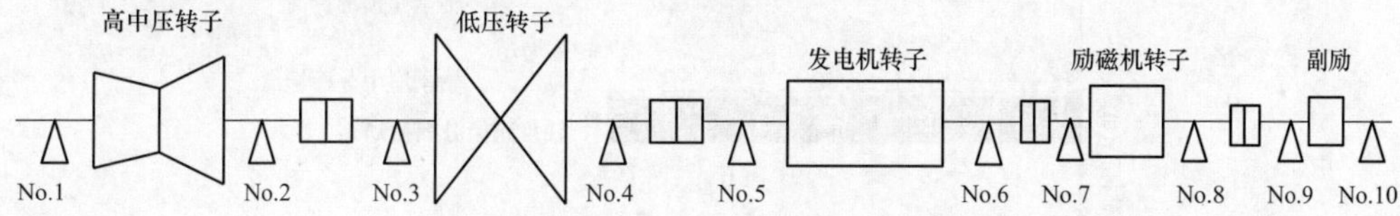

图 9-13 某国产 N300MW 汽轮发电机组轴系结构示意图

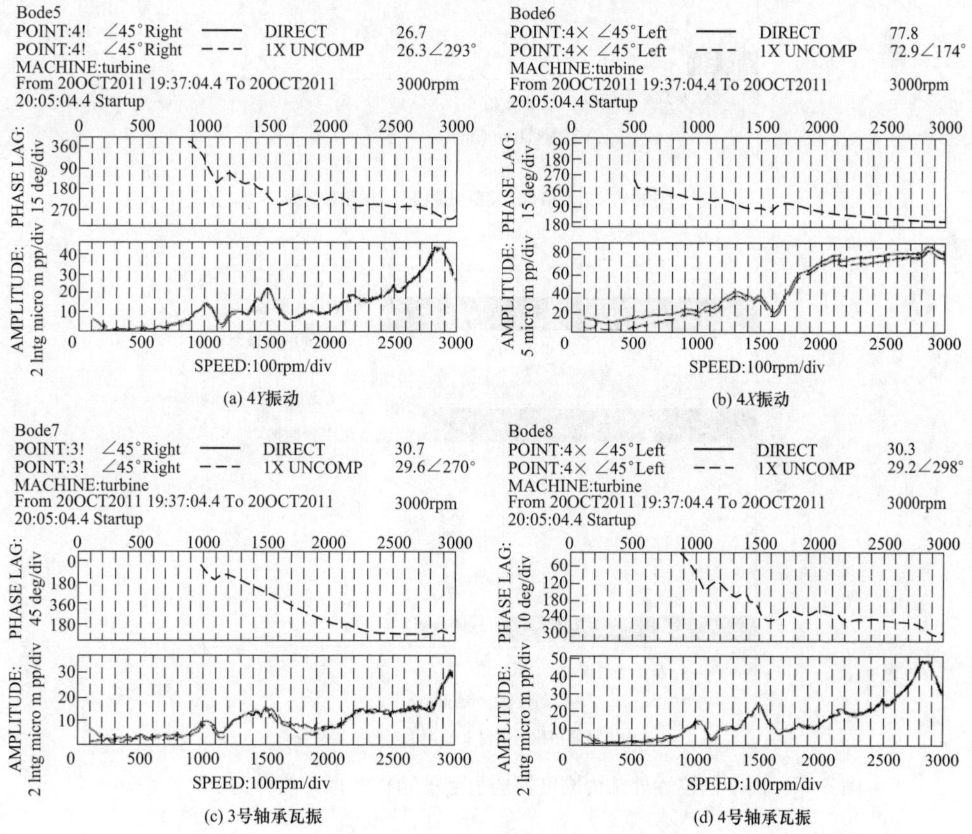

图 9-14 某国产 N300MW 汽轮机组低压转子与轴瓦振动转速特性曲线

从图 9-14 中可以看出：①在 3000r/min 附近转速范围时，转子振动幅值与轴瓦振动幅值基本相当；②在 3000r/min 附近转速下，转子振动和轴瓦振动幅值出现峰值。

（2）从特定状态下的振动信号的图形特征曲线中查找结构共振故障特征。如果：

1）在已经初步判定的共振转速状态下，发现各传感器输出的振动信号的时域波形、频谱分布符合结构共振故障的振动信号特征。

2）在已经初步判定的共振转速状态下，发现各传感器检测的宽带振动量值（以及 1X 振动量值）明显超过限定值，且沿结构的高度方向显著递增。

则诊断出：结构共振故障存在的可能性非常大。

（3）结构共振原因。一旦诊断出机组存在结构共振故障，则可用振动量值的高度方向的分布规律（振动量值棒图，见图 9-15）来大致判断结构共振原因：

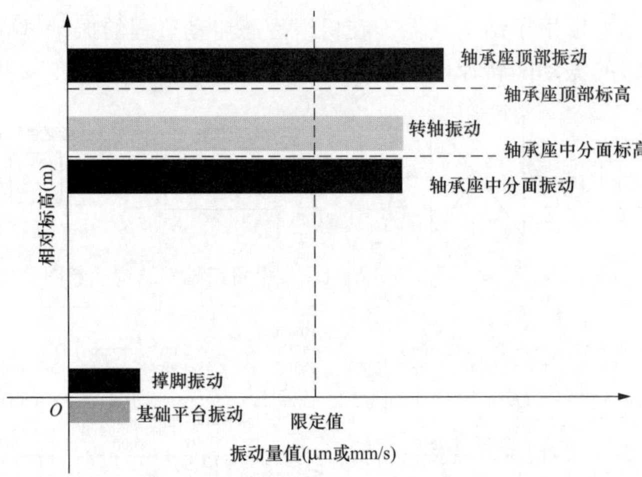

(a) 由轴瓦附近结构刚度薄弱原因引起的结构共振

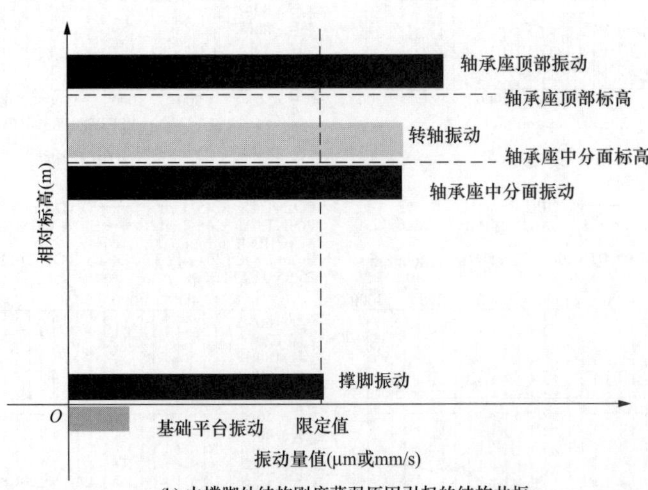

(b) 由撑脚处结构刚度薄弱原因引起的结构共振

图 9-15　由不同位置处结构刚度薄弱引起的结构共振量值对比示意（一）

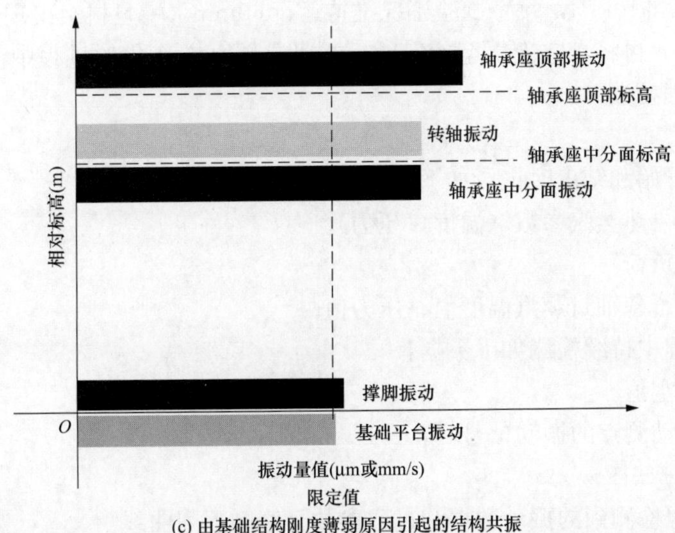

(c) 由基础结构刚度薄弱原因引起的结构共振

图 9-15　由不同位置处结构刚度薄弱引起的结构共振量值对比示意（二）

1）由轴瓦附近结构刚度薄弱原因引起的结构共振。此种情形可用图 9-15（a）来说明。由于轴瓦附近结构件的支承刚度薄弱引起的结构共振，表现在轴承的中分面、轴承顶部的振动量值超过限定值，轴承振动量值接近（甚至超过）转轴振动量值（转化成同一量纲进行比较），而静止结构的撑脚（与基础台板连接处）的振动量值较小，基础平台的振动量值更小。

2）由撑脚处结构刚度薄弱原因引起的结构共振。此种情形可用图 9-15（b）来说明。由于撑脚附近结构件的支承刚度薄弱引起的结构共振，表现在撑脚处振动量值大（接近或超过限定值），轴承座中分面和轴承座顶部的振动量值也很大，但基础平台的振动量值很小。

3）由基础结构刚度薄弱原因引起的结构共振。此种情形可用图 9-15（c）来说明。由于基础框架的支承刚度薄弱引起的结构共振，表现在基础平台的振动量值接近（甚至超过）限定值，轴承座沿高度方向的振动量值进一步有所增大。

（二）凝汽器真空变化过程振动试验

若已初步查明汽轮机组的低压转子-支承系统可能存在结构共振问题，且在短时间内不具备冷态开机试验的情况下，可开展此项试验，以进一步确诊机组在低压转子及其支承系统的组合结构中是否存在结构共振。

1. 试验条件

(1) 机组并网运行、转轴的转速恒定。

(2) 机组的有功负荷不超过额定负荷的 80%，且保持稳定。

(3) 机组的进汽参数（温度、压力）保持稳定。

(4) 回热加热系统保持正常投入。

(5) 各轴段的轴封蒸汽参数（压力、温度）保持稳定。

2. 试验过程

按照机组运行规程的规定程序和允许的凝汽器真空变化速率，使凝汽器真空值从额定值分别降低 5kPa 和 10kPa，每个试验工况维持运行 60min（一旦机组出现异常，立即停止此项试验）。然后，再将真空恢复至额定值。在凝汽器真空变化的过程中测量机组的振动参数和相关的过程参数。

3. 测量参数

（1）在试验开始和结束时记录如下数据：

1）主蒸汽、再热蒸汽参数（温度，压力）。

2）机组有功负荷。

3）汽轮机转子各轴封蒸汽温度值、压力值。

（2）试验过程中持续检测如下数据：

1）凝汽器真空值。

2）机组各振动测点的振动信号。

4. 数据分析方法

根据试验过程检测到的振动数据和过程参数，绘制下列曲线：

（1）凝汽器真空值、振动特征参数与试验时间的关系曲线。这些曲线主要有：

1）各振动测点的宽带振动量值随试验时间的关系曲线。

2）各振动测点 1*X* 振动（1 倍频振动）量值、相位随试验时间的关系曲线。

3）凝汽器真空随试验时间的关系曲线。

（2）振动特征参数与过程参数特征关系曲线。主要包括：

1）各振动测点宽带振动量值随凝汽器真空的变化关系曲线。

2）各振动测点 1*X* 振动（1 倍频振动）量值、相位随凝汽器真空的变化关系曲线。

（3）特定状态下的振动信号的图形特征曲线。主要包括：

1）在凝汽器真空变动前后的典型稳定工况下，转轴、轴承座振动信号的时域波形特征、频谱特征等。

2）在凝汽器真空变动前后的典型稳定工况下，各振动测点宽带振动量值沿基础台板至轴承座顶部的高度方向分布曲线（或棒状图）。

3）在凝汽器真空变动前后的典型稳定工况下，各振动测点 1*X* 振动量值沿基础台板至轴承座顶部的高度方向分布曲线（或棒状图）等。

5. 综合诊断

（1）从凝汽器真空值、振动特征参数与试验时间的关系曲线中查找结构共振故障特征。在汽轮机组凝汽器真空变化试验过程中，转速、机组负荷和其他参数维持基本恒定，低压转子和静子（低压汽缸）的受力大小和温度场随凝汽器真空的变化而发生变化，低压转子-支承系统的动刚度也随真空的变化而发生变化，如果发现被监测结构的各振动测点的振动特征参数随时间的变化规律与凝汽器真空值随时间的变化规律，在变化趋势上有明显的相似（可能有时间上的延迟，见图 9-16）性，可判断（低压）转子-支承系统有结构共振的可能性。如果结构的振动量值随时间的变化规律与真空值随时间变化的规律在趋势上相反，也应进行具体分析，查找具体原因。

例如，某发电厂一台国产 N300MW 汽轮低压转子的后轴承（结构见图 9-7）经初步诊断后发现存在结构共振问题，现场进行了一次真空变化试验，发现真空变化后 4 号轴承及其转轴振动均发生与上述规律类似的变化。真空变化试验是在负荷为 227MW 时进行的，

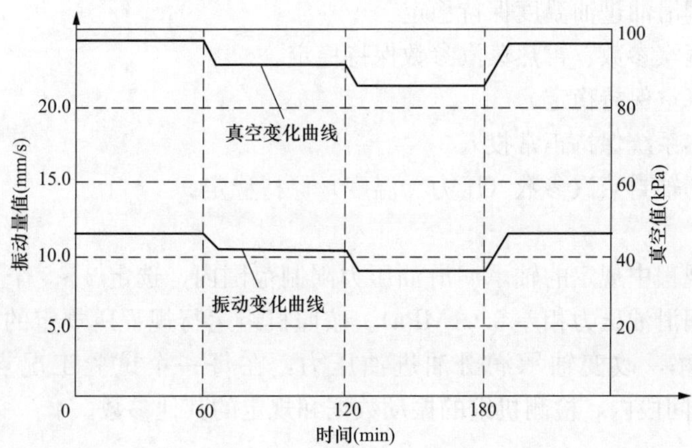

图 9-16　振动特征参数与真空值随时间的变化趋势的比较

现场表计指示，真空由 95.5kPa 降至 92.5kPa，轴振和瓦振的变化趋势为：

1）4 号 X：随着真空的降低，振动随即增大，与真空变化几乎没有时间差。

2）4 号⊥：随着真空降低，振动明显减小，几乎没有时间差。

1 倍频振动的初始值、真空变化后的振动值、振动变化值见表 9-5。

表 9-5　某国产 300MW 汽轮机低压转子-支承结构因真空变化而引起的振动变化

测点	开始振动值	真空变化后振动值	振动变化量
4 号 X（轴振）	73∠326	83∠322	11.4∠−64
4 号⊥（瓦振）	30∠23	24∠10	8.6∠−118

（2）从特定状态下的振动信号的图形特征曲线中查找结构共振故障特征。在试验过程中，如果：

1）发现在凝汽器几个不同真空值的稳定工况下的振动信号的时域波形、频谱特征、轴心轨迹等符合结构共振的相关特征。

2）发现各振动传感器检测的宽带振动量值（以及 1X 振动量值）明显超过限定值，且沿结构的高度方向显著递增，或沿高度方向的分布规律符合图 9-15 中 3 个分布规律中的一个。

则诊断出：结构共振故障存在的可能性非常大。

（三）轴承润滑油压力变化过程振动试验

在由转子与支承部件构成的结构中，润滑油起到隔离转动件与非转动件的作用。转子的支承刚度，实际上是一种复合刚度，其中润滑油的刚度对这种复合刚度有重要贡献。润滑油的刚度增加，将导致复合刚度的增加；润滑油的刚度减小，将导致复合刚度的减小。

众所周知，在轴承和转子的结构一定的情况下，并且润滑油的种类也一定时，润滑油的刚度与其压力、温度有关，其中压力的影响更大。因此，在初步诊断汽轮发电机组的某个转子与其支承系统所构成的结构产生结构共振时，可通过润滑油的压力试验来进一步诊断是否存在结构共振问题。润滑油压力变化试验应在机组带稳定负荷过程中进行。

1. 试验条件

（1）机组并网带稳定负荷。

（2）各轴承润滑油进油温度保持稳定。

（3）机组主蒸汽参数、再热蒸汽参数保持稳定。

（4）凝汽器真空保持稳定。

（5）回热加热系统保持正常投入。

（6）各轴段的轴封蒸汽参数（压力、温度）保持稳定。

2. 试验过程

在机组运行规程中规定的轴承润滑油压力限制范围内，选定 3～5 个试验工况点（相邻两个工况点的润滑油压力相差 0.01MPa）。按照机组运行规程所规定的程序和润滑油压力允许的变化速率，改变轴承润滑油进油压力，在每一个试验工况点停留的时间为 30min。在停留时间段内，检测机组的振动数据和规定的其他参数。

3. 测量参数

在试验的全过程测量如下参数：

（1）各振动监测点的振动信号。

（2）各轴承润滑油进油温度、压力值。

（3）主蒸汽、再热蒸汽的温度和压力。

（4）凝汽器真空值。

（5）机组有功负荷。

4. 试验数据分析

根据试验过程检测到的振动数据和过程参数，绘制下列曲线：

（1）振动特征参数与润滑油压力的关系曲线。这些曲线主要有：

1）各振动传感器的宽带振动量值与润滑油压力的关系曲线。

2）各振动传感器的 1X 振动量值与润滑油压力的关系曲线。

（2）稳定试验工况状态下的振动信号的图形特征曲线。在几个稳定的润滑油压力工况下，获取下列振动特征：

1）在润滑油压力变动前后的典型稳定工况下，转轴、轴承座振动信号的时域波形、频谱图等。

2）在润滑油压力变动前后的典型稳定工况下，各振动测点宽带振动量值沿基础台板至轴承座顶部的高度方向分布曲线（或棒状图）。

3）在润滑油压力变动前后的典型稳定工况下，各振动测点 1X 振动量值沿基础台板至轴承座顶部的高度方向分布曲线（或棒状图）等。

5. 综合诊断

（1）从润滑油压力、振动特征参数与试验时间的关系曲线中查找结构共振故障特征。在被监测轴承润滑油压力变化试验过程中，转速、机组负荷和其他参数维持基本恒定，低压转子和静止部件的温度场变化很小，转子和静止部件（低压汽缸）受到的离心力载荷基本恒定，此时，转子和静止部件的振动量值大小与转子-支承结构的动刚度成反比。当轴承润滑油压力变化时，低压转子-支承系统的动刚度也随真空的变化而发生变化，如果发现被监测结构各振动测点的振动特征参数随时间的变化规律与轴承润滑油压力值随时间的变化规律，在变化趋势上有明显的相似（可能有时间上的延迟，见图 9-17）性，可判断被监测的转子-支承系统有结构共振的可能性。

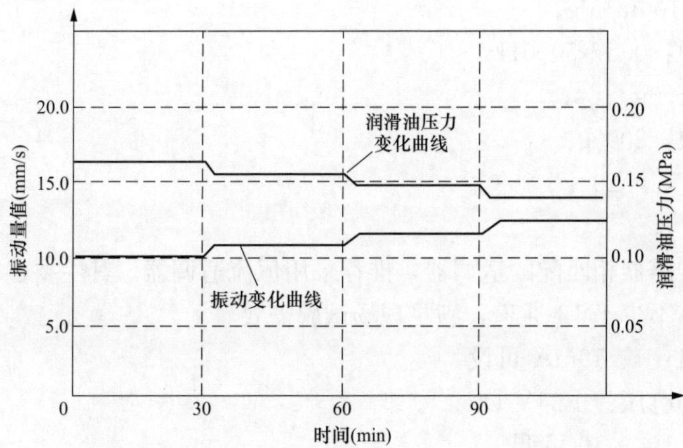

图 9-17　振动与润滑油压随时间的变化趋势的比较

（2）从特定状态下的振动信号的图形特征曲线中查找结构共振故障特征。在试验过程中，如果：

1）发现在几个不同润滑油压力的稳定工况下的振动信号的时域波形、频谱特征、轴心轨迹等符合结构共振的相关特征。

2）发现在几个不同润滑油压力的稳定工况下，各振动传感器检测的宽带振动量值（以及 1X 振动量值）明显超过限定值，且沿结构的高度方向显著递增或沿高度方向的分布规律符合图 9-15 中 3 个分布规律中的 1 个。

则诊断出：结构共振故障存在的可能性非常大。

第五节　机组停机状态下的结构共振故障诊断试验

一、现场试验方案的确定

（一）试验对象与试验目的

1. 试验对象的确定

由于汽轮发电机组及其支承结构的空间尺寸大，结构复杂，在现场进行全面的模态试验的难度非常大，试验成本也很高。所以，本书只陈述局部模态试验的方法。也就是说，根据现有的机组振动特征，初步划定疑似结构共振的区域，然后对选定的局部结构进行模态频率测试。

2. 试验目的

机组停机状态下，测定前述确定的机组局部结构的模态频率，判断汽轮发电机组启动及其运行时，是否存在与转子一支承系统产生共振的可能性。

（二）试验仪器与传感器

1. 测量仪器

模态试验需要用专门的模态试验分析仪。

2. 振动传感器

可使用振动加速度传感器，加速度传感器的基本参数应满足下列要求：

(1) 灵敏度：100mV/g。

(2) 频响范围：0.5～5000Hz。

(3) 量程：±50g。

(4) 冲击极限：2000g。

(5) 工作温度：－20～＋80℃。

3. 适调器

需要选用与传感器相匹配的适调器，推荐采用恒流适调器。其主要性能参数为：

(1) 通道数：不少于 12 通道，满足现场试验需要。

(2) 恒流输出：4、10mA 可设。

(3) 恒流工作电压：＋24V DC。

(4) 增益：×1、×10 可调。

(5) 频率范围：0.3Hz～100kHz。

(6) 精度：<±1%。

(7) 噪声：<±1mV rms（表示有效值）。

(8) 输入方式：BNC（Bayonet Nut Connector，刺刀螺母连接器，这个名称形象地描述了这种接头外形，是一种通用接头）。

(9) 输出方式：BNC 及 D 型插座。

(10) 供电方式：220V AC、50Hz 或 24V DC 可设 。

4. 力锤

推荐使用的冲击力锤的主要性能参数为：

(1) 内置 IEPE 指的是一种自带电量放大器或电压放大器的加速速传感器。IEPE 是压电集成电路的缩写电路。

(2) 灵敏度：0.000 016mV/N。

(3) 最大冲击力：300 000N。

(4) 力锤重量：7kg。

（三）试验工况与方法

1. 试验工况

为避免汽轮发电机组转子旋转作用对基础产生强迫振动的影响，试验时汽轮发电机组处于停机状态（利用力锤作为激励）。

2. 试验方法

(1) 试验流程。结构模态试验测试系统流程框图如图 9-18 所示。试验时，分别在选定的激振力作用点，用力锤击产生瞬态激励，同时，采用压电式力传感器同步拾取激振力，并采用压电式加速度传感器拾取各测点的振动加速度响应；拾取的激振力和振动响应信号送入放大器中进行放大；经放大后的激振力信号和振动响应信号输入数据采集仪，进行 A/D 转换；最后将数字信号送入模态分析软件，以求取被测试对象的模态频率、阻尼以及振型。

(2) 振动激励。试验采用力锤锤击被测试对象，在被测试对象的相应位置施加瞬态激励，在瞬态激励作用下，被测对象产生自由衰减振动。

(3) 模态参数测量。将激振力信号和振动响应信号输入专用软件，通过计算获得被测

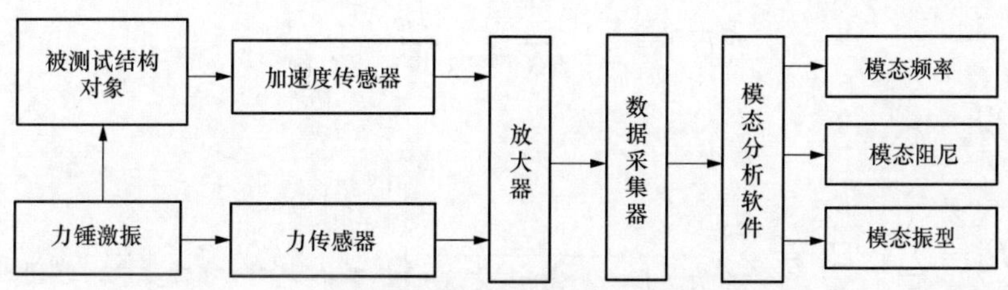

图 9-18　结构模态试验测试系统流程框图

试结构的频响函数，由频响函数即可得到被测试对象的局部模态频率（固有频率），以及模态振型和阻尼比。

由于汽轮发电机组结构尺寸较为庞大，为避免激振点远端的加速度传感器测取不到有效的振动响应，所以，推荐采用多点激振、多点测响应的方法进行现场试验。在模态识别方法上采用 MIMO（多输入多输出）模态识别方法，并采用国际上通用的模态分析方法识别被测结构的模态参数，在识别模态频率和模态阻尼时，采用多参考点最小二乘复指数法（LSCE）。在识别模态振型时，采用多参考点最小二乘频域法（LSFD）。

二、结构模态参数的检测与计算

在试验条件下，因为激励可测，所以试验中所采用的结构模态分析技术主要为频响函数分析法，利用振动检测技术可以对结构进行模态分析，其主要流程见图 9-19。

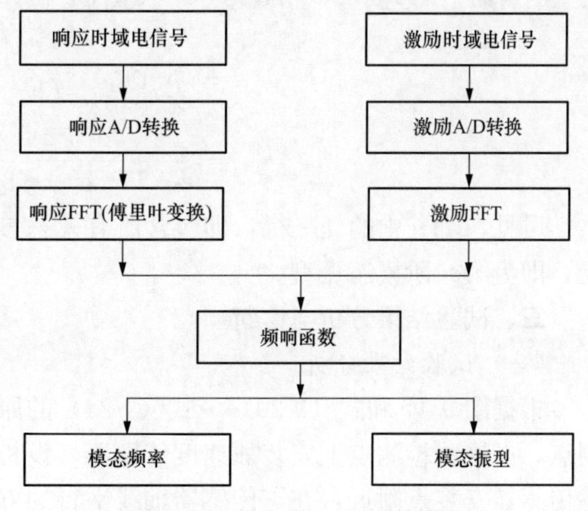

图 9-19　结构模态分析流程图

如图 9-19 所示，在振动模态分析中，需要将测量的激励信号以及结构响应信号进行 A/D 转换，得到离散数字信号，然后通过快速傅立叶变换（FFT）得到多测点的响应频谱图和激励频谱图，那么 i 点响应对 j 点激励的频响函数为

$$H_{ij}(\omega)=\frac{Y_i(\omega)}{F_j(\omega)}=\sum_{r=1}^{N}\frac{\{\phi_{\mathrm{r}}\}\{\phi_{\mathrm{r}}\}^T}{k_{\mathrm{r}}(1-\lambda_{\mathrm{r}}^2+j^2\zeta_{\mathrm{r}}\lambda_{\mathrm{r}})} \tag{9-20}$$

式中　$Y_i(\omega)$——响应频率函数；

$F_j(\omega)$——激励频率函数；

$\{\phi_{\mathrm{r}}\}$——r 阶模态振型矩阵；

T——转置；

j——复数符号；

k_{r}——模态刚度；

λ_{r}——频率比；$\lambda_r=\omega/\Omega_{\mathrm{r}}$；

Ω_{r}——r 阶固有频率；

ζ_{r}——阻尼比。

即有频响函数矩阵为

$$[H]=\sum_{r=1}^{N}\frac{\{\varphi_r\}\{\varphi_r\}^{T}}{k_r(1-\lambda_r^2+j2\zeta_r\lambda)} \tag{9-21}$$

展开可得

$$[H]=\sum_{r=1}^{N}[{}_rH]=\sum_{r=1}^{N}\frac{1}{k_r(1-\lambda_r^2+j2\zeta_r\lambda)}\left[\begin{Bmatrix}\phi_{1r}\\ \phi_{2r}\\ \vdots\\ \phi_{Nr}\end{Bmatrix}[\phi_{1r}\quad \phi_{2r}\quad \cdots\quad \phi_{Nr}]\right] \tag{9-22}$$

令 $Q_r=\dfrac{1}{k_r(1-\lambda_r^2+j2\zeta_r\lambda)}$，式（9-22）可进一步变换为

$$[H]=\sum_{r=1}^{N}[{}_rH]=\sum_{r=1}^{N}Q_r[\{\varphi_r\}\varphi_{1r}\quad \{\varphi_r\}\varphi_{2r}\quad \cdots\quad \{\varphi_r\}\varphi_{Nr}] \tag{9-23}$$

式中　$[{}_rH]$ ——第 r 阶模态对 $[H]$ 的贡献，可称之为 r 阶模态的频响函数矩阵。

频响函数矩阵中的任一行为

$$\begin{aligned}[H_{i1}\quad H_{i2}\quad \cdots\quad H_{iN}]&=\sum_{r=1}^{N}Q_r[\varphi_{ir}\{\varphi_r\}^T]=\sum_{r=1}^{N}[{}_rH_{i1}\quad {}_rH_{i2}\quad \cdots\quad {}_rH_{iN}]\\&=\sum_{r=1}^{N}Q_r\varphi_{ir}[\varphi_{1r}\quad \varphi_{2r}\quad \cdots\quad \varphi_{Nr}]\\&=\frac{\varphi_{ir}}{k_r(1-\lambda_r^2+j2\zeta_r\lambda)}[\varphi_{1r}\quad \varphi_{2r}\quad \cdots\quad \varphi_{Nr}]\end{aligned} \tag{9-24}$$

可见，$[H]$ 中的任一行，即包含所有模态参数，而该行的第 r 阶模态的频响函数值之比，即为第 r 阶模态振型。

三、试验结果分析与诊断

（一）试验结果分析

根据图 9-17 和式（9-20）～式（9-24）的原理，在疑似结构共振的区域选定若干个检测点，在这些检测点上安装加速度传感器（设检测点的数量为 m 个）。利用力锤依次在上述传感器安装点附近，在与传感器轴线平行的方向对被测结构施加脉冲力作用。每施力一次，对每个测点同时采集一组振动时域信号。

对于在任何检测点附近施加脉冲激振力获得的各检测点的振动时域信号，用 $x_{i,\tau}(n)$ 表示，其中，下标 i 表示脉冲激振力施力点序号，τ 表示振动信号检测点序号，n 表示振动数字信号序列中第 n 个值。对每组振动数字信号做快速傅里叶变换，得到振动信号的频谱为

$$X_{i,\tau}(k)\approx\sum_{n=0}^{N-1}x_{i,\tau}(n)e^{-j\frac{2\pi}{N}kn},(k,n=0,1,2,\cdots,N-1),$$
$$(1\leqslant i\leqslant m,1\leqslant \tau\leqslant m) \tag{9-25}$$

$$f=k\Delta f \tag{9-26}$$

式中　$X_{i,\tau}(k)$ ——在第 i 个激振点激振、在第 τ 个检测点拾取的振动信号的频率分布；

f ——第 k 个采样时刻的频率；

Δf ——频率步长；

N ——振动传感器的输出信号中离散采样点个数；

j ——复数符号。

各组振动信号的功率谱函数为

$$G_{i,\tau}(k)=|X_{i,\tau}(k)|=\sqrt{U_{i,\tau}{}^{2}(k)+V_{i,\tau}{}^{2}(k)} \tag{9-27}$$

式中　$V_{i,\tau}(k)$、$U_{i,\tau}(k)$——振动频谱信号 $X_{i,\tau}(k)$ 的虚部和实部。

（二）结构共振故障诊断

根据表达式（9-27），可以绘制出 $G_{i,\tau}(f)$ 与 f 之间的关系曲线，即功率频谱图，见图 9-18。在得到的类似图 9-20 所示的功率谱图中，找到各峰值频率，并进行标注。

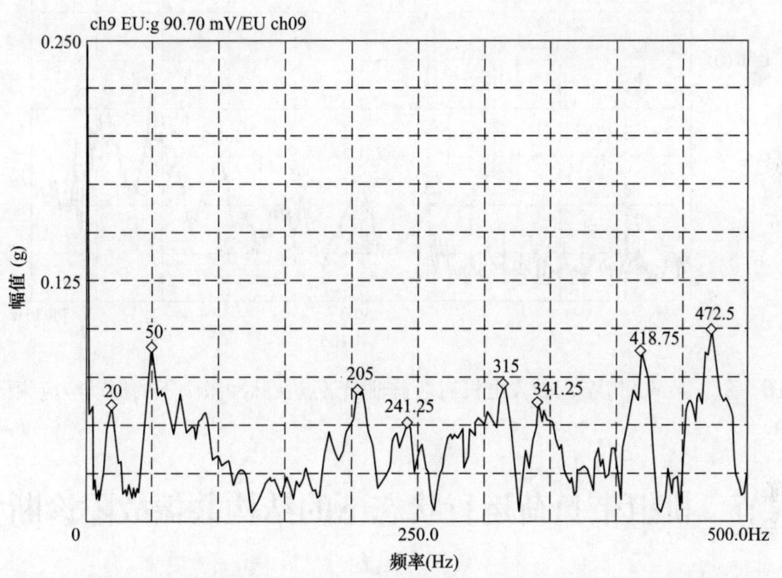

图 9-20　某 600MW 发电机外壳某点在脉冲激励下的振动响应功率谱

在试验中得到一系列振动频谱图中，逐个核查各峰值频率，依据下列规则来诊断支承结构是否存在共振故障。

1. 在 0～50Hz 范围存在一个或多个峰值频率

如果在 0～50Hz 范围存在一个或多个峰值频率，需做如下检验：

（1）检验这个（些）峰值频率是否与该支承结构对应转子的临界转速接近或相等。若有峰值频率与转子的临界转速接近或相等的情形，机组在启动升速过程中会发生转子-局部支承结构共振。

（2）检验这个（些）峰值频率是否与机组的暖机转速接近或相等。若有峰值频率与机组的暖机转速接近或相等的情形，机组在暖机时会发生局部结构共振。

2. 在 50Hz 附近存在一个峰值频率

如果在 50Hz 附近存在峰值频率，则机组在带负荷运行时会产生支承结构局部共振。如图 9-18 所示，该发电机外壳的局部有 50Hz 的模态频率，在机组并网运行时，发电机组外壳会产生较大的振幅。

3. 在 50Hz 的 2 倍、3 倍、4 倍等高倍频附近存在峰值频率

如果在 50Hz 的 2 倍、3 倍、4 倍等高倍频附近存在峰值频率，则机组在带负荷运行时会产生局部支承结构的高倍频共振。图 9-21 所示为某 600MW 汽轮发电机后端盖轴承某点

在脉冲激励下的振动响应频谱。很显然，该发电机后端盖轴承的局部存在1倍频（50Hz）、4倍频（200Hz）、5倍频（251.25Hz）共振的风险。

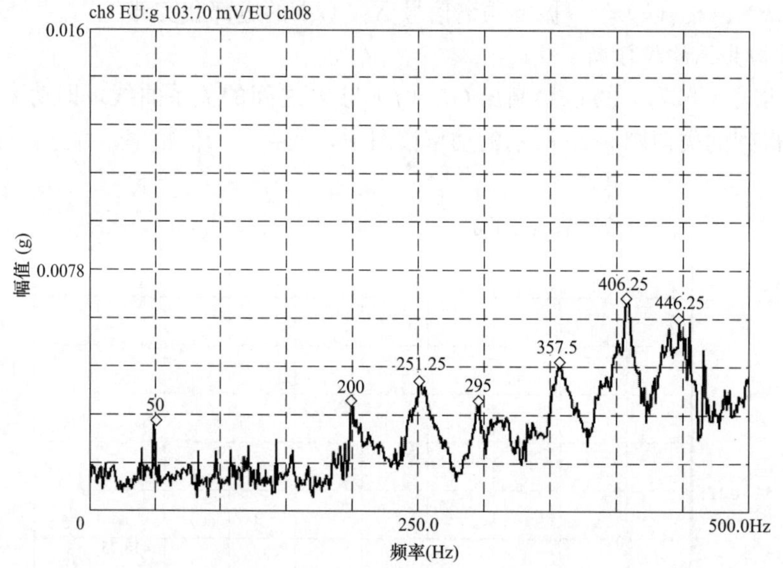

图 9-21 某 600MW 汽轮发电机后端盖轴承某点在脉冲激励下的振动响应频谱

第六节 机组带负荷运行状态下的结构共振故障诊断实例

在机组带负荷运行工况下开展此项试验，实际上是将汽轮发电机组转轴离心力（频率为50Hz）视为激振力，通过测量支承结构（转子系统的某个局部支承结构或者整个基础框架）振动量值的幅值在三维空间上的分布规律，找到振动量值的峰值区域，这些区域就是疑似的结构共振区域。

一、现场试验方案的确定

（一）试验对象划定

1. 试验对象的确定原则

汽轮发电机组本体的振动，其根本原因是转子的旋转。而因旋转产生的振动发端于转轴，并沿着转轴→转子与静止部件之间的耦合载体（如润滑油、汽流、磁场等）→静止部件（如轴瓦、轴承座，汽缸，发电机定子）→支承部件→平台→基础这一路径进行传播。因此，在确定该试验的试验对象（或振动试验的信号测量区域）时，应该将振动出现异常峰值的部件（或结构）与这个部件（或结构）相连接、且构成上述振动传播通路的全部部件划分出来，构成该项试验的检测对象，在划定的检测对象的三维空间上的合适位置安装振动测点。

在划定试验对象范围时，需要考虑如下几个基本因素：

（1）准确确定振动量值出现异常峰值的静子结构（简称“振动异常结构”）。振动量值出现峰值的结构可能为下列部件的一种：轴承座、轴承箱、端盖轴承、汽缸体、与汽缸相连的管道、发电机外壳、发电机静子、基础平台、基础梁柱。

(2) 准确确定转轴振动向振动异常结构传播的途径。通过向上溯源方法（即将汽轮发电机组转子作为源头），找到机组振动向振动异常结构传播的途径。一般来说，汽轮发电机组转子的振动向振动异常结构的传播的途径可能不止一条，所有的传播途径均应划定在试验对象内。

(3) 准确确定从振动异常结构向周围继续传播的途径，直至振动量值衰减至零区域（或接近峰值振动的10%左右的区域）。上述传播途径包含的部件均应划定在试验对象范围内。

2. 试验对象的确定举例

某垃圾发电厂在投产时就发现主控室内噪声超标，主控室楼面有异常振动。为了找到振动来源及传播途径，划定如图 9-22 所示的区域为试验对象，在试验对象划定的区域范围内布置若干个振动测点（见图中的圆点和箭头，圆点表示测点所在地点，箭头表示测点方向），用阿拉伯数字表示测点序号。

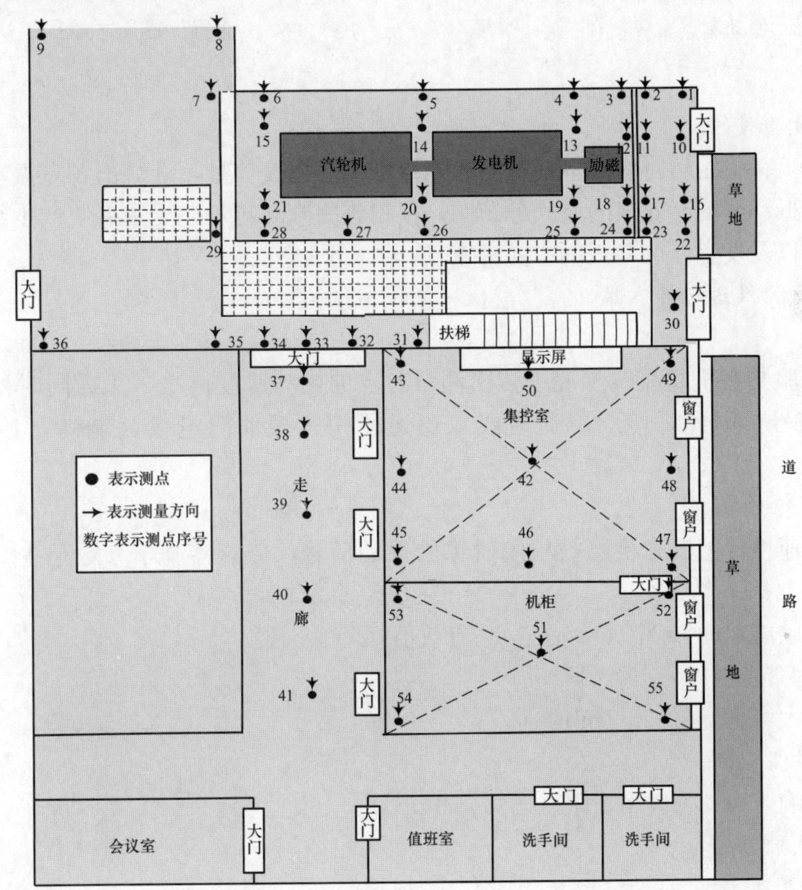

图 9-22　结构振动测点位置及方向示意

为了探明转子振动通过轴承座向基础台板传播的特性，在轴承座上安装若干测点，见图 9-23。为了探明机组振动通过基础立柱的传播与衰减特性，在基础立柱、集控室侧墙立柱上安装若干测点，见图 9-24。

图 9-23　汽轮发电机组轴承座上的振动测点布置示意

图 9-24　基础框架与地面振动传感器布置位置及方向示意

（二）试验目的

机组带负荷稳定运行状态下，检测各测点的振动速度信号，计算出各点振动速度的有效值，绘制振动速度有效值的空间分布图，根据该图判断转子－支承系统产生结构共振的可能原因，以及发生结构共振的主要区域。

（三）试验仪器与传感器

1. 测量仪器

该项试验是在机组稳定工况下依次测量各点的振动速度信号，无需同时检测所有测点的振动信号，因此，使用单通道或双通道便携式振动测量仪就能满足该项试验的需要。

2. 振动传感器

可采用速度传感器来检测被检测对象的振动信号，传感器基本参数至少应在下列范围内：

（1）灵敏度：280mV/(cm・s^{-1})（有效值）。

（2）频率范围：10～1000Hz。

（3）最大可测位移：±1mm。

（4）精度：2%。

（5）频响：10%（频率下限［+1，－3dB]）。

（四）试验工况与方法

1. 试验工况

汽轮发电机组带负荷运行，机组有功负荷大于80%额定负荷，且维持负荷的基本稳定；汽轮机组进汽参数维持基本稳定，凝汽器真空值维持基本稳定；发电机电气参数维持基本稳定。

2. 试验方法

（1）试验流程。转子-支承-基础结构强迫振动试验测试系统流程框图如图 9-25 所示。

试验时，机组带稳定负荷运行，转速恒定，工况稳定，转子旋转对机组的支承系统和基础平台产生稳定的振动激励。在此工况下激起的转子-支承-基础平台结构的振动信号，可以近似地视为平稳信号。采用振动速度传感器拾取各测点的振动速度响应，将响应信号送入放大器中进行放大；经放大后的响应信号输入数据采集仪，将模拟信号转化为数字信号；最后将数字化后的响应信号送入信号分析软件，以求取各点振动信号的有效值和频率分布。

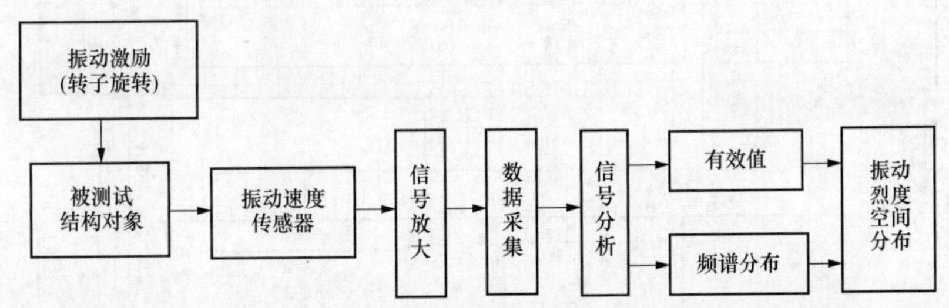

图 9-25　转子-支承-基础结构强迫振动试验测试系统流程框图

（2）振动参量求取。利用振动测量仪自带的信号分析软件，计算每个测点的振动信号的有效值和频谱分布。

（3）获得振动烈度的空间分布。将各点的振动烈度值在同一个图中表达出来，从图中可以发现振动在结构中的传播与衰减（或放大）规律，从而发现结构共振的可能区域。

二、试验结果分析与诊断

（一）试验结果分析

试验对象的振动量值空间分布可用二维图表达。表达振动量值空间分布的二维图有两类，一类是同一水平面类的振动量值分布；另一类是同一垂直平面的振动量值分布。

1. 水平面内振动量值分布

将振动量值在水平面内表达出来，可以看出高振动烈度区域的水平面分布，发现结构刚度存在缺陷的部件的水平位置。例如，前述某垃圾发电厂汽轮发电机组、基础平台、主控室楼面振动量值分布见图 9-23。从图 9-23 中可以看出，机组基础平台振动较大的区域主要分布在汽轮发电机组周边，且向机组两侧呈逐渐放大趋势。发电机侧整体振动水平高于汽轮机侧，基础平台楼面振动水平靠集控室侧高于另外一侧。振动量值最大区域位于与汽轮发电机组基础平台相邻的检修平台。该平台表面上似乎与机组基础平台是脱开的，但是，经过实地考察和查阅施工图纸发现，该检修平台的横梁支承在机组基础平台上伸出的两个牛腿上，其中一个牛腿所在位置就是图 9-26 中振动烈度为 3.01mm/s 的测点下方，另一个牛腿位于相对称的位置。

2. 垂直平面内振动量值分布

一般选取与汽轮发电机组转轴垂直的某一垂直平面来表达振动量值在该平面内的分布情况。例如，轴承座的外特性试验的结果表达，就采用这种方式，见图 9-27。自轴承座顶部开始，在有连接截面的位置布置一个垂直方向的振动测点，分别用 A、B、C、D、E、F 表示，各测点的振动烈度（振动速度有效值）沿轴承高度方向的变化可用曲线表示，这个曲线的形状就揭示了结构振动的一些特点。

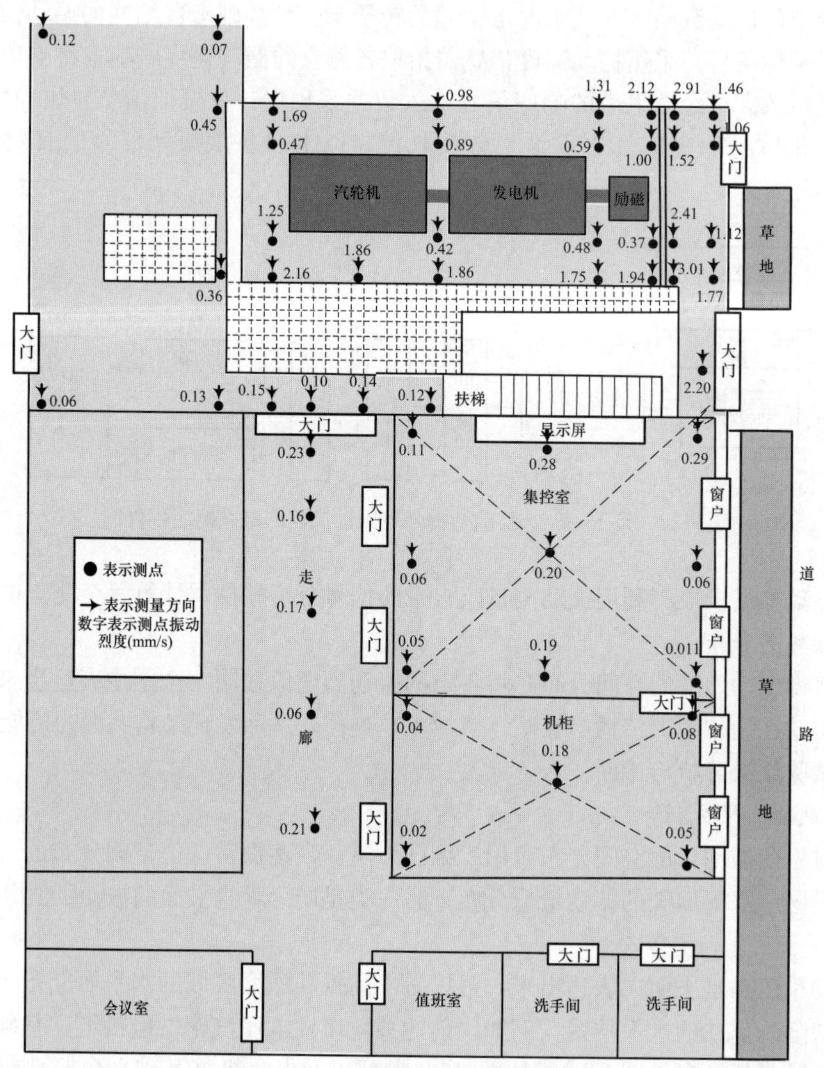

图 9-26　某垃圾发电厂汽轮机基础平台所在水平面的振动量值分布

为了揭示振动向更加大的区域传播规律，垂直平面的范围还可以取得更大一些。图 9-28 所示为前述某垃圾发电厂的转子振动在发电机后轴承所在垂直平面内的传播规律。

（二）结构共振故障诊断

一般来说，将汽轮发电机组转轴视为振动之源，振动产生的能量向与转轴耦合的静止部件传播时，因静止部件存在的阻尼，这些能量将逐渐被消耗，静止部件的振动烈度将随着距离的增加而急剧下降。但是，在特殊情况下（如结构的局部动刚度偏小、结构的局部模态频率与振动信号主要成分的频率接近或相等时），振动在传播过程中不但不会衰减，还可能在局部结构中进行放大。在这种振动量值呈放大趋势的结构区域内，有可能产生结构共振。基于上述原理，根据试验分析结果，可通过下列规则来诊断是否产生了结构共振。

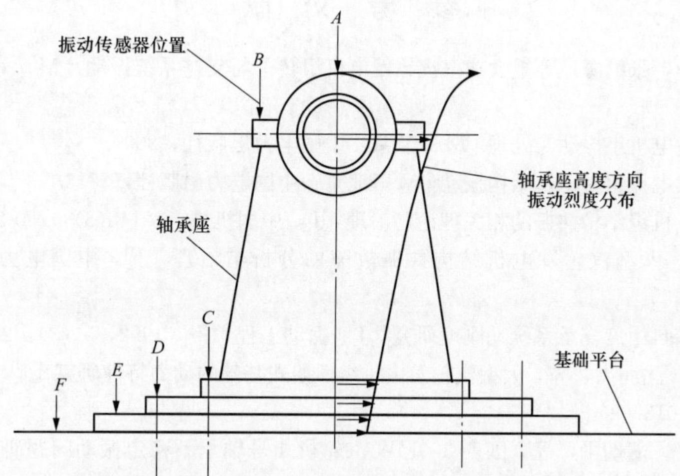

图 9-27 轴承座沿标高方向振动测点布置与振动烈度沿高度方向分布示意

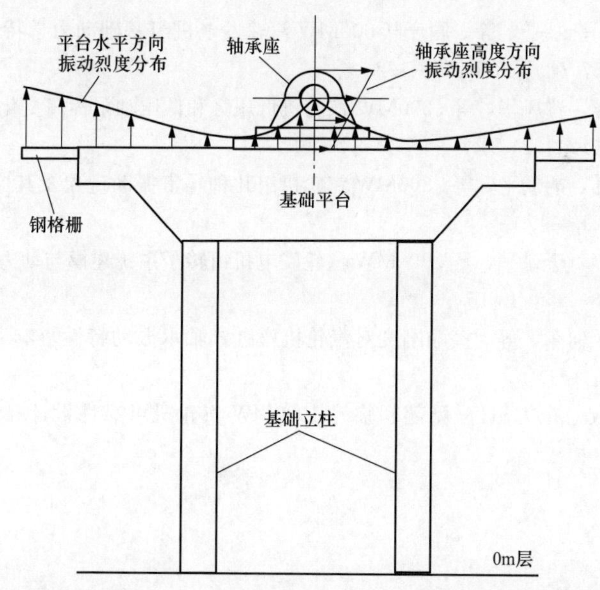

图 9-28 某垃圾发电厂的转子振动在发电机后轴向 X 所在平面内的传播规律

（1）在转子振动通过耦合的静止部件向基础结构传播的过程中，传播链中的所有结构体的振动均未超过相应的国家标准的限值，且振动量值随着传播方向的距离增加，振动量值单调下降，则未发生结构共振故障。

（2）在转子振动通过耦合的静止部件向基础结构传播的过程中，传播链中的所有结构体的振动均未超过相应的国家标准规定的限值，但存在局部结构的振动量值均高于周围与之连接的结构的振动量值，则发生了局部结构不足故障。

（3）在转子振动通过耦合的静止部件向基础结构传播的过程中，传播链中的局部结构的振动量值明显高于周围与之连接的结构的振动量值，且超过相应的国家标准规定的限值，则发生了局部结构共振故障。

参 考 文 献

[1] 李录平，晋风华，张世海，等．大功率汽轮发电机组转子与支撑系统振动［M］．北京：中国电力出版社，2017.

[2] 李录平．汽轮发电机组振动与处理［M］．北京：中国电力出版社，2007.

[3] 王延博．汽轮发电机组转子及结构振动［M］．北京：中国电力出版社，2016.

[4] 刘炜．汽轮发电机组结构共振的相关理论与治理［J］．中国机械，2014（8）：250-251.

[5] 何国安，师军．大型汽轮发电机结构共振故障的分析与治理［J］．中国电力，2015，48（6）：135-138.

[6] 梁价．转子的多自由度支承系统动刚度研究［J］．振动工程学报，1992，5（3）：288-295.

[7] 梅德庆，何闻，沈润杰，等．大型汽轮发电机组框架式基础的动力特性研究［J］．动力工程，2001，21（1）：1014-1018.

[8] 晋风华，李录平，胡幼平，等．国产 300MW 汽轮机 4 号轴承不稳定振动问题研究［J］．汽轮机技术，2006，48（5）：376-378＋382.

[9] 张世海，梁伟，李录平，等．国产 600MW 汽轮发电机组基础地震响应特性分析［J］．工程抗震与加固改造，2017，39（3）：67-72.

[10] 梁伟，张世海，李录平，等．国产某 600MW 汽轮发电机组基础动力学特性有限元分析［J］．汽轮机技术，2015，57（3）：185-188＋192.

[11] 李录平，卢绪祥，晋风华，等．300MW 汽轮机低压缸和低压轴承标高变化规律的试验研究［J］．热力发电，2003（12）：21-24.

[12] 李录平，卢绪祥，胡幼平，等．300MW 汽轮机组几种异常振动现象及其原因分析［J］．热力透平，2004，33（2）：114-120.

[13] 张世海，刘雄彪，李录平，等．600MW 汽轮发电机组转子系统建模与动力学特性分析［J］．汽轮机技术，2016，58（1）：13-16.

[14] 黄琪，于光辉，何东，等．接触刚度对汽轮机座缸式轴承振动特性影响［J］．汽轮机技术，2017，59（1）：77-80.

[15] 王为民，潘家成．东方-日立型超超临界 1000MW 汽轮机可靠性设计［J］．热力透平，2006，35（1）：8-13.

第十章　转子裂纹故障描述理论与试验诊断策略

第一节　概　　述

汽轮机组转子系统由于材料固有的内部缺陷、在运行中承受过大的载荷或由于运行时间过长而导致的过度疲劳，都会引起裂纹的产生。如果发现不及时，很可能造成非常严重的后果。随着现代科学技术和经济社会的快速发展，发电厂汽轮发机组不断地向大容量、超（超）临界参数、智能化、高效率方向发展，对机组运行的可靠性和平稳性提出了更高的要求。所以，在以汽轮机为原动机的发电领域，开展汽轮机组转子裂纹原因及其相应的安全措施研究，对于保障机组安全运行起着十分关键的作用。

转子是汽轮机组最重要的部件，带负荷运行时转子总是处于复杂的工作状态之中，在高温、高压、高转速、轴向大温差的情况下，既承担着巨大的热应力，又承担着巨大的离心应力以及进行功率传递时所产生的扭转应力，同时还可能产生热变形，承受横向弯曲振动和切向扭转振动产生的交变应力。因此，动力工程领域的研究人员和发电厂工程技术人员应该加大对汽轮机转子裂纹的关注程度，通过有效技术手段对裂纹故障进行监测与诊断，对其原因进行分析，对其发展趋势进行预测，对其危害进行详细的研究和严格的控制，并提出适当的应对措施，从而尽量减少汽轮机组转子裂纹产生，为机组的正常运行提供保障。

汽轮发电机组转子裂纹故障检测方法较多，其中绝大部分方法是用于停机状态的转子裂纹检测。本章主要讨论机组在旋转状态下，利用振动信号识别转子裂纹故障的理论和方法。

一、转子裂纹故障的概念

（一）转子裂纹

所谓转子裂纹，是指转子材料在应力或环境（或两者同时）作用下产生的裂隙，分微观裂纹和宏观裂纹。裂纹形成的过程称为裂纹形核。已经形成的微观裂纹和宏观裂纹在应力或环境（或两者同时）作用下，不断长大的过程，称为裂纹扩展或裂纹增长。裂纹扩展到一定程度，即造成材料的断裂。

按照产生的机理不同，裂纹可分为：

（1）交变载荷下的疲劳裂纹。

（2）应力和温度联合作用下的蠕变裂纹。

（3）惰性介质中加载过程产生的裂纹。

（4）应力和化学介质联合作用下的应力腐蚀裂纹。

（5）氢进入后引起的氢致裂纹。

裂纹的出现和扩展，使材料的机械性能明显变差。抗裂纹性是材料抵抗裂纹产生及扩展的能力，是材料的重要性能指标之一。

（二）转子裂纹的形态

1. 按裂纹的走向分类

根据裂纹的走向，转子上的裂纹既有横向裂纹，也有轴向裂纹，还有斜裂纹，见图10-1。其中，横向裂纹占比最大；斜裂纹次之；横裂纹对转子动力学特性的影响最大，严重时可能导致断轴的严重事故。

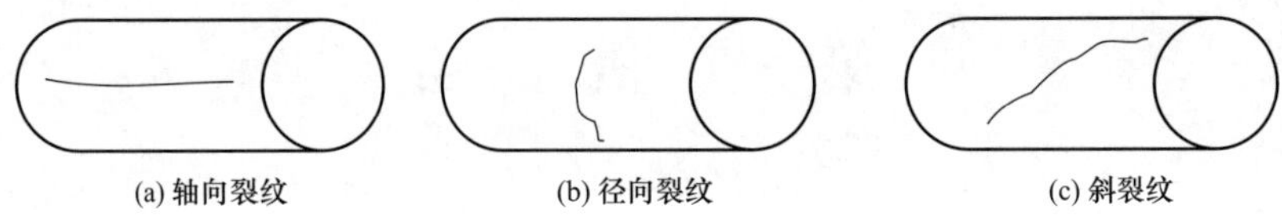

图 10-1　转子裂纹走向的类型

2. 按裂纹的形态分类

转轴裂纹对振动的响应与裂纹所处的轴向位置、裂纹深度及受力情况有关。视裂纹所处部位应力状态的不同，裂纹会呈现出 3 种不同的形态。

（1）闭裂纹。转轴在压应力情况下旋转时，裂纹始终处于闭合状态。例如，转子质量不大、不平衡离心力较小或不平衡力正好处于裂纹的对侧时就是这种情况。闭裂纹对转轴振动影响不大，难以察觉。在工程中，有时出现这种情况：某旋转机械转子（多数情况下为水泵、风机转子）的振动烈度不大，且转子的振动烈度随时间的变化趋势也不是很明显，但是突然出现转子断裂的事故，事后经检测发现转子上长时间出现了裂纹。这种情况就可能是转子裂纹为闭裂纹所致。

（2）开裂纹。当裂纹区处于拉应力状态时，轴裂纹始终处于张开状态。开裂纹会造成转轴刚度不对称，使振动带有非线性性质。大型汽轮发电机组转子自身质量大，重力产生的影响不可忽视，其表面产生的裂纹，在裂纹扩展阶段的后期基本上为开裂纹。

（3）开闭裂纹。当裂纹区的应力是由自重或其他径向载荷产生时，轴每旋转一周，裂纹就会开闭一次，对振动的影响比较复杂。理论分析表明，带有裂纹的转子的振动响应可分别按偏心及重力两种影响因素考虑，再作线性叠加。裂纹的张开或闭合与裂纹的初始状态、偏心、重力的大小及涡动的速度有关，同时也与裂纹的深度有关。若转子是同步涡动，裂纹会只保持一种状态，即张开或闭合，这与其初始状态有关。在非同步涡动时，裂纹在一定条件下也可能会一直保持张开或闭合状态，但通常情况下，转轴每旋转一周，裂纹都会有开有闭。

由于转子裂纹产生的机理复杂、原因多样，不同深度、不同部位、裂纹走向等都会对转子的动力学特性产生影响。本章只讨论转子表面开裂纹和开闭裂纹故障状态的转子动力学特性及其运转状态下的裂纹故障检测问题。

二、转子裂纹故障的基本原因

导致汽轮发电机组转子裂纹的原因比较复杂，潜在原因很多，例如各种因素造成的应力集中、复杂的受力状态、恶劣的工作条件和环境等。根据现场经验总结发现，转子发生裂纹的主要原因有如下几个方面：

（一）设计方面原因

转子的结构设计不当，导致转子在正常运行时应力偏大。在汽轮机组转子设计时，由于一些功能上的特殊要求使其特定部位产生应力集中，在这些部位经常出现裂纹，应力集中发生在转子被削弱的地方。例如：汽轮机叶轮的压力平衡孔、转子内孔、轴肩、联轴器螺栓孔、转子凹槽、轴封凹槽、转子弹性槽等部位。套装叶轮“紧固”在转轴表面形成一个潜在的应力集中区域，当机组运转时，由于装配误差导致一些装配部位可能发生松动，成为裂纹的激发源。

由于设计不当，若汽轮发电机组的工作转速等于或接近于轴系第二阶固有频率的1/2，这意味着2倍频振动分量将在工作转速下产生共振，在转子上产生很大的交变应力，导致在转子应力集中处诱发裂纹。

（二）制造方面原因

转子的制造过程有严格的标准和规程要求，但由于制造工艺或人为原因，难免会出现误差，诱发转子裂纹。此方面常见的诱发裂纹故障的原因有：

（1）材料不合格。转子材料中含有夹渣、非金属夹杂物或力学性能不达标，残余应力过大，导致转子应力集中过大而产生裂纹。

（2）加工刀痕。由于机械加工不良，在转子表面留下了深而粗的刀痕，当转子投入运行后，在蒸汽驱动力产生的应力、温度应力、振动交变应力等同时作用下，造成该处应力集中而导致裂纹。

（三）安装维修原因

（1）由于安装失误，导致转子上的套装件（如汽轮机上的套装叶轮、发电机上的护环等）安装偏差或装配应力过大，再加上在机组运行过程中产生应力腐蚀，从而导致转子上产生裂纹。

（2）在机组检修过程中，由于操作失误导致转子表面产生损伤或很深的划痕，这些缺陷部位成为了裂纹的激发源，在机组运行过程中的应力作用下裂纹进一步发展，导致宏观裂纹的产生。

（四）运行操作原因

虽然转子裂纹故障的诱发有多种原因，但是裂纹的扩展都是在机组运行状态下的复杂应力载荷作用下进行的。在机组运行过程中，一些不合理的运行操作（或极端的运行工况）是诱发裂纹的重要因素，主要体现在：

（1）机组参与启停调峰。目前，大功率汽轮发电机组（如300MW机组、600MW机组）均需参与调峰运行，有些甚至采取启停调峰运行模式。随着机组启/停次数增加，造成低周热疲劳率增加，机组在多次交变应力作用下，引起金属材料内部微观缺陷的发展，从而造成金属热疲劳，引发金属裂纹。

（2）机组启动过程中暖机时间短，热应力大。若机组从冲转到接带初始负荷的时间过短，蒸汽流量快速增大，加剧金属温升，造成汽轮机转子尤其是高压调节汽门部位和高压侧轴封处热应力较大；另外，如果机组冷态启动后升负荷速率过快，暖机时间明显不足，这也会加大转子的热应力。

（3）机组超速试验使转子裂纹加剧。在做超速试验过程中，转子离心力加大，受离心力的作用，转子发生径向和轴向变形，外形变粗变短；当转速降低时，离心力的作用减小，转子的径向和轴向尺寸又逐步回到原来的状态，外形变细变长。每做一次超速试验，转子都产生一次泊桑效应，每多做一次超速试验对机组转子的危害就会加大一次。

（4）低负荷工况转子产生热变形诱发裂纹。汽轮机带负荷运行时，绝大部分转子区段的温度远远高于环境温度。在机组消缺时，需要将汽缸温度快速地降到很低温度（即尽可能接近环境温度水平），通过带很小有功负荷的方式来强制冷却汽轮机。在极低负荷工况，汽轮机的最后几级输出的净功率可能为零，甚至变成了鼓风机，因机组鼓风损失产生的热量带不走，温度很高，而流经最后几级的蒸汽处于低温、低压状态，使机组产生很大的热变形，也会使转子产生裂纹。

（5）转子不平衡量过大。当机组转子存在过大的质量不平衡时，会引起转子产生过大的不平衡振动，长期运行造成金属疲劳损伤，引发转子裂纹。

（6）转子局部受热产生过大的热变形而诱发裂纹。在机组现场做动平衡试验时，在给转子加平衡块过程中，机组转子处于静止状态，机组需要保持真空，仍然需要给轴封送汽。处于静止状态的转子局部受热，膨胀不均匀，产生较大的热应力和热变形，也会使转子产生裂纹。

（五）状态劣化原因

（1）腐蚀环境导致状态劣化。转子的内孔、键槽、沟槽、装配处的缝隙和锐角不仅产生机械应力集中，还特别易于腐蚀。化学杂质（如各种盐类）和蒸汽、水或其他工作介质中的酸性物质等对孔槽状部位特别具有腐蚀性。当水、蒸汽的纯度较差时，即使时间很短也可能形成激发裂纹的环境。时间一长，腐蚀就会使材料劣化，这将极易促使裂纹的形成。

（2）热环境导致状态劣化。过高的温度会使转子材料蠕变加速，在金属中形成晶间空位，从而产生微观和宏观的开裂；温度变化率太高也会产生较大应力，这是由于大量的非均匀热膨胀所致。在上述情况下，热应力都使轴的状态恶化，促使裂纹扩展。

第二节　描述裂纹转子振动特性的简化模型

一、转子裂纹故障描述数学模型

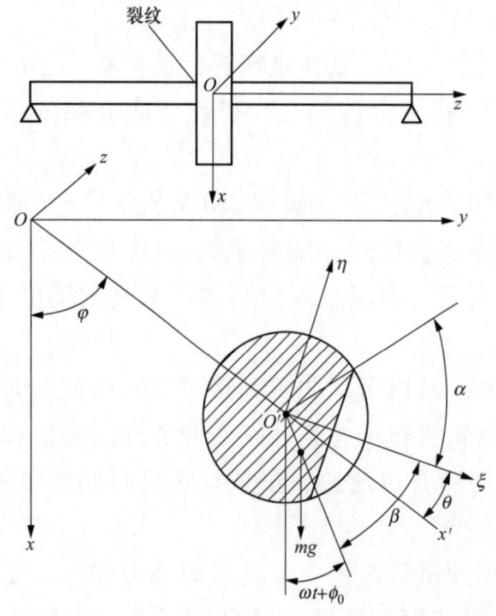

图 10-2　裂纹转子运动的坐标系

研究水平放置的 Jeffcott 转子，由质量为 m 的圆盘和长度为 L、半径为 R 的无质量弹性轴组成，两端支承在刚性轴承上。圆盘位于两支承中间，裂纹位于盘根部位，不计陀螺效应的影响。描述裂纹转子运动的坐标系见图 10-2，O-xyz 为固定直角坐标系，$O'-\xi\eta$ 固定在圆盘上并与圆盘一起运动的动直角坐标系，ϕ_0 为转轴自转的初始相位角。假设转轴扭转刚度很大，仅考虑弯曲振动。用 ΔK_ξ、ΔK_η 分别表示因裂纹而引起的 ξ、η 方向的弯曲刚度变化量，并忽略 ΔK_η 的影响。设 $\Delta K=\Delta K_\xi$，则在旋转坐标系 $O'-\xi\eta$ 中，弯曲刚度矩阵 $[K]_1$ 为

$$[K]_1=\begin{bmatrix}K_0 & 0\\0 & K_0\end{bmatrix}-f(\theta)\begin{bmatrix}\Delta K & 0\\0 & 0\end{bmatrix} \tag{10-1}$$

式中　K_0——转子在健康状态下的变曲刚度；

$f(\theta)$——裂纹开闭函数，它是个周期函数，描述了刚度随 θ 变化的变化过程。

$f(\theta)$ 若采用方波模型为

$$f(\theta)=\begin{cases}1 & -\pi/2+2j\pi\leqslant\theta\leqslant\pi/2+2j\pi \\ 0 & \pi/2+2j\pi<\theta<3\pi/2+2j\pi\end{cases}\quad j=0,\pm1,\pm2,\pm3\cdots \tag{10-2}$$

其傅立叶级数展开式为

$$f(\theta)=\frac{1}{2}+\frac{2}{\pi}\cos(\theta)-\frac{2}{3\pi}\cos(3\theta)+\frac{2}{5\pi}\cos(5\theta)-\frac{2}{7\pi}\cos(7\theta)+\cdots \tag{10-3}$$

式中　$\theta=\omega t+\phi_0+\beta-\varphi$，$\beta$ 为转子偏心方向与裂纹方向的夹角，$\tan\varphi=y/x$，ω 是转子旋转角速度。通过坐标变换得到固定坐标系 $O-xy$ 下的刚度矩阵为

$$[K]=\begin{bmatrix}K_x & K_{xy}\\ K_{yx} & K_y\end{bmatrix} \tag{10-4}$$

其中

$$\begin{aligned}K_x&=K_0-f(\theta)\Delta K\cos^2(\theta+\varphi)\\ K_{xy}&=K_{yx}=-f(\theta)\Delta K\sin(\theta+\varphi)\cos(\theta+\varphi)\\ K_y&=K_0-f(\theta)\Delta K\sin^2(\theta+\varphi)\end{aligned} \tag{10-5}$$

裂纹转子的运动方程为

$$\begin{cases}m\ddot{x}+c\dot{x}+K_0x-f(\theta)\Delta K[x\cos^2(\theta+\varphi)+y\sin(\theta+\varphi)\cos(\theta+\varphi)]\\ \qquad =mg+me\omega^2\cos(\omega t+\varphi_0)\\ m\ddot{y}+c\dot{y}+K_0y-f(\theta)\Delta K[y\sin^2(\theta+\varphi)+x\sin(\theta+\varphi)\cos(\theta+\varphi)]\\ \qquad =me\omega^2\sin(\omega t+\varphi_0)\end{cases} \tag{10-6}$$

式（10-6）还可以写成如下的形式，即

$$\begin{cases}m\ddot{x}+c\dot{x}+K_0x-\frac{1}{2}f(\theta)\Delta K[1+\cos2(\theta+\varphi)]x-\frac{1}{2}f(\theta)\Delta K[\sin2(\theta+\varphi)]y\\ \qquad =mg+me\omega^2\cos(\omega t+\varphi_0)\\ m\ddot{y}+c\dot{y}+K_0y-\frac{1}{2}f(\theta)\Delta K[\sin2(\theta+\varphi)]x-\frac{1}{2}f(\theta)\Delta K[1-\cos2(\theta+\varphi)]y\\ \qquad =me\omega^2\sin(\omega t+\varphi_0)\end{cases} \tag{10-7}$$

式中　m——圆盘的质量；

x、y——转子形心在水平方向和垂直方向的运动位移；

e——圆盘的偏心距；

ω——转子旋转的角速度。

从式（10-7）可以看出，裂纹转子的运动方程为非线性运动方程，其非线性特性主要由非线性刚度引起。裂纹转子的非线性刚度变化与转子自身旋转有关，从式（10-3）和式（10-7）可以看出，裂纹转子的非线性刚度由两个部分组成，第一部分为裂纹开闭函数

$f(\theta)$ 引起的非线性，第二部分由 $[1+\cos 2(\theta+\varphi)]x-\frac{1}{2}f(\theta)\Delta K[\sin 2(\theta+\varphi)]$ {或 $[\sin 2(\theta+\varphi)]x-\frac{1}{2}f(\theta)\Delta K[1-\cos 2(\theta+\varphi)]$ } 引起的非线性。

方波形裂纹开闭函数，其傅里叶展开式为式（10-3)，其典型的频率成分为旋转频率 $1X$ 、$3X$ 、$5X$ 、$7X$ 等。而 $[1+\cos 2(\theta+\varphi)]x-\frac{1}{2}f(\theta)\Delta K[\sin 2(\theta+\varphi)]$ { 或 $[\sin 2(\theta+\varphi)]x-\frac{1}{2}f(\theta)\Delta K[1-\cos 2(\theta+\varphi)]$ } 项中，典型的频率成分为 $2X$ 。因此，非线性刚度变化规律中，有旋转频率 1 倍频成分、2 倍频成分、3 倍频成分、5 倍频成分、7 倍频成分、…。

二、影响裂纹转子振动特性的因素分析

从式（10-1）～式（10-7）可知，导致裂纹转子与正常转子振动特性根本差异的因素，主要为转轴的刚度变化。其中，转轴的刚度变化由刚度的绝对变化值 ΔK 和裂纹的开闭函数 $f(\theta)$ 引起的 。随着转子裂纹的萌生和发展过程，以及转子工作环境条件的改变，ΔK 和 $f(\theta)$ 都会发生改变。而 ΔK 和 $f(\theta)$ 发生改变后，转子的实际刚度也会发生改变，导致转子的振动特性发生变化。根据裂纹转子的运动方程式（10-6）和式（10-7）发现，裂纹转子的振动为非线性振动。

由转子裂纹的开闭函数 $f(\theta)$ 可以看出，在转子旋转一周的过程中，裂纹经历了一次开一闭变化。由裂纹转子的刚度矩阵表达式（10-5）可以看出，转轴的刚度呈现复杂的变化规律。

（一）影响裂纹转子主刚度变化的因素

由式（10-5）得到两个坐标方向主刚度变化规律满足

$$\begin{aligned} K_x &= K_0 - f(\theta)\Delta K\cos^2(\theta+\varphi) \\ K_y &= K_0 - f(\theta)\Delta K\sin^2(\theta+\varphi) \end{aligned} \tag{10-8}$$

由此可知，影响主刚度变化的因素主要有：

1. 裂纹引起的刚度变化量 ΔK

因裂纹导致的转轴刚度变化量 ΔK 越大，引起的主刚度减小量越大。对于圆截面转轴而言，ΔK 的大小与裂纹形状、长度和深度密切相关。横向裂纹引起的刚度变化量 ΔK 最大，斜裂纹次之，轴向裂纹引起的刚度变化量 ΔK 最小；在横向裂纹中，常开裂纹引起的刚度变化量 ΔK 最大，开一闭裂纹次之，常闭裂纹引起的刚度变化量 ΔK 最小；在同一种类型的裂纹中，裂纹越长、越深，转轴的主刚度减小的量值越大。

2. 转子的旋转角度 θ

转子的旋转角度 θ 不同，导致转轴的主刚度发生变化，并呈现复杂的变化规律。θ 的变化既影响 $\sin^2(\theta+\varphi)$ [或 $\cos^2(\theta+\varphi)$] 项的大小，又影响 $f(\theta)$ 项的取值。θ 的变化，既在转轴上产生与旋转同频的刚度脉动，又产生 2 倍频交叉刚度变化，还产生高次奇数倍频的刚度脉动。

（二）影响裂纹转子交叉刚度变化的因素

由式（10-5）得到，交叉刚度变化规律满足

$$K_{xy}=K_{yx}=-f(\theta)\Delta K\sin(\theta+\varphi)\cos(\theta+\varphi)$$
$$=-\frac{1}{2}f(\theta)\Delta K\sin(2\omega t+\phi_{01}) \tag{10-9}$$
$$\phi_{01}=2(\phi_0+\beta)$$

由式（10-9）可以看出，影响转轴交叉刚度量值大小的主要因素有：

1. 裂纹引起的刚度变化量 ΔK

因裂纹导致的转轴刚度变化量 ΔK 越大，产生的交叉刚度越大。对于圆截面转轴而言，ΔK 的大小与裂纹形状、长度和深度密切相关。

2. 转子的旋转 θ

转子的旋转角度 θ 不同，导致转轴的交叉刚度大小发生变化，变化规律非常复杂。θ 的变化既影响 $\sin(2\omega t+\phi_{01})$ 项的大小，又影响 $f(\theta)$ 项的取值。θ 的变化，在转轴上产生旋转频率的1倍、2倍、3倍、5倍、7倍等高倍频的交叉刚度。

（三）转子刚度减小量 ΔK 与裂纹深度的近似关系

对于长度为 L 、截面直径为 D_0 且两端简支的等截面圆形轴，其横向弯曲刚度可以表达为

$$K_0=\frac{EI_0}{L^2}=E\times\frac{\pi D_0^4}{64L^2} \tag{10-10}$$

式中　E ——材料的杨氏模量；

　　　I ——轴的截面惯性矩。

若转子产生裂纹，使得轴的等效直径变为 D_e，则轴的弯曲刚度变化量为

$$\Delta K=K_0-K_e=\frac{EI_0}{L^2}-\frac{EI_e}{L^2}=E\times\frac{\pi(D_0^4-D_e^4)}{64L^2} \tag{10-11}$$

式中　D_e——转子产生裂纹后，转轴的等效直径（注：产生裂纹后，转轴的等效直径小于其实际直径）；

　　　K_e——转子产生裂纹后，转轴的等效弯曲刚度（注：产生裂纹后，转轴的等效弯曲刚度小于无裂纹时的弯曲刚度）；

　　　I_e——转子产生裂纹后，转轴的等效截面惯性矩（注：产生裂纹后，转轴的等效截面惯性矩小于无裂纹时的截面惯性矩）。

将式（10-11）作简单的变形，得到

$$\begin{aligned}\Delta K&=K_0-K_e=\frac{EI_0}{L^2}-\frac{EI_e}{L^2}=E\times\frac{\pi(D_0^4-D_e^4)}{64L^2}\\&=E\times\frac{\pi(D_0^2+D_e^2)(D_0+D_e)}{64L^2}\times(D_0-D_e)\end{aligned} \tag{10-12}$$

当裂纹的深度远小于轴截面直径时，式（10-12）可简化为

$$\Delta K\approx k(D_0-D_e) \tag{10-13}$$

式中　k ——等效系数，其取值为

$$k\approx E\times\frac{\pi D_0^3}{16L^2} \tag{10-14}$$

而 (D_0-D_e) 项的取值，可近似地正比于裂纹的深度。因此，在裂纹深度远小于轴截面直径时，裂纹导致的转轴弯曲刚度变化量，可近似地看成与裂纹的深度成正比。

（四）转轴裂纹开闭函数特性的影响因素

根据式（10-3），引入裂纹开闭程度系数，实际的裂纹开闭函数可写成

$$
\begin{aligned}
f_a(\theta) &= \beta \times f(\theta) \\
&= \beta \times \left[\frac{1}{2} + \frac{2}{\pi}\cos(\theta) - \frac{2}{3\pi}\cos(3\theta) + \frac{2}{5\pi}\cos(5\theta) - \frac{2}{7\pi}\cos(7\theta) + \cdots\right] \quad (10\text{-}15)
\end{aligned}
$$

式中　β——裂纹开闭程度系数，$0 \leqslant \beta \leqslant 1$。

根据汽轮发电机组转子系统的结构特点和运行工况特点，影响裂纹开闭程度系数的因素主要有：

1. 重力场对裂纹开闭程度的影响

汽轮发电机组轴系由多跨转轴经联轴器连接而成，并由多个支承轴承支承，呈水平布置。由于汽轮发电机组的转子质量大，方程（10-6）中的 mg 一项不能忽略（特别是裂纹转子）。mg 项是引起转子上裂纹开闭的重要因素。mg 使转轴产生的弯曲变形在轴的中心位置出现最大值。因此，如果裂纹的位置靠近支承轴承，则 β 的值要小一些；裂纹的位置靠近两个轴承连线的中间位置，则 β 的值要大一些。

2. 离心力对裂纹开闭程度的影响

离心力是引起裂纹开闭的重要因素之一。离心力通过下列方式影响裂纹的开闭：

（1）不平衡质量的空间分布对裂纹开闭的影响。若裂纹位于某跨转子的中间部位，则转子的一阶不平衡分布对裂纹的开闭影响程度最大；若裂纹位于某跨转子的 1/4L 处，则转子的二级不平衡分布对裂纹的开闭影响程度最大。

（2）转速大小对裂纹开闭的影响。众所周知，不平衡质量产生的离心力与转速的平方成正比。所以，对于存在质量偏心的转子而言，转速越高，裂纹开闭程度系数 β 的值越大。

3. 温度场对裂纹开闭程度的影响

温度场也是引起裂纹开闭的重要因素之一。温度场通过下列方式影响裂纹的开闭：

（1）温度场的改变使转子产生热态不平衡。转子的热态不平衡附加在转子原始不平衡上，使转子产生复杂的不平衡分布。一般来说，热态不平衡会加重转子的不平衡，使裂纹开闭程度系数 β 的值增大。

（2）温度场的改变引起转子的表面应力在周向出现不均匀分布。若温度场的改变增加了裂纹所在区域的材料的拉应力，则使裂纹开闭程度系数 β 的值增大；若温度场的改变增加了裂纹所在区域的材料的压应力，则使裂纹开闭程度系数 β 的值减小。

第三节　转子裂纹故障振动试验诊断基本方案

一、转子裂纹故障试验诊断基本流程

汽轮发电机组的裂纹转子的振动是典型的非线性振动，其振动特性非常复杂，影响因素也比较多，振动现象的规律难以用统一的数学模型进行表达，这给转子裂纹故障的准确诊断带来极大困难。基于工程实际需要，本章对可能存在裂纹故障的转子，提出一个基本的诊断流程，见图 10-3。

汽轮发电机组裂纹转子振动故障诊断的基本流程主要包括：

（1）裂纹转子振动故障的基本特征的检验。

（2）转子裂纹故障的轴段定位。

（3）专项试验方案制定及其实施。

（4）试验数据的综合分析。

（5）轴系振动全面诊断、评价。

（6）转子裂纹故障的进一步确诊。

二、裂纹转子振动故障的基本特征检验

（一）转子临界转速变化特征

裂纹的存在，将导致转子的弯曲刚度和扭转刚度下降，特别是径向（横向）裂纹故障，导致的转子刚度下降情况更加明显。转子刚度的下降，使转子系统的固有频率降低。有径向裂纹的转子其横向刚度下降，而且转子的刚度不对称，与无裂纹转子的旋转轴线不再重合，由此产生弹性不平衡力。转子以 ω 旋转时，伴随其非同步的弯曲振动使裂纹分别以固有频率 ω_1 和 ω_2（ω_1 为裂纹闭合时转子的固有频率，ω_2 为裂纹张开时转子的固有频率）周期性开闭，不断改变裂纹的性质。

由于裂纹的存在改变了转子的刚度，从而使转子的各阶临界转速较正常值要小，裂纹越严重，各阶临界转速减小得越多；由于裂纹造成刚度变化且不对称，从而使转子的共振转速扩展为一个区域。

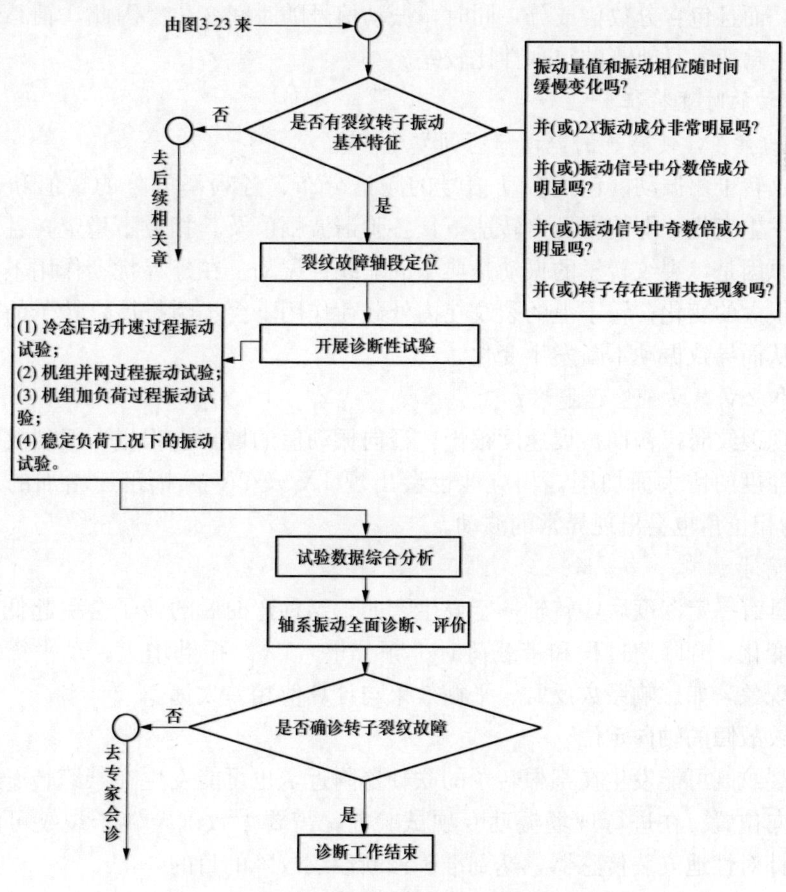

图 10-3　转子裂纹故障振动试验诊断基本流程

（二）转子的亚谐共振特征

裂纹的存在，使转子系统产生亚谐共振。所谓亚谐共振，是指转速为转子第一阶临界转速的分数倍时，转子振动信号的谐波分量出现峰值、相位出现突变的现象。例如，当转速比（转子的转速与无裂纹时转子系统第一阶临界转速之比）分别等于 1/3、1/2 和 3/2 时，转子的轴心运动轨迹、振动信号的时域波形、振动信号的频谱产生“畸变”现象，振动信号的相位出现突变。

（三）稳态振动的频谱特征

裂纹的存在，使转子的稳态振动频率成分更加复杂。转轴上一旦存在开裂纹，转轴的刚度就不再具有各向同性，振动带有非线性性质，出现旋转频率的 2X、3X、5X、7X、…等高倍频分量。裂纹扩展时，刚度进一步降低，1X、2X、3X、5X、7X、…等频率的幅值也随之增大。以上特征与不平衡故障有相似之处，但相位角会发生不规则波动，这一点与不平衡故障时相角稳定有差别。

裂纹转子在做强迫响应时，一次分量的分散度较无裂纹时大。

（四）稳态振动的轴心运动轨迹特征

裂纹的存在，使转子的轴心运动轨迹发生畸变。裂纹转子在不同的转速下工作时，振动信号中不但包含有旋转频率 1 倍频成分、2 倍频成分、3 倍频成分、5 倍频成分、7 倍频成分、……，而且包含分数倍成分，同时，振动信号随时间变化。因此，轴心运动轨迹的形状可能发生畸变，且轨迹的重现性比较差。

（五）振动的时变特征

1. 裂纹的存在，使转子的振动随时间发生变化

对于裂纹转子，振动（包括振动信号的频谱分布、各频率成分的幅值和相位）不稳定，随时间发生变化，即使在恒定转速下，各阶谐波幅值及其相位不稳定，且尤以 2 倍频最为突出。原因是，裂纹转子的振动是典型的非线性振动，在外界扰动作用下，振动运动规律会发生很大的变化；转子上的裂纹在内外载荷作用下会不断扩展，转子的刚度随时间不断变化，从而导致振动不断发生变化。

2. 1X 和 2X 振动量值迅速增加

轴上出现裂纹时，初期扩展速度很慢，径向振动值的增长也很慢，但裂纹的扩展速度会随着裂纹深度的增大而加剧，相应地也会出现 1X 及 2X 振幅迅速增加的现象，同时 1X 及 2X 的相位角也会出现异常的波动。

3. 转轴弯曲加剧

当裂纹具有一定深度后，转轴一定发生弯曲。这种弯曲后的转子会引起低速转动时原始晃度发生变化，升降速过程和带载荷时工频分量（1X）振动增大。动平衡时也可能出现不正常的现象，如影响系数反常、平衡效果与计算值相差太远。

三、裂纹故障的轴向定位

转子的裂纹既可能发生在某根转子的联轴器附近，也可能发生在某跨转子两端轴承之间的某个轴向位置。在进行现场振动专项试验前，需要大致确定转子裂纹可能发生的位置，便于有针对性地安装传感器，达到准确诊断裂纹故障的目的。

（一）联轴器附近裂纹故障定位

判断转子的裂纹是否发生在联轴器附近（发电机转子与汽轮机低压转子联轴器较为常

见），可根据联轴器两侧轴承处瓦振或轴振信号特征来判断。对于多数大型汽轮发电机组轴系而言，连接两段转子的联轴器由两半联轴器组成联轴器对（称为一副联轴器）。若在一副联轴器的轴向两侧有支承轴承，则可按照图10-4所示的方式安装检测联轴器裂纹故障的振动传感器。

在机组并网运行时，根据图10-4所示的振动传感器检测机组振动信号，依据振动信号的特征来判断联轴器附近是否有裂纹故障。

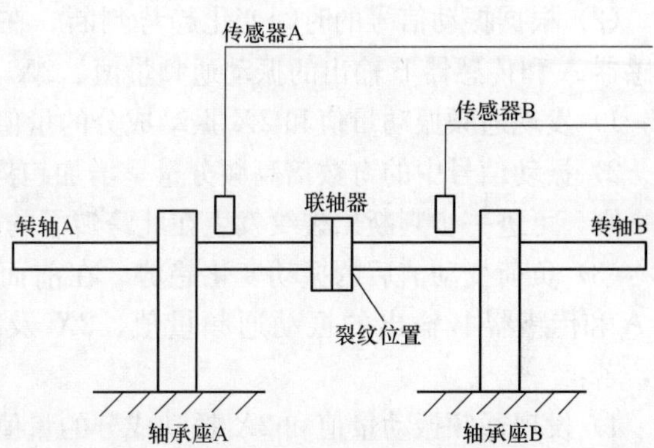

图10-4 检测联轴器处裂纹的振动传感器安装示意图

（1）根据振动信号的2*X*分量及高频分量来判断。根据图10-4中传感器A和传感器B检测到的振动信号，从中提取2倍频（2*X*）振动分量和高频分量。若：

1）传感器A和传感器B检测到的振动信号中，2*X*成分非常明显，且2*X*成分的相位基本相同。

2）振动信号中包含明显的奇数倍高倍频分量。

则，可初步判断出裂纹在此副联轴器附近。

（2）根据振动信号的时间变化趋势判断。在前面判断结论的基础上，考察图10-4中传感器A和传感器B输出的振动通频量值、2*X*及以上高频振动量值随时间的变化趋势，若：

1）发现通频振动量值和2*X*振动成分的量值随时间单调递增。

2）振动信号中的奇数倍高频分量呈增加趋势。

则，可进一步判断出裂纹发生在此副联轴器附近。

（3）负荷变动前后的振动信号变化趋势。在前面判断结论的基础上，考察图10-4中传感器A和传感器B输出的振动通频量值、2*X*及以上高频振动量值随机组有功负荷的变化趋势，若：

1）发现通频振动量值和2*X*振动成分的量值随机组的有功负荷单调递增。

2）振动信号中的奇数倍高频分量随有功负荷增加呈增加趋势。

则，可更进一步判断出裂纹发生在此副联轴器附近。

（二）某跨转子中间位置裂纹故障定位

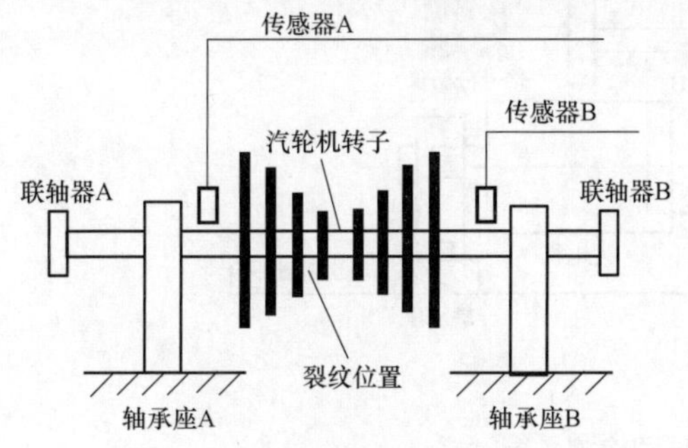

图10-5 检测某跨转子中间位置裂纹的振动传感器安装示意图

根据该跨转子两端轴承处瓦振或轴颈振动信号特征来判断，振动传感器的安装位置见图10-5。在机组并网运行时，根据图10-5所示的振动传感器检测机组振动信号，依据振动信号的特征来判断此跨转子中间位置是否有裂纹故障。

（1）根据该跨转子两端振动信号2*X*成分及高频分量来判断。图10-5中传感器A和传感器B检测到的振动信号，从中提取2倍频（2*X*）及高频振动分量。若：

1）传感器 A 和传感器 B 检测到的振动信号中、2X 成分非常明显，且 2X 成分的相位基本相同。

2）振动信号中包含明显的奇数倍高倍频分量。

则，可初步判断出裂纹在此跨转子的中间某个位置。

（2）根据振动信号的时间变化趋势判断。在前面判断结论的基础上，考察图 10-5 中传感器 A 和传感器 B 输出的振动通频量值、2X 及高频振动量值随时间的变化趋势，若：

1）发现通频振动量值和 2X 振动成分的量值随时间单调递增。

2）振动信号中的奇数倍高频分量呈增加趋势。

则，可进一步判断出裂纹发生在此跨转子的中间某个位置。

（3）负荷变动前后的振动变化趋势。在前面判断结论的基础上，考察图 10-5 中传感器 A 和传感器 B 输出的振动通频量值、2X 及高频振动量值随机组有功负荷的变化趋势，若：

1）发现通频振动量值和 2X 振动成分的量值随机组的有功负荷单调递增。

2）振动信号中的奇数倍高频分量随有功负荷增加而呈增加趋势。

则，可更进一步判断出裂纹发生在此跨转子中间某个位置。

第四节　转子裂纹故障诊断试验

当根据机组已有的运行数据（包括过程参数、振动参数）初步判断出轴系在轴向某个位置存在疑似裂纹故障时，但由于现场条件限制不能马上进行开缸探伤检查，可在机组运转的条件下通过一系列的振动试验来进一步确诊转子的裂纹故障。

在开展现场试验时，振动信号的测量方法、选用的仪器设备、振动评价标准应符合 GB/T 11348.1、GB/T 11348.2、GB/T 6075.1、GB/T 6075.2 的要求。

一、现场振动测试系统

如果怀疑汽轮发电机组在轴系某个轴向位置可能存在裂纹，且计划在机组运转状态开展诊断性试验，则需要视具体情况建立振动测试系统。如图 10-6 所示，根据现有的振动数据分析，若初步判断疑似裂纹故障发生在某副联轴器上，则振动传感器布置必须考虑如下几个方面：

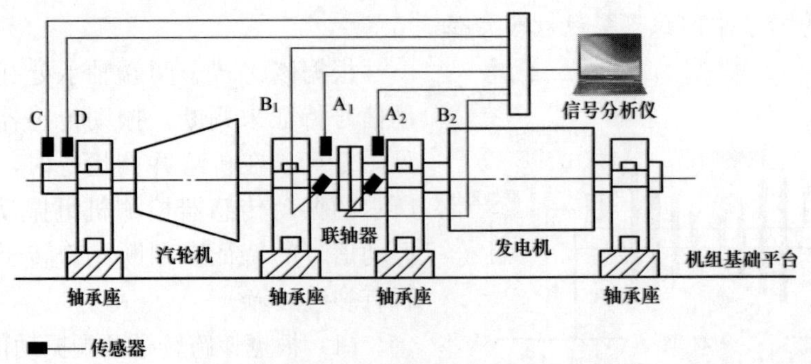

图 10-6　轴系裂纹故障振动检测系统示意

（1）联轴器两侧的轴承处，各安装两个互相垂直的电涡流位移传感器 1 组，分别为

（A_1、B_1）和（A_2、B_2）；如果现场安装条件不允许，可改为接触式速度传感器或加速度传感器。

（2）非接触式转速传感器、键相传感器各 1 个（C、D，可利用机组 TSI 系统的转速信号和键相信号）。

二、汽轮机转子裂纹故障振动诊断基本试验项目

（一）冷态启动升速过程振动试验

1. 试验条件

机组的金属温度接近环境温度，机组的一切状态符合冷态启动的条件。

2. 试验过程

按照机组运行规程的规定流程，实施冷态启机。在启机过程测量机组的振动参数和相关的过程参数。

3. 测量参数

在启机的全过程测量如下参数：

（1）机组转轴转速、键相信号（图 10-6 所示的 C 传感器和 D 传感器输出信号）。

（2）图 10-6 中所示的（A_1、B_1）、（A_2、B_2）传感器对输出信号。

（3）主蒸汽参数（温度、压力）、再热蒸汽参数（温度、压力）。

（4）凝汽器真空。

（5）汽缸各监测点的金属温度值。

（6）汽轮机转子各轴封蒸汽温度值、压力值。

4. 试验数据分析

根据试验过程检测到的振动数据和过程参数，绘制下列曲线：

（1）振动信号特征与转速的关系曲线。这些曲线主要有：

1）各振动传感器输出信号的通频振动量值随转速的变化关系曲线。

2）各振动传感器输出信号的 $1X$ 振动量值、相位随转速变化关系曲线。

3）转轴（轴承座）$0.5X$、$1.5X$、$2X$ 振动分量的量值随转速的变化关系曲线。

4）由各振动传感器输出信号生成的振动瀑布图特征。

5）由（A_1、B_1）、（A_2、B_2）传感器对输出信号合成的转轴中心位置与转速的关系曲线。

（2）额定转速状态（未并网）下的振动信号的图形特征曲线。主要包括由（A_1、B_1）、（A_2、B_2）传感器对合成的轴心运动轨迹曲线；振动信号的时域波形特征、频谱特征等。

5. 综合诊断

（1）从振动信号特征的转速特性曲线中查找转子裂纹故障特征。

1）利用升速过程中提取的瀑布图、轴心位置曲线，判断转子在轴承内的浮动情况是否正常、油膜的稳定性是否正常。

2）根据振动的转速特性判断是否存在裂纹故障。对于大型汽轮发电机组而言，在冷态启机过程中，其转速一般会经历各段转子第一阶临界转速，多数机组还会经历发电机转子的第二阶临界转速。如果发现被监测段转子在经过 1/3、1/2、1.0 倍临界转速时，由（A_1、B_1）、（A_2、B_2）传感器对输出的振动信号量值出现峰值，$1X$ 振动相位在上述转速附近出现大幅度变化（如图 10-7 所示），则可判断转子出现裂纹故障的可能性比较大。

3）根据振动信号的图形特征判断是否存在裂纹故障。如果从瀑布图中发现，随着转速的提高，振动信号中 0.5X、1.5X、2X、3X、5X、7X 成分的量值迅速增大，其中 2X 振动分量的量值增加趋势非常明显；且振动信号时域波形发生畸变，轴心运动轨迹呈“8”字形，则可判断转子出现裂纹故障的可能性很大。

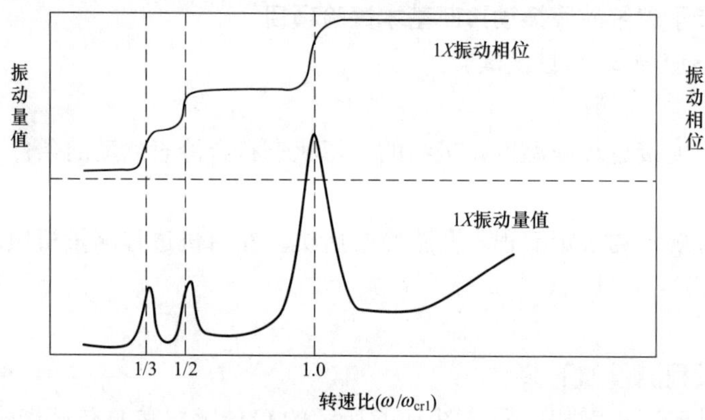

图 10-7　裂纹转子振动量值随转速变化规律示意

（2）从额定转速状态下（未并网）的振动信号的图形特征曲线中查找转子裂纹故障特征。

在定速 3000r/min 时，由于没有并网，此时加载到转子上的阻力矩比较小。若振动频谱中除了 1X 外，还有 2X、3X、5X、7X 等倍频分量，可进一步判断出转子存在裂纹故障。

例如：国外某电站项目汽轮机设备为我国生产的 N600-16.7/538/538 型汽轮机，发电机为 QFSN-600-22G 型的汽轮发电机。机组轴系轴承组成：1、2 号轴承位于高中压缸两端，3、4 号轴承位于 A 低压缸两端，5、6 号轴承位于 B 低压缸两端，7、8 号轴承位于发电机两端，9 号轴承位于励磁机末端，为辅助稳定轴承。其中，6 号和 7 号轴承之间为低发连接靠背轮。该机组在连续多次启动过程中出现异常振动，图 10-8 所示为其中某次启动到额定转速时检测到的低压 B 转子后轴承处转子振动位移信号频谱，振动信号频谱中，除了明显的 1X 成分外，还有显著的 2X 成分，且有一定的高倍频成分。后停机检查发现，在低压 B 转子电动机侧靠近盘车齿轮附近转子光轴轴肩处发现明显裂纹，裂纹长度超过转子周长 1/2。

（二）机组并网过程振动试验

在完成了“（一）冷态启动升速过程振动试验”后，得到了“转子存在裂纹故障”的结论，还可通过“机组并网过程振动试验”来进一步确诊转子裂纹故障。

1. 试验条件

（1）转轴的转速恒定。

（2）主蒸汽参数、再热蒸汽参数保持稳定。

（3）凝汽器真空保持稳定。

（4）回热加热系统保持正常投入。

（5）各轴段的轴封蒸汽参数（压力、温度）保持稳定。

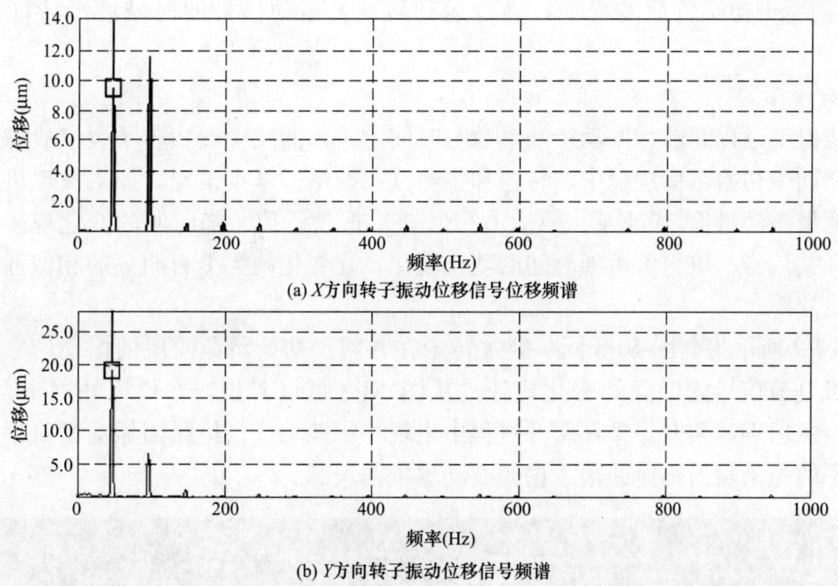

图 10-8　某 600MW 汽轮发电机组低压 B 转子后轴承处转子振动位移信号频谱

（6）机组各项电气参数符合并网条件。

（7）机组各轴承振动、转轴振动量值未超过停机限值。

2. 试验过程

按照机组运行规程的规定程序进行并网，并且带上最低初始负荷。在并网前一段时间至带上初始负荷后这个时间段内，检测机组的振动参数和相关的过程参数。

3. 测量参数

（1）机组转速、键相信号（图 10-6 所示的 C 传感器和 D 传感器输出信号）。

（2）图 10-6 中所示的（A_1、B_1）、（A_2、B_2）传感器对输出信号。

（3）主蒸汽参数（温度、压力）、再热蒸汽参数（温度、压力）。

（4）凝汽器真空。

（5）机组有功负荷、无功负荷。

（6）发电机组负荷开关动作信号。

4. 试验数据分析

根据试验过程检测到的振动数据和过程参数，绘制下列曲线：

（1）发电机组负荷开关信号与时间的关系曲线。

（2）机组转速与时间的关系曲线。

（3）汽轮机进汽参数（温度、压力）、凝汽器真空值与时间的关系曲线。

（4）机组负荷与时间的关系曲线。

（5）转轴（轴承座）振动特征参数随时间的关系曲线，包括。

1）通频振动量值随时间的关系曲线。

2）0.5X、1X、1.5X、2X、1X、5X、7X 振动随时间的关系曲线。

（6）特定状态下的振动信号的图形特征曲线。主要包括：

1）并网前某一时刻的轴心运动轨迹曲线，振动信号时域波形、振动信号频谱。

2）并网后带初始负荷工况下，轴心运动轨迹，振动信号的时域波形特征、频谱特征等。

5. 综合诊断

（1）从机组过程参数、振动特征参数与时间的关系曲线中查找转子裂纹故障特征。在机组并网和加带初始负荷过程中，转速和主蒸汽参数维持基本恒定，如果发现机组振动特征参数（宽带振动量值，0.5X、1X、1.5X、2X 振动量值）随时间的变化规律，与发电机组负荷开关信号、机组负荷随时间的变化规律，在变化趋势上有明显的相似性，可判断转子有裂纹故障。

如图 10-9 所示为与图 10-8 同一裂纹转子在并网加初始负荷阶段的振动信号、负荷信号、发电机电流信号随时间的变化规律。从图 10-9 可以看出，在机组并网十余秒钟后，转子的轴振量值迅速爬升，且在爬升过程中出现小幅波动。当机组因振动量值超限发生跳机时，转子的振动量值迅速回落，振幅波动现象消失。

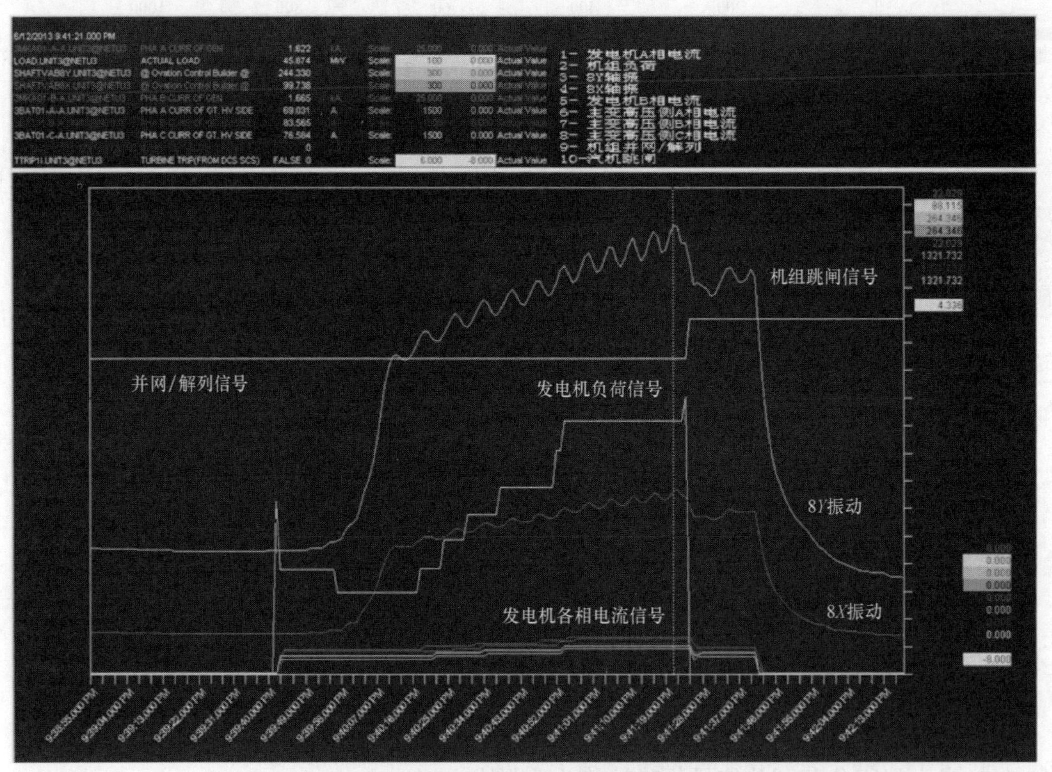

图 10-9　某 600MW 汽轮机组低压 B 转子联轴器处存在裂纹时，并网过程检测到的振动信号、发电机负荷、发电机各相电流与时间的关系曲线

（2）从特定状态下的振动特征参数的图形特征曲线中查找转子裂纹故障特征。并网瞬间加载到转子上的阻力矩立即增加（阶跃性载荷），机组振动显著增加，并且出现显著的 0.5X、1.5X 分量。某国产 600MW 汽轮发电机组低压 B 转子后联轴器处出现裂纹故障后，机组带负荷时检测到的振动信号频谱见图 10-10、图 10-11，这两个图表述的机组与图 10-8 所述机组为同一机组。将图 10-10、图 10-11 与图 10-8 对比，发现：

1）同时在 3000r/min 转速下，带负荷后转子振动信号的频谱发生很大的变化。

2）对于裂纹转子，带负荷后振动信号频谱中出现了显著的 0.5X、1.5X 分量。

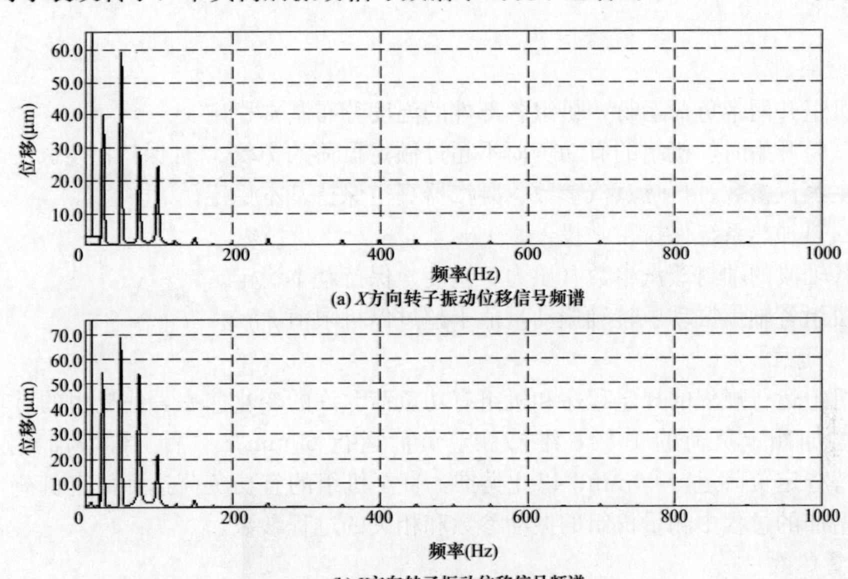

(a) X方向转子振动位移信号频谱

(b) Y方向转子振动位移信号频谱

图 10-10 某 600MW 汽轮机组低压 B 转子联轴器处存在裂纹时，在低压 B 转子前轴承处检测到的转子振动位移信号频谱

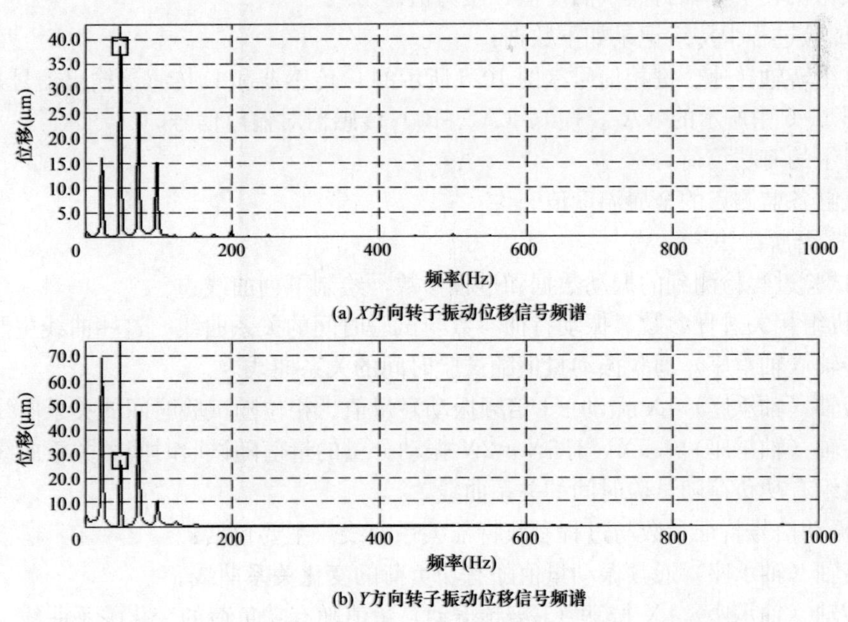

(a) X方向转子振动位移信号频谱

(b) Y方向转子振动位移信号频谱

图 10-11 某 600MW 汽轮机组低压 B 转子联轴器处存在裂纹时，在低压 B 转子后轴承处检测到的转子振动位移信号频谱

（三）机组加负荷过程振动试验

若怀疑汽轮发电机组轴系中的某根转轴存在裂纹，且在短时间内不具备冷态开机试验条件和并网带负荷试验条件；或者，由冷态开机试验和并网试验结果初步判定转子存在裂

纹故障，但诊断结论的可信度并不是很高，可开展此项试验，以进一步确诊机组是否存在裂纹故障。

1. 试验条件

(1) 机组并网带负荷运行，机组各部件的温度分布基本稳定。

(2) 试验开始时，机组的有功负荷不超过额定负荷的70%，且保持稳定。

(3) 主蒸汽参数、再热蒸汽参数、凝汽器真空保持基本稳定。

(4) 回热加热系统保持正常投入。

(5) 各轴段的轴封蒸汽参数（压力、温度）保持基本稳定。

(6) 机组各轴承振动、转轴振动量值未超过停机限值。

2. 试验过程

按照机组运行规程的规定程序和机组有功负荷允许的变化速率，使机组的有功负荷由当前的值增加额定负荷的10%，维持稳定负荷运行60min；然后，再增加额定负荷的10%，维持稳定负荷运行60min；以此类推，直至机组的有功负荷达到额定负荷。在机组有功负荷增加的过程中测量机组的振动参数和相关的过程参数。

3. 测量参数

(1) 在试验开始和结束时记录如下数据：

1) 机组的主蒸汽参数、再热蒸汽参数。

2) 凝汽器真空。

3) 汽轮机转子各轴封蒸汽温度值、压力值。

(2) 试验过程中持续记录如下数据：

1) 机组转轴转速、键相信号（图10-6所示的C传感器和D传感器输出信号）。

2) 图10-6中所示的（A_1、B_1）、（A_2、B_2）传感器对输出信号。

3) 机组的有功负荷。

4) 汽缸各监测点的金属温度值。

4. 数据分析方法

根据试验过程检测到的振动数据和过程参数，绘制下列曲线：

(1) 机组相关过程参数、振动特征参数与试验时间的关系曲线。这些曲线主要有：

1) 转轴（轴承座）通频振动量值随试验时间的关系曲线。

2) 转轴（轴承座）$1X$ 振动（1倍频振动）量值、相位随试验时间的关系曲线。

3) 转轴（轴承座）$0.5X$、$1.5X$、$2X$ 振动分量的量值随试验时间的关系曲线。

4) 机组有功负荷随试验时间的关系曲线。

(2) 振动信号特征参数与过程参数特征关系曲线。主要包括：

1) 转轴（轴承座）通频振动量值随有功负荷的变化关系曲线。

2) 转轴（轴承座）$1X$ 振动（1倍频振动）量值随有功负荷的变化关系曲线。

3) 转轴（轴承座）$0.5X$、$1.5X$、$2X$ 振动分量的量值随有功负荷的变化关系曲线。

(3) 特定状态下的振动信号的图形特征曲线。主要包括：

1) 在各稳定负荷工况下，转轴中心运动轨迹曲线。

2) 在各稳定负荷工况下，转轴（轴承座）振动信号的时域波形图、频谱图等。

5. 综合诊断

(1) 从机组过程参数、振动特征参数与试验时间的关系曲线中查找转子裂纹故障特征。在汽轮发电机组有功负荷变化试验过程中，转子的温度场和作用在转子上的外载荷随有功负荷的变化而发生变化，如果发现：机组振动信号特征参数（特别是 $0.5X$、$1.5X$、$2X$ 振动分量的量值）随时间的变化规律，与机组有功负荷随时间的变化规律，在变化趋势上有明显的相似性（可能有较短时间上的延迟）（参见图 10-12），则可判断转子上存在裂纹的可能性比较大。

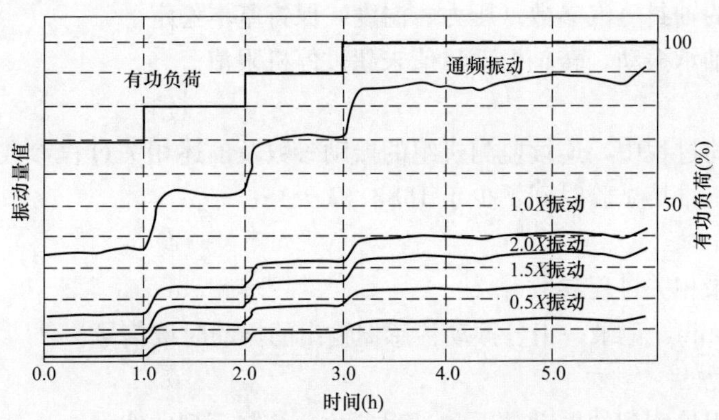

图 10-12　机组有功负荷增加过程中，裂纹转子振动量值随时间变化规律示意

（2）从振动特征参数与有功负荷的关系曲线中查找转子裂纹故障特征。在汽轮发电机组有功负荷变化试验过程中，若发现振动特征参数（特别是 $0.5X$、$1.5X$、$2X$ 振动分量的量值）与机组有功负荷之间有明显的正相关关系（见图 10-13），可判断转子有裂纹故障。

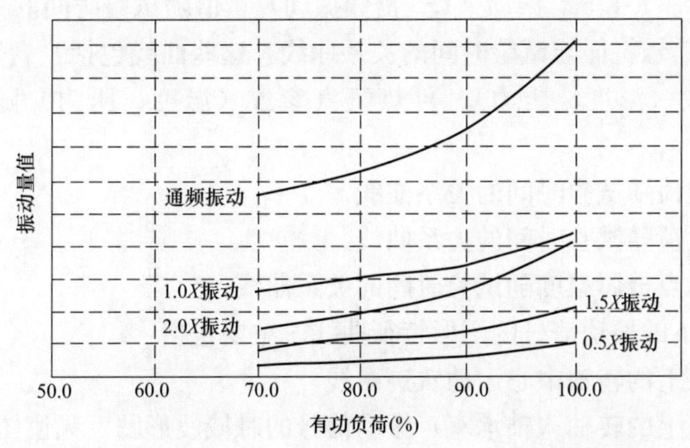

图 10-13　机组有功负荷增加过程中，裂纹转子各振动分量的量值随负荷变化规律示意

（3）从特定状态下的振动信号的图形特征曲线中查找转子裂纹故障特征。在汽轮发电机组有功负荷变化试验过程中，如果发现在几个不同有功负荷的稳定工况下的转子振动时域波形的幅值、转轴的轴心运动轨迹形状发生了明显的“畸变”，且振动信号的频谱分布与图 10-8、图 10-10、图 10-11 有类似之处，则可判断转子存在裂纹。

（四）机组稳定负荷工况下的振动时变试验

若汽轮发电机组转子上存在明显的开裂纹，在机组带负荷运行时，由于转轴上加载了很大的外载荷，裂纹会随着时间的变化而发生扩展。因此，可以考察机组带负荷长时间运行过程中振动信号的变化特征，来进一步判断转子上是否存在裂纹故障。

1. 试验条件

(1) 机组的有功负荷不低于额定负荷的 70%，且保持基本稳定。

(2) 机组的进汽参数（温度、压力）保持基本稳定。

(3) 回热加热系统保持正常投入。

(4) 各轴段的轴封蒸汽参数（压力、温度）保持基本稳定。

(5) 机组各轴承振动、转轴振动量值未超过停机限值。

2. 试验过程

在机组带负荷过程中，连续监测机组的振动参数及前述相关过程参数，在振动量值不超限的前提条件下维持试验时间不少于 168h（7 天）。

3. 测量参数

(1) 连续记录相关过程参数。

(2) 每隔 60min，记录一组各振动传感器输出的振动时域信号。

4. 数据分析方法

根据试验过程检测到的振动数据和过程参数，绘制下列曲线：

(1) 振动特征参数与试验时间的关系曲线。这些曲线主要有：

1) 转轴（轴承座）通频振动量值随试验时间的关系曲线。

2) 转轴（轴承座）1X 振动（1 倍频振动）量值随试验时间的关系曲线。

3) 转轴（轴承座）2X 振动（2 倍频振动）量值随试验时间的关系曲线。

4) 转轴（轴承座）0.5X 振动（0.5 倍频振动）量值随试验时间的关系曲线。

5) 转轴（轴承座）1.5X 振动（1.5 倍频振动）量值随试验时间的关系曲线。

(2) 过程参数信号特征与试验时间的关系曲线。这些曲线包括：

1) 主蒸汽参数（温度、压力）、再热蒸汽参数（温度、压力）随试验时间的关系曲线。

2) 凝汽器真空值随试验时间的关系曲线。

3) 机组有功负荷随试验时间的关系曲线。

4) 汽缸各监测点金属温度随试验时间的关系曲线。

(3) 特定状态下的振动信号的图形特征曲线。主要包括：

1) 若干时间点上的转轴中心运动轨迹曲线。

2) 若干时间点上的转轴（轴承座）振动信号的时域波形图、频谱图等。

5. 综合诊断

(1) 从机组振动特征参数与试验时间的关系曲线中查找转子裂纹故障特征。在汽轮发电机组有功负荷基本稳定的工况下，由于转轴上施加了较大的载荷，转子若存在裂纹，则裂纹会随着时间的推移而不断地扩展，转子的裂纹段弯曲刚度逐渐降低，转子的非线性动力学特性更加明显，表现在转子（轴承）振动信号中的非线性成分（2 倍频成分，分数倍成分）所占比例越来越突出，转子（轴承）的通频振动量值也明显增加。如果发现：

1) 机组振动特征参数（特别是 0.5X、1.5X、2X 振动分量的量值）随时间的变化有较明显的增长趋势（参见图 10-14）。

2) 机组振动特征参数随时间变化规律，与机组其他过程参数（蒸汽参数、排汽参数、汽缸温度等）随时间变化规律不存在明显的相似性。

则，可判断转子有裂纹故障。

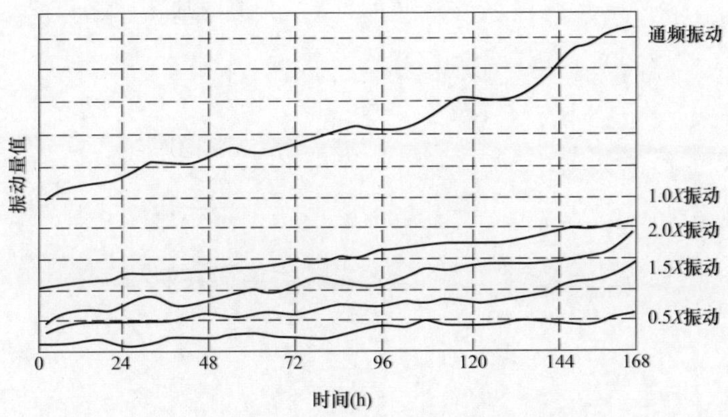

图 10-14 机组带稳定负荷过程中，裂纹转子各振动分量的量值随时间变化规律示意

（2）从特定时间点上的振动信号的图形特征曲线中查找转子裂纹故障特征。在试验过程中，如果发现在若干时间点上的转子（轴承）振动的时域波形的畸变程度、转轴的轴心运动轨迹形状、振动信号的频谱分布有明显的差异，且振动信号的频谱分布与图 10-8、图 10-10、图 10-11 的图形有类似之处，可判断转子上存在裂纹故障。

参 考 文 献

[1] 杨金福，房德明，迟威，等．国产 600MW 机组带裂纹转子振动过程分析与处理［J］．发电设备，2005（6）：395-397+407.

[2] 邵强，曾复，冯长建．开闭裂纹转子在非共振转速区的振动特性分析［J］．汽轮机技术，2017，59（2）：131-133.

[3] 朱厚军，郑艳平，赵玫．裂纹转子振动研究的现状与展望［J］．汽轮机技术，2001，43（5）：257-261.

[4] 张学延，丁联合．汽轮发电机组裂纹转子振动特性及其诊断［J］．热力发电，2014，43（6）：1-6.

[5] 郭彦梅．汽轮机转子裂纹产生的原因及预防措施［J］．山西科技，2008（2）：144-145.

[6] 周桐，徐健学．汽轮机转子裂纹的时频域诊断研究［J］．动力工程，2001，21（2）：1099-1104+1179.

[7] 李益民，杨百勋，史志刚，等．汽轮机转子事故案例及原因分析［J］．汽轮机技术，2007，49（1）：66-69.

[8] 黎新，陈勇．转子裂纹的影响因素分析及其预防对策［J］．装备维修技术，2011（3）：35-38.

[9] 张学延，李德勇，牟芳信，等．异常振动分析识别汽轮发电机组转子裂纹故障［J］．中国电力，2013，46（1）：40-45.

[10] 李录平．汽轮机组故障诊断技术［M］．北京：中国电力出版社，2002.

[11] 李录平，卢绪祥．汽轮发电机组振动与处理［M］．北京：中国电力出版社，2007.